U0297116

高等学校专业教材

复合材料聚合物基体

李　伟　编著

中国轻工业出版社

图书在版编目（CIP）数据

复合材料聚合物基体/李伟编著. —北京：中国轻工业出版社，2023.6

ISBN 978-7-5184-4263-8

Ⅰ.①复… Ⅱ.①李… Ⅲ.①复合材料—高聚物—基体材料 Ⅳ.①TB33

中国国家版本馆 CIP 数据核字（2023）第 018973 号

内 容 简 介

本书较为系统地介绍了不饱和聚酯树脂、环氧树脂、酚醛树脂、加聚型聚酰亚胺、氰酸酯树脂等热固性树脂和聚乙烯、聚丙烯、聚酰胺、聚甲醛、聚醚醚酮等热塑性树脂的合成方法、固化机理、结构与性能、改性原则、加工与应用，阐述了聚合物基体对复合材料性能的影响。

本书可作为高等院校复合材料、高分子材料、材料科学等专业本科生的教材，也可作为相关专业的研究生、教师和工程技术人员的参考用书。

责任编辑：杜宇芳　　责任终审：李建华

文字编辑：王晓慧　　责任校对：朱燕春　　封面设计：锋尚设计

策划编辑：杜宇芳　　版式设计：霸　州　　责任监印：张京华

出版发行：中国轻工业出版社（北京东长安街 6 号，邮编：100740）

印　　刷：三河市万龙印装有限公司

经　　销：各地新华书店

版　　次：2023 年 6 月第 1 版第 1 次印刷

开　　本：787×1092　1/16　印张：11.75

字　　数：271 千字

书　　号：ISBN 978-7-5184-4263-8　定价：59.80 元

邮购电话：010-65241695

发行电话：010-85119835　　传真：85113293

网　　址：http://www.chlip.com.cn

Email：club@ chlip.com.cn

如发现图书残缺请与我社邮购联系调换

221351J1X101ZBW

前　　言

　　材料、信息、能源被认为是 21 世纪的三大支柱性高新技术，现代科技的发展对材料提出了更高的要求。当前，世界主要国家都在大力开展新材料技术的研究和开发工作，新材料是传统产业升级和战略性新兴产业发展的基石，作为关键性资源投入，一次次推动着技术革命的进步。聚合物基复合材料是新材料领域的重要品种，在国民经济发展中占有十分重要的地位。聚合物基复合材料是由聚合物基体与增强材料复合制成的一种性能优异的材料，广泛用于航空航天、交通运输、机械电子、国防军工等高技术领域。鉴于聚合物基体在复合材料中的重要作用，特编写了《复合材料聚合物基体》这本教材，较为详细地介绍了一些常用聚合物基体的结构、组分、工艺和性能等方面的基础知识及相关理论。

　　本教材在内容上坚持理论联系实际、重视应用等基本原则，尽量使读者较为系统地掌握聚合物基体的基础知识，并了解其实际应用状况及今后可能的发展方向。在本教材的编写过程中，作者参考了许多专家学者的著作和文章，谨在此向其致以真诚的感谢，并对研究生杨春、李秋雯、丁凯飞、李娜、吴家辉、蔡贵祥、童星宇、李佳颖等在方程式及图表整理工作中所付出的辛勤劳动表示感谢！

　　由于作者水平有限，书中不足之处在所难免，可能会存在一些缺点和错误，敬请广大师生和科研工作者批评指正。

李纬

2022 年 11 月

目　　录

第一章 概　　述

1.1 引　　言

材料是人类文明的基础和支柱，是人类进化的重要标志。综观人类发展和材料发展的历史，可以清楚地看到，每一种重要材料的发现和利用都会将人类支配和改造自然的能力提高到一个新的水平，给社会生产力和人类生活带来巨大的变化。历史学家就曾用材料来划分人类进化史上的不同时代，如石器时代、陶器时代、铜器时代、铁器时代等，都因材料而得名。

显然，材料的发展与人类进步和发展息息相关。第二次世界大战以后，科学技术的不断进步，尤其是航空航天等尖端技术领域的飞速发展，对材料提出了越来越高和越来越多的要求，如轻质高强、结构功能一体化、降低成本等，而传统的单一材料已经难以同时满足这些要求。这就迫切需要材料学家和工程师们能够按照使用方面的需求对材料的结构和性能进行设计。复合材料就是材料设计和制造方面的一个典型代表。

复合材料是由有机高分子、无机非金属或金属等几类不同材料通过复合工艺组合而成的新型材料，它既能保留原组分材料的主要特色，又能通过复合效应获得原组分所不具备的性能。可以通过材料设计使各组分的性能互相补充并彼此关联，从而获得新的卓越性能，与一般材料的简单混合有着本质的区别。

复合材料是由基体连续相和增强材料分散相组成的多相体系，根据基体的不同，可分为金属基、陶瓷基和聚合物基复合材料等。其中，纤维增强的聚合物基复合材料通常是指以有机聚合物作为基体，采用短切或连续纤维及其织物增强热塑性或热固性树脂基体复合而成的材料，它结合了聚合物基体和增强纤维的优点，是按照结构和功能的不同需求进行设计和制造的性能优异的复合材料，纤维、基体以及纤维与基体之间界面的性能直接影响复合材料的性能。在复合材料中，聚合物基复合材料的用量最大，占所有复合材料总量的90%以上。

1.2 聚合物基复合材料的特性

与传统材料相比，聚合物基复合材料在性能、设计和制造等方面有着明显区别，主要体现出以下特性：

（1）比强度、比模量高

聚合物基复合材料的突出优点是比强度、比模量（即强度与密度之比、模量与密度之比）高。比强度高的材料能够承受高的应力，比模量高说明材料轻而且刚性大。与传统的铝合金、钢等金属结构材料相比，聚合物基复合材料的密度约为钢的1/5，铝合金的1/2。从表1-1中可以看出，其比强度、比模量明显高于传统的金属材料。例如高模量碳纤维/环氧复合材料的比强度为结构钢和铝合金的 4 倍、钛合金的 3 倍，其比模量是结构钢、铝合金和钛合金的近 6 倍。显然，使用聚合物基复合材料代替金属材料，可以大幅减轻结构质量，用于汽车、飞机能明显提高速度、节省能源，目前先进聚合物基复合材料已经成为继铝合金和钛合金之后的最重要的航空结构材料之一。

表 1-1　　　　　一些单向纤维增强聚合物基复合材料与金属材料的性能比较

材料	密度/ （g/cm³）	拉伸强度/ MPa	弹性模量/ GPa	比强度/ （MPa/g/cm³）	比模量/ （GPa/g/cm³）
铝合金	2.78	420	70	151	25.2
结构钢	7.85	1200	205	153	26.1
钛合金	4.52	1000	118	221	26.1
玻璃纤维/聚酯	2.00	1250	50	625	25.0
高强度碳纤维/环氧	1.45	1450	135	1000	93.1
高模量碳纤维/环氧	1.60	1050	235	656	146.9
芳纶纤维/环氧	1.40	1375	78	982	55.7

（2）优异的抗疲劳性能，过载安全性高

金属材料的破坏常常是没有明显预兆的突发性破坏，而纤维增强复合材料中的纤维与基体间的界面能够有效阻止疲劳裂纹的扩展，破坏前有明显的预兆。大多数金属的疲劳强度极限为其拉伸强度的 40%~50%，而某些纤维复合材料的疲劳强度可达到其拉伸强度的 70%~80%，因而具有良好的抗疲劳性能，可在长期交变载荷条件下进行工作。

复合材料的破坏并不像传统材料那样由于主裂纹的失稳扩展而突然发生，在纤维复合材料中，由于有大量独立的纤维，当过载时复合材料中即使有少量纤维断裂，载荷也会迅速重新分配到未被损坏的纤维上，不至于使结构件在瞬间完全丧失承载能力而断裂，安全性得以提高。

（3）良好的阻尼减振性能

受力结构的自振频率不仅与其本身结构有关，还与其比模量的大小有关。纤维复合材料相对于传统材料，比模量大，因此自振频率高，在通常加载速度和频率条件下不容易出现因共振而快速脆断的现象；同时，复合材料是一种非均质的多相体系，其中存在大量的界面，界面对振动有反射吸收作用，因此复合材料的振动阻尼性很大，即便受激引起振动，也能很快衰减。例如，对相同形状和尺寸的梁进行振动试验，轻合金梁需要 9s 才能停止振动，而碳纤维复合材料梁只需 2~3s 就可停止同样大小的振动。

（4）复合效应

复合材料增强体和聚合物基体保持各自的基本特性，通过界面相互作用实现叠加和互补，从而使复合材料产生优于各组分材料的新的、独特的性能。例如，环氧树脂基体模量低，力学强度低，性脆；碳纤维强度和模量高，但只能承受拉应力，和树脂复合前不能承受压缩载荷；环氧树脂和碳纤维经复合后，成为强度高、刚性大的复合材料，且具有优异的韧性。

（5）各向异性和性能的可设计性

纤维增强聚合物基复合材料的一个突出特点就是各向异性，与之相关的就是性能的可设计性。沿纤维轴向和垂直于纤维轴向的许多力学和物理性能都有显著的差别，因此复合材料的性能不仅与纤维、树脂的种类以及纤维的体积分数有关，还与纤维的排列方向、铺层次序和层数密切相关，这种各向异性会使复合材料性能的计算变得更为复杂，但同时也给材料性能的设计带来了更多的选择。复合材料的力学、物理及化学性能等都可按照使用要求，通过对组分材料的选择和匹配以及界面控制等进行优化设计，从而最大限度地达到预期目标。

（6）材料与结构的统一性

传统材料制件的制备成型是对材料的再加工，在加工过程中材料不发生组分和化学变化；而复合材料构件一般不是通过机械加工制造，而是构件成形与材料制造同步完成。因此复合材料的整体性好，可大幅度减少零部件和连接件数量，从而降低成本、缩短加工周期、提高制件的可靠性。

此处需要指出的是，由于聚合物基复合材料的结构制件在成型过程中有组分材料的物理和化学变化，过程非常复杂，因此，复合材料的制品性能对成型工艺依赖较大，由于成型过程的工艺参数很难精确控制，这也使得复合材料构件的性能分散性较大。

1.3　聚合物基体的分类

复合材料的聚合物基体有多种分类方法，根据树脂特性和用途可分为一般用途树脂、耐热性树脂、耐候性树脂及阻燃树脂等；根据成型工艺可分为手糊用树脂、喷射用树脂、缠绕用树脂、树脂传递模塑（RTM）用树脂及拉挤用树脂等，复合材料的成型工艺不同，对树脂的黏度、适用期、凝胶时间和固化温度等特性指标的要求也不同；根据聚合物基体的结构形式，可分为热固性树脂和热塑性树脂，这也是一种最重要的分类方法。

热固性树脂通常为反应性的低相对分子质量预聚体或带有反应性官能团的聚合物，在成型过程中通过发生交联固化反应形成三维网状结构（图1-1），固化后的材料呈现不溶、不熔的状态，不具有再次加工和回收利用的性质；而热塑性树脂基体是指线型或带有支链的聚合物，能够熔解和溶解，在加热时能发生流动变形，冷却后可以保持一定形状，可以多次反复加工成型。

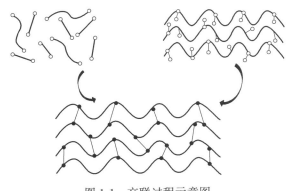

图1-1　交联过程示意图

1.4　聚合物基体在复合材料中的作用

聚合物基复合材料由增强材料和聚合物基体组成。在复合材料的成型过程中，基体经过一系列物理的、化学的和物理化学的复杂变化过程，与增强材料复合成为具有一定形状的整体。复合材料的许多性能，如横向拉伸性能、压缩性能、剪切性能、耐热性能、耐介质性能和介电性能等，均与聚合物基体密切相关；并且，聚合物基体还应具有良好的加工工艺性能，基体的黏度、使用期等直接影响增强材料的浸渍、复合材料的铺层和预浸料的储存。概括起来，聚合物基体的作用主要体现在以下几个方面：

① 基体材料作为连续相，使纤维位置固定，并把若干单根纤维黏成一个整体，共同承载。单根纤维可以承受拉力，但不能承受压力，纤维只有在基体的支撑下才能承受压力。

② 复合材料受力时，外力通过界面由基体传递给纤维，起到传递载荷、使载荷均衡的作用。因此，要求基体对增强纤维具有良好的黏结作用，在二者复合时形成化学键或发生范德华作用，以使基体和纤维之间形成完整的界面。

③ 在复合材料的生产与应用中，基体可以保护纤维免受外界环境的影响，防止纤维受到磨损、遭受浸蚀。复合材料的耐温、耐介质、耐老化性能主要由基体的性质决定。

④ 复合材料的工艺性，制件的成型方法等都取决于基体。

1.5　聚合物的结构与性能特点

聚合物是由一种或几种结构单元通过共价键连接起来的高分子化合物。聚合物的相对分子质量很大，和小分子化合物相比，在物理、化学和力学性能等方面上均有很大差异，例如，聚合物具有高强度、高弹性、高黏度、力学状态的多重性、结构的多样性等诸多高分子的特征，这些特征都是由高分子本身所具有的长链结构衍生而来的。

1.5.1　聚合物的结构特点

聚合物的结构是其各种性能的物质基础，其结构的最大特点就是它们的复杂性。不同种类的高分子链可以是柔性或刚性的，并呈现出伸展、折叠、螺旋等众多构象；线型链上可以有支化的侧链，线型链间可以发生键合而形成二维、三维的网状结构；分子链间的聚集可以形成各种晶态、非晶态聚集态结构。这些结构方面的变化给予了聚合物材料千变万化的性质和广泛的应用范围，其结构特点简单概括如下：

（1）分子很大且结构复杂

聚合物是由数目很大的结构单元组成的，相对分子质量很大，可高达几万、几十万甚至上百万。每一个结构单元相当于一个小分子，结构单元可以是一种（均聚物），也可以是几种（共聚物）。高聚物通常具有链式结构，即结构单元以共价键联结而形成线形、支化和网状三种基本的分子形态，细分又可以有线形、短支链支化、长支链支化、星形、梳形、树枝形、梯形和网状形高分子链。

（2）高分子链的柔性

由 C—C 单键组成的高分子主链一般都具有一定的内旋转自由度，结构单元间的相对转动使得分子链成卷曲状，这种现象称作为高分子链的柔性，由内旋转而形成的原子空间排布称为构象。如化学键不能作内旋转，或结构单元之间有强烈的相互作用，则分子链被认为变刚或变成了刚性链，而具有一定形状。

（3）多分散性

合成高聚物材料的聚合反应是一个随机过程，反应产物一般是由长短不一的高分子链组成的，也就是说高聚物中有大小不同的高分子链，这就是一般所说的高聚物的多分散性。如果聚合物合成时所用单体在两种以上，则共聚反应的结果不仅存在分子链长短的分布，而且每个链上的化学组成也有一个分布。

（4）结构单元之间的强相互作用

高分子是由很多结构单元组成的，每个结构单元就好比一个小分子，由于分子之间的范德华作用既没有饱和性，也没有方向性，高分子链之间的范德华相互作用就表现得非常大，超过了组成高分子的化学键能，以至于在外力还没有拆开它们之前，化学键就先断了。因此，聚合物不能像一般小分子化合物那样被汽化或用蒸馏法加以纯化。

（5）凝聚态结构的复杂性

高聚物的聚集态有晶态和非晶态之分，高聚物的晶态比小分子物质的晶态有序程度差得多，但高聚物的非晶态却比小分子物质液态的有序程度高。高分子链具有特征的堆砌方式，分子链的空间形状可以是卷曲的、折叠的和伸直的，还可能形成某种螺旋结构。如果高分子链是由两种以上不同化学结构的单体所组成，那么化学结构不同的高分子链段由于相容性的不同，可能形成多种多样的微相结构。复杂的凝聚态结构是决定高聚物材料使用性能的直接因素。

（6）交联结构

只要高分子链中存在交联，即使交联度很小，高聚物的物理力学性能等也会发生很大变化。由最初的可溶可熔状态，最后变成不溶解和不熔融的状态。长链分子堆砌在一起可能存在的链缠结可看成是物理交联点，一旦高分子链达到产生链缠结的临界相对分子质量，高聚物的性能也会变化很大。

1.5.2 聚合物的性能特点

蠕变和应力松弛是聚合物材料在使用过程中有别于其他材料的两个重要特征，因此聚合物材料的性能强烈地依赖于温度和时间，其性能是作用时间和温度的函数。具体概括如下：

（1）密度

聚合物材料具有比金属材料、无机材料低得多的密度，质轻是合成树脂的一大特点。一般无定形树脂的密度为 $0.56 \sim 1.05 \mathrm{g/cm^3}$，结晶树脂要高一些，如聚四氟乙烯为 $2.2 \mathrm{g/cm^3}$，但大多数通用树脂的密度都在 $1 \mathrm{g/cm^3}$ 左右，而工业纯铁的密度为 $7.87 \mathrm{g/cm^3}$、纯铜的密度为 $8.9 \mathrm{g/cm^3}$，远高于树脂，即便是金属材料中较轻的纯铝，其密度也达到了 $2.7 \mathrm{g/cm^3}$。

（2）力学性能

聚合物材料的力学强度和模量一般都低于金属材料，但由于密度小，通过增强（如使用纤维材料、无机填料），可使树脂的强度和模量大幅度增加，特别是纤维增强聚合物复合材料，其比强度和比模量超过甚至远高于金属（表1-1）。

聚合物材料力学性能的另一特点是数值变化范围宽，是已知材料中可变形范围最宽的材料。对于不同的聚合物，或同样的聚合物处在不同的形态（结晶、非晶态、取向等）时，力学强度存在很大差别，模量可以相差几个数量级；断裂伸长率可以从百分之几到几百、几千；材料宏观上在从柔软到坚韧、硬脆的很宽的范围内变化，体现了聚合物材料性能的多样化，这也为实际应用提供了刚柔程度各不相同的聚合物品种。

聚合物材料力学性能的第三个特点是性能除了与结构有关外，还与加工条件密切相关。这也是聚合物材料性能区别于其他材料性能的一个突出特点。其原因是聚合物的性能除了与化学结构密切相关外，还与其聚集态结构紧密相连；即使是化学结构和组成完全相同的聚合物，在不同的成型加工条件下，也会表现出完全不同的聚集态结构，从而导致性能上的差别。

（3）热学性能

聚合物材料的耐热性一般较低，远低于金属材料。其导热能力也远低于金属材料，一般树脂的热导率为 0.14~0.44W/（m·K），泡沫塑料的热导率更低，只有树脂的 1/10，因此，聚合物材料是优良的保温隔热材料。

（4）电性能

绝大多数聚合物材料是优良的电绝缘材料，具有很高的电阻率、低的介电常数和很小的损耗常数，因此是电子电器、电线电缆上广泛使用的绝缘体。然而，具有特殊结构（交替的单键、双键共轭结构）的某些合成树脂，如聚苯胺、聚乙炔、聚吡咯、聚噻吩等，在经过掺杂后，它们的导电能力甚至可以达到铜、铝等金属良导体的水平，已成为近年来研究开发的热点。

（5）化学性能

除水溶性树脂之外，一般聚合物材料都具有优异的防水、防潮性能。聚合物的耐化学性能与其结构有关，不同结构的聚合物耐化学品的种类和能力不同，但总体上，聚合物的耐酸碱能力远高于金属。例如，PE、PP 等结晶性聚合物能耐强酸（除强氧化性酸）、强碱，在室温下也不溶于大多数有机溶剂，聚四氟乙烯更是具有突出的耐溶剂和耐腐蚀性，甚至在王水中也不会被溶解，这对于金属材料是无法想象的。

（6）光学性能

聚合物材料的光学性能如力学性能一样，可在较大范围内变化。从色彩上来看，大多数合成树脂在可见光区域内没有特别的吸收，所以基本上是无色的。从透明性来看，树脂可以从完全不透明到半透明一直到完全透明进行变化。高透明树脂的透光率与玻璃相当，如聚甲基丙烯酸甲酯的透光率高达 92%~93%，能透过可见光的 99%。

（7）其他性能

聚合物材料的加工性能优良。由于树脂的熔点比较低，一般在 300℃ 以下即达到熔融状态，因此，可以在比金属和无机材料低得多的温度下进行成型加工，而且加工方法比金属材料多得多。此外，树脂通过与其他材料混合或者通过化学反应功能化，可赋予其光、电、磁、声、生物活性等许多功能。

复习思考题

1. 什么是复合材料？复合材料的三要素是什么？
2. 简述聚合物基复合材料的特点。
3. 复合材料的基体主要分为几类？聚合物基体有哪些分类方法？
4. 聚合物基体在复合材料中的作用是什么？
5. 简述聚合物的结构和性能特点。

第二章　不饱和聚酯树脂

2.1　概　　述

不饱和聚酯，是指分子链中含有酯键和不饱和双键的高分子化合物。通常由不饱和二元酸（或酸酐）、饱和二元酸（或酸酐）与二元醇在一定条件下进行缩聚反应，当聚酯化缩聚反应结束后，趁热加入一定量的乙烯基单体，配成黏稠的聚合物溶液即为不饱和聚酯树脂（Unsaturated Polyester Resin，UPR）。在适当引发剂的作用下，不饱和聚酯树脂发生交联固化反应形成三维网状结构的热固性高分子材料。

不饱和聚酯树脂是我国热固性树脂中用量最大的品种，其中的主要原因就在于不饱和聚酯树脂具有良好的加工特性，且价格便宜。不饱和聚酯树脂的黏度比较适宜，可采用多种成型方法，在加工成型时不释放出水分和其他副产物，因而可在较低的压力和温度下成型。实际上，大量不饱和聚酯树脂在常温与接触压力下被加工成各种制品，这是其他树脂很难比拟的。表2-1列出了不饱和聚酯树脂和两种常用的热固性树脂固化后的性能。

表 2-1　　　　　　　　三种常用热固性树脂固化后性能对比

性能	不饱和聚酯树脂	缩水甘油醚型环氧树脂	酚醛树脂
拉伸强度/MPa	$25\sim80$	$30\sim100$	$20\sim65$
压缩强度/MPa	$60\sim160$	$60\sim190$	$45\sim115$
拉伸模量/GPa	$2.5\sim3.5$	$2.5\sim6.0$	$2.0\sim6.5$
断裂伸长率/%	$1.3\sim10.0$	$1.1\sim7.5$	$1.5\sim3.5$
弯曲强度/MPa	$70\sim140$	$60\sim180$	$15\sim95$
弯曲模量/GPa	$2.5\sim3.5$	$1.8\sim3.3$	$2.5\sim6.5$
泊松比	0.35	$0.16\sim0.25$	—
相对密度	$1.11\sim1.15$	$1.15\sim1.25$	0.131
体积电阻率/($\Omega\cdot cm$)	$10^{12}\sim10^{14}$	$10^{10}\sim10^{18}$	$10^{9}\sim10^{11}$

从表中性能可以看出，不饱和聚酯树脂固化后的力学性能并不高，尚不能满足大部分使用要求，因此通常用纤维或填料增强制备成复合材料，以提高其性能。如用玻璃纤维增强制备的复合材料具有质量轻、强度高、耐化学腐蚀、电绝缘、透微波等许多优良性能，俗称玻璃钢，成型方法简单，可以一次成型各种大型或具有复杂构型的制品。

不饱和聚酯树脂的出现最早可追溯到19世纪中叶。1847年，瑞典科学家伯齐利厄斯就用酒石酸和甘油反应得到聚酒石酸甘油酯，这是一种固体块状的不饱和聚酯树脂。不过，在第二次世界大战以前，不饱和聚酯树脂还都处于研制开发阶段。在第二次世界大战期间，不饱和聚酯树脂作为一种新型材料，首先在军用航空领域得到了应用。1941年，美国用丙烯醇与饱和二元酸反应制得丙烯酸不饱和聚酯树脂，又用顺丁烯二酸和反丁烯二酸与饱和二元醇反应制得不饱和聚酯树脂；次年，用玻璃布作为增强体制得第一批聚酯玻璃钢雷达天线罩，这种雷达罩具有轻质高强、透微波性好、制造简便等优点，被迅速用于战争。战后，不饱和聚酯树脂很快由军用推广到民间，并迅速普及到西欧、日本及世界其他各国家和地区，发展超过其他塑料工业。

自 1950 年以来，玻璃纤维及织物增强的不饱和聚酯树脂制品一直是不饱和聚酯树脂的主要用途。不久，无溶剂漆、人造大理石、人造玛瑙以及地板与路面的铺覆材料也相继出现，使得不饱和聚酯树脂的应用日益广泛。1960 年以后，不饱和聚酯树脂的成型加工方法又有了重大改进，片状模塑料（Sheet molding compound，SMC）和团状模塑料（Bulk molding compound，BMC 或 Dough molding compound，DMC）的成功开发，促成了不饱和聚酯树脂制品高速率、高质量、低成本、大批量的生产。

我国在 1950 年就已经开始不饱和聚酯树脂的研究与生产。改革开放以后，从国外大量引进的不饱和聚酯和玻璃钢的生产技术和设备使我国不饱和聚酯树脂的生产与应用水平不断提高，现已接近世界先进水平。目前，不饱和聚酯树脂是国内玻璃钢、人造石、工艺品等用量最多的基体树脂。

2.2　不饱和聚酯树脂的合成

2.2.1　合成原理

不饱和聚酯通常是由不饱和及饱和的二元酸或酸酐与二元醇进行缩聚反应而合成的，合成过程完全遵循线型缩聚反应历程，大分子链的增长是一个逐步过程，得到相对分子质量大小不一的聚合物。

二元酸和二元醇进行的缩聚反应如下：

$$n\text{HOOCRCOOH} + n\text{HOR}'\text{OH} \rightleftharpoons \text{HO} \left[\text{OC—R—COO—R}'\text{—O} \right]_n \text{H} + (2n\text{-}1)\text{H}_2\text{O} \qquad (2\text{-}1)$$

酸酐与二元醇进行反应时，首先是酸酐的开环加成反应，生成羟基酸：

$$\text{HO—R}'\text{—OH} + R \overset{\displaystyle \overset{O}{\parallel}}{\underset{\displaystyle \underset{O}{\parallel}}{\underset{C}{\overset{C}{\diamondsuit}}}} O \longrightarrow \text{HO—R}'\text{—O—C—R—C—OH} \qquad (2\text{-}2)$$

羟基酸与二元醇进行缩聚反应，或者羟基酸分子间进行缩聚反应：

$$\text{HOR}'\text{OCORCOOH} + \text{HOR}'\text{OH} \rightleftharpoons \text{HOR}'\text{OCORCOOR}'\text{OH} + \text{H}_2\text{O} \qquad (2\text{-}3)$$

$$2\text{HOR}'\text{OCORCOOH} \rightleftharpoons \text{HOR}'\text{OCORCOOR}'\text{OCORCOOH} + \text{H}_2\text{O} \qquad (2\text{-}4)$$

由羟基酸出发进行的聚酯化反应历程与二元酸和二元醇的线型缩聚反应历程完全相同。

缩聚反应程度的大小一般用酸值来表示，酸值是表征树脂中含有的未反应的羧基量大小的性能指标，常用每克树脂所消耗的 KOH 的质量（mg）来表示。酸值小，表明反应程度高，黏度高。随着反应进行，分子链不断增长，终端羧基量减少，酸值下降。研究结果表明，不饱和聚酯树脂浇注体的物理性能，如力学强度、耐热性和电性能等，都与不饱和聚酯的缩聚反应程度相关，其他性能如耐水性和耐腐蚀性能也与缩聚反应程度有关。因此，在不饱和聚酯的合成过程中，必须正确控制聚酯化缩聚过程，以保证得到具有一定相对分子质量的不饱和聚酯，从而使固化树脂具有最适宜的性能。

2.2.2　反应原料对树脂性能的影响

不饱和聚酯分子链中的双键均由不饱和二元酸（或酸酐）提供，但为了调节聚酯的双键密度和产品性能，在合成不饱和聚酯时需要采用不饱和二元酸（或酸酐）和饱和二元酸（或酸酐）的混合酸组分。合成时所采用的醇和酸（或酸酐）的种类以及不饱和酸（或酸酐）与饱和酸（或酸酐）的比例等都对树脂的性能有一定的影响。表 2-2 列出了部分反应原料对树脂性能的影响。

表 2-2　　　　　　　　　　　　反应原料对树脂性能的影响

原料类型	原料组分	合成树脂性能特点
不饱和二元酸（及酸酐）	顺丁烯二酸酐	热变形温度中等，机械强度好
	反丁烯二酸	热变形温度较高，反应性比顺丁烯二酸酐更强
饱和二元酸（及酸酐）	邻苯二甲酸酐	热变形温度中等，机械强度好
	间苯二甲酸	机械强度和耐水性高
	对苯二甲酸	热变形温度高，固化收缩率低，耐化学性好
	纳迪克酸酐	耐热性好
	己二酸	韧性、挠曲性好，可用于制造柔性树脂
	四氯邻苯二甲酸酐	阻燃性好，强度低
饱和二元醇	乙二醇	热变形温度中等，机械强度好
	一缩二乙二醇	柔软性及韧性好，耐水性低
	丙二醇	耐水性好，柔软性好，和苯乙烯相容性好
	一缩二丙二醇	柔性好，对低相对分子质量添加剂相容性好
	新戊二醇	水解稳定性及耐腐蚀性好，制造胶衣树脂
	二溴新戊二醇	阻燃性好，用于制造浅色阻燃树脂

2.2.2.1　不饱和二元酸（或酸酐）

生产不饱和聚酯常用的不饱和二元酸是顺丁烯二酸酐（简称顺酐）以及反丁烯二酸，且主要是顺酐，这是因为其熔点低，反应时缩水量少（缩合水量较顺酸或反酸少一半），而且价廉；反丁烯二酸由于分子中固有的反式双键，合成的不饱和聚酯相较由顺丁烯二酸合成的不饱和聚酯更具有线型特征，固化速率快，固化度高，因此，固化制品有较高的耐热性能、较好的力学性能与耐腐蚀性能。

其他可用的不饱和二元酸还有氯代顺丁烯二酸、亚甲基丁二酸等，但实际使用很少。

2.2.2.2　饱和二元酸（或酸酐）

采用饱和二元酸（或酸酐）来代替不饱和二元酸（或酸酐），可以降低不饱和聚酯分子链中双键的密度、减少交联键的数目，提高树脂的柔韧性，降低树脂的结晶倾向，以及改善树脂在乙烯基交联单体中的溶解性能。表 2-3 列出了一些常用的饱和二元酸（或酸酐）。

表 2-3   常用的饱和二元酸（或酸酐）

名称	分子式	相对分子质量	熔点/℃
邻苯二甲酸酐	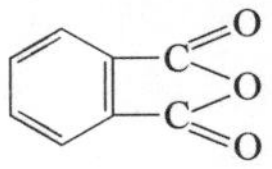	148	131
间苯二甲酸	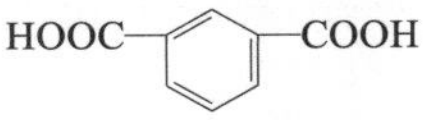 HOOC—⬡—COOH	166	330
对苯二甲酸	 HOOC—⬡—COOH	166	427（封闭管）
纳迪克酸酐	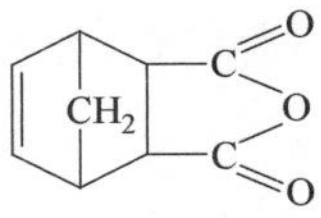	164	165
四氢邻苯二甲酸酐	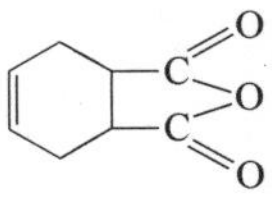	152	100
氯茵酸酐	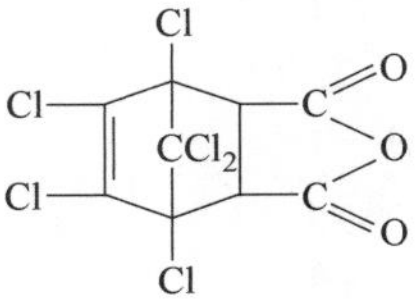	371	239
六氢邻苯二甲酸酐	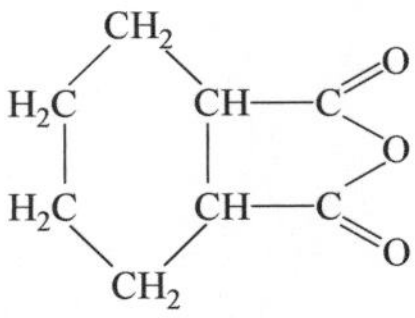	154	35～36
己二酸	HOOC(CH₂)₄COOH	145	152

　　合成不饱和聚酯时可选用的饱和二元酸（或酸酐）的种类有很多，其中最常用的是邻苯二甲酸酐（简称苯酐）。苯酐一般用于典型的刚性树脂中，并且使树脂固化后具有一定的韧性。间苯二甲酸没有邻苯二甲酸容易酯化，但所得树脂性能好，力学强度和耐水性较高。对苯二甲酸制得的不饱和聚酯固化后具有较高的热变形温度和较低的固化收缩率，化学稳定性也得到改进，常用于防化学腐蚀树脂中。内亚甲基四氢邻苯二甲酸酐（又称纳迪克酸酐）可制得耐热性不饱和聚酯，树脂固化后的热稳定性和热变形温度均有提高。四氯（或溴）邻苯二甲酸酐、六氯桥亚甲基四氢邻苯二甲酸酐（又称氯茵酸酐，简称HET 酸酐）等可制得具有良好阻燃性的不饱和聚酯。己二酸等脂肪族饱和二元酸的分子结构中含有柔性脂肪链，使得树脂分子链中不饱和双键间的距离增大，增加了固化树脂的韧性，可用来制造柔性树脂。

2.2.2.3　不饱和二元酸（或酸酐）与饱和二元酸（或酸酐）的比例

　　不饱和聚酯树脂的力学性能与分子结构中双键的含量关系非常密切。以由顺酐、苯酐和丙二醇缩聚而成的通用不饱和聚酯为例，其中顺酐和苯酐是按照等摩尔比投料的，若顺酐/苯酐的摩尔比增加，则会使最终树脂的凝胶时间、折射率和黏度下降，而固化树脂的耐热性提高，耐溶剂、耐腐蚀性能也提高；若顺酐/苯酐的摩尔比降低，则所制成的聚酯树脂将最终固化不良，制品的力学强度下降。因此，为了合成能够满足特殊性能要求的聚酯，可以适当地增加顺酐/苯酐的比例。

当顺酐和苯酐的摩尔比为1∶1时，所制备的不饱和聚酯树脂在国内外通称为"低活性"不饱和聚酯树脂，二者的摩尔比为2∶1或3∶1时，制备的树脂则分别称为"中活性"不饱和聚酯树脂和"高活性"不饱和聚酯树脂。

2.2.2.4 二元醇

合成不饱和聚酯时使用的醇类主要为二元醇，一元醇可用作分子链长的控制剂，而多元醇则可得到高相对分子质量、高熔点的聚酯。在二元醇中加入少量的多元醇，如季戊四醇、丙三醇等，制得带有支链的聚酯，能够提高固化树脂的耐热性和硬度，但同时也使得聚酯的黏度有很大增加，并易于凝胶。

最常用的二元醇是1,2-丙二醇，由于其分子结构中含有不对称的甲基，所制备的不饱和聚酯结晶倾向较少，1,2-丙二醇与交联剂苯乙烯的相容性良好，树脂固化后具有良好的物理与化学性能。乙二醇具有对称结构，因此所制得的不饱和聚酯有强烈的结晶倾向，与苯乙烯的相容性较差；为此常要对不饱和聚酯的端羟基进行酰化，以降低结晶倾向、改善与苯乙烯的相容性、提高固化物的耐水性及电性能。一缩二乙二醇或一缩二丙二醇分子链中含有醚键，可制备基本上无结晶的聚酯，同时又增加了不饱和聚酯的柔性，然而醚键的存在也增加了不饱和聚酯的亲水性，又使得固化树脂的耐水性能降低。新戊二醇结合进聚酯分子链中后，其所带的两个庞大的甲基基团对酯键提供了保护，因此，使得固化树脂具有较高的耐热性、耐碱性、水解稳定性及表面硬度。

2.2.3 聚酯合成过程中顺式双键的异构化

2.2.3.1 影响顺式双键异构化的因素

树脂在固化过程中，分子链上的反式双键与交联单体（如苯乙烯）的共聚活性要比顺式双键大得多。因此分子链中全为反式双键的聚酯，与分子链中全为顺式双键的聚酯相比，所得到的固化物的网络交联密度要高得多。由于在聚酯合成过程中，顺式双键要向反式双键异构化。这就意味着，即便是使用同样配方合成的不饱和聚酯，如果其中顺式双键异构化成反式双键的程度不同，所得不饱和聚酯树脂的性能也有较大差异。

在聚酯合成过程中，影响顺式双键异构化的因素包括以下几个方面：

① 随反应程度的提高，反应体系酸值下降，异构化的概率增大。

② 若聚酯化反应条件恒定，则异构化概率与所用二元醇的类型有关：

1,2-二元醇比1,3-二元醇或1,4-二元醇异构化的概率要大，即

1,2-丁二醇 > 1,3-丁二醇 > 1,4-丁二醇

含仲羟基的二元醇比含伯羟基的二元醇异构化的概率要大，即

2,3-丁二醇 > 丙二醇 > 乙二醇

③ 含苯环的饱和二元酸比脂肪族二元酸有更大的促进异构化的作用。例如，苯酐和丁二酸、癸二酸相比，对双键异构化的促进作用较大。

2.2.3.2 顺式双键异构化的反应机理

一般认为，顺式双键向反式双键的转化是在酸催化下进行的，其反应历程如下：

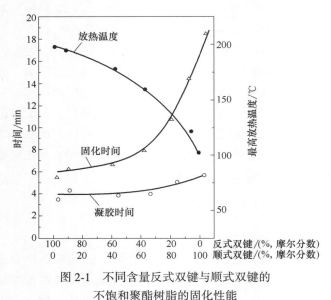

$$(2-5)$$

除酸催化外、卤素、碱金属、硫黄以及硫化物等也能提高顺式双键的异构化程度。为了提高顺式双键的异构化程度，在多元羧酸存在的同时，可以考虑再添加一些适当的催化剂。

2.2.3.3 顺式双键异构化程度对不饱和聚酯树脂性能的影响

实验发现，随着顺式双键向反式双键转化程度的提高，树脂的固化时间和凝胶化时间缩短，放热温度升高（图2-1）。

研究表明，随着顺式双键异构化程度的不同，固化树脂的性能也有差别。表2-4列出了不同二元醇和二元酸合成的不饱和聚酯树脂的性能。从中可知，由丙二醇合成的不饱和聚酯顺式双键的异构化程度很大，故不论用顺丁

图 2-1　不同含量反式双键与顺式双键的不饱和聚酯树脂的固化性能

烯还是反丁烯二酸，对于树脂固化以及固化树脂的性能都影响不大；但是用一缩乙二醇时，由于在聚酯化过程中顺式双键的异构化程度较小，两种树脂固化后的性能差别较大。

表2-4 不同二元醇和二元酸合成的不饱和聚酯树脂的性能

树脂类型	凝胶时间/min	固化时间/min	放热峰温度/℃	热变形温度/℃	弯曲强度/MPa	弯曲模量/GPa
PG-IPA-FA	5.33	7.78	210	100	129	3.8
PG-IPA-MA	5.33	7.73	210	101	129	3.8
DEG-IPA-FA	4.50	6.85	202	53	108	2.8
DEG-IPA-MA	4.66	8.30	183	42	76	2.2

注：PG—丙二醇，DEG——缩二乙二醇，IPA—间苯二甲酸，FA—反丁烯二酸，MA—顺丁烯二酸；IPA/FA 或 IPA/MA 的摩尔比为1：1，树脂中苯乙烯质量分数为40%。

可见，在选用顺酐作为不饱和酸合成不饱和聚酯树脂时，因为在聚酯化过程中顺式双键的异构化程度对树脂的性能有很大影响，所以在不饱和聚酯合成过程中必须考虑到影响双键异构化程度的各种因素，如原料醇的合理选用以及反应条件的控制。

在聚酯化过程中，通过控制顺式双键的异构化程度，可以得到适合不同要求的不饱和聚酯树脂。例如，浇注用不饱和聚酯树脂要求有较低的放热效应、适宜的固化速度且固化物要有适当的韧性，这就需要控制异构化程度不要过高；而具备较好耐腐蚀性能和较高耐热性能的聚酯则需要有较高的异构化程度。

2.3　不饱和聚酯树脂的固化

2.3.1　交联单体的使用

不饱和聚酯树脂是由不饱和聚酯与交联单体两部分组成的溶液体系。交联单体的作用一是作为不饱和聚酯的溶剂，二是作为聚酯固化的反应物。显然不饱和聚酯树脂固化物的性能不但决定于所用的不饱和聚酯的种类，而且与交联单体种类有很大关系，常用的不饱和单体有苯乙烯、苯乙烯的衍生物、甲基丙烯酸甲酯邻苯二甲酸二烯丙酯、三聚氰酸三烯丙酯等。

苯乙烯与不饱和聚酯相容性良好，其含有的双键可用于聚酯树脂的交联，具有反应快、固化树脂性能好、价格低等优势，是应用最广的交联单体。固化物的物理性能受苯乙烯含量的影响较大，为了获得最佳的物理性能，苯乙烯的用量需要控制在最适宜的范围之内，这一范围与制得的聚酯结构类型、不饱和酸的含量以及聚酯的相对分子质量有关。比如柔性不饱和聚酯中不饱和酸含量较低，通常需要较高的苯乙烯含量，以获得较好的拉伸强度；而不饱和酸含量较高的聚酯，则仅需较低的苯乙烯含量来获得适宜的性能，若苯乙烯含量超过某一限度后，则固化物的脆性增加，热变形温度降低。苯乙烯的缺点是沸点低，易挥发，有毒性，对人体健康有害。

苯乙烯的衍生物主要有乙烯基甲苯、二乙烯基苯等。工业上常用的乙烯基甲苯是60%间位与40%对位的混合物，乙烯基甲苯较苯乙烯活泼，和苯乙烯相比具有较短的固化时间与较高的固化放热峰温度；其作为交联单体的主要优点是固化树脂的吸水性较苯乙烯固化的树脂低，电性能尤其是耐电弧性有所改善，体积收缩率降低。二乙烯基苯非常活泼，它与聚酯的混合物在室温下就易于聚合，故常与等量的苯乙烯并用，可得到相对稳定的不饱和聚酯树脂，但比单独使用苯乙烯的活性要大得多；二乙烯基苯由于苯环上有两个乙烯基，因此用它交联固化的树脂有较大的交联密度，固化物的硬度与耐热性都比苯乙烯固化的树脂好，缺点是固化物脆性大。

甲基丙烯酸甲酯本身与不饱和聚酯中的不饱和双键的共聚倾向小，故经常与苯乙烯联用。二者用作交联单体的最大优点在于能改进固化树脂的耐候性；同时，用甲基丙烯酸甲酯作交联单体的树脂黏度较小，有利于提高对纤维的浸润速度。此外，甲基丙烯酸甲酯的折射率较低，接近于玻璃纤维的折射率，因此制品具有较好的透光性。其缺点是沸点较低，易挥发，与苯乙烯联用时，固化树脂的体积收缩率大于单独使用苯乙烯固化的树脂。

邻苯二甲酸二烯丙酯的反应活性相对乙烯类以及丙烯酸类单体要小，作聚酯交联剂使用时，不易发生交联反应，固化速度慢，产品柔性大。由于蒸气压低，故在湿铺层工艺中不易挥发。

三聚氰酸三烯丙酯用作交联剂可制得耐热树脂，使用温度为260℃时，固化产品可保留室温下许多物理性能，而且可长期使用。其分子结构式为：

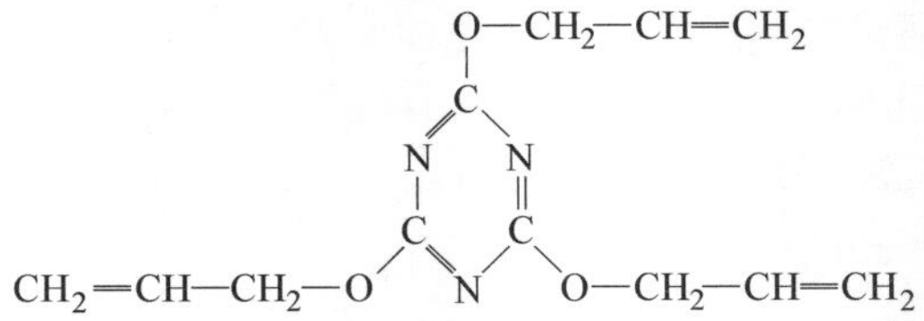

由于该化合物的杂苯环上链接有3个烯丙基，因此可形成极稳定的交联键，使固化树脂的耐热、耐化学性都有显著提高。

2.3.2 固化机理

不饱和聚酯树脂的固化遵循自由基共聚合反应机理，即在引发剂或紫外光以及高能射线作用下，在含有多个不饱和双键的聚酯大分子和交联单体的双键之间发生共聚反应，生成性能稳定的体型结构。反应历程分为链引发、链增长、链终止、链转移四个阶段。

在不饱和聚酯树脂的固化过程中，以苯乙烯作为交联剂时，一般认为，相对分子质量不大的线型不饱和聚酯与苯乙烯共聚时，其活性接近于反丁烯二酸二乙酯，苯乙烯与反丁烯二酸二乙酯共聚时的竞聚率 r_1 及 r_2 分别为0.30及0.07，数值均小于1，表明它们在链增长过程中具有良好的共聚倾向。如果采用甲基丙烯酸甲酯（MMA）与反丁烯二酸二乙酯共聚，二者的 r_1 及 r_2 分别为17和0，这意味着单体MMA的均聚倾向较大，而反丁烯二酸二乙酯的共聚倾向很大；其结果在共聚物中MMA的重复链节较多，随着反应进行，单体MMA将很快消耗，最后应有较多量的反丁烯二酸二乙酯没有进行共聚。所以，用MMA作交联单体固化的不饱和聚酯树脂，其网络结构不如用苯乙烯作交联单体的来得紧密。然而，若把MMA与苯乙烯这两种单体混合使用，也可得到网络结构紧密的固化产物，这是因为MMA与苯乙烯有良好的共聚倾向。

用苯乙烯作交联单体的交联反应可表示如下：

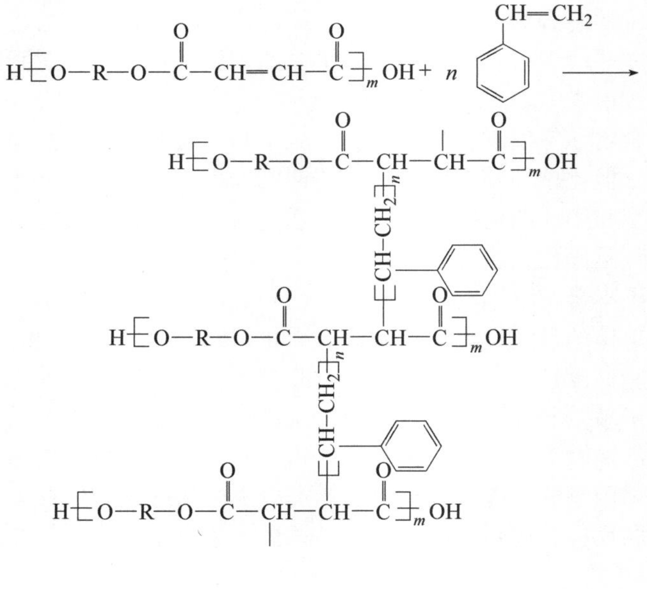

$$(2-6)$$

对于以上两种互相以共价键交联的分子链的分析结果是，在两个聚酯链之间"交联"的聚苯乙烯链的链节数不大，平均 $n=1\sim3$（若采用 MMA 作交联单体时，交联点之间的 MMA 重复单元数在 10 个以上），但整个贯穿聚酯链的聚苯乙烯链的长度则往往超过聚酯链，其相对分子质量也大得多。聚酯链的相对分子质量在 1000～3000，聚苯乙烯链的相对分子质量可达 8000～14000。典型的不饱和聚酯交联网络结构如图 2-2 所示。

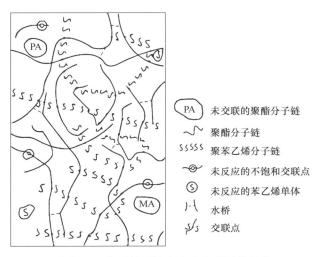

图 2-2　典型的不饱和聚酯交联网络结构

从图 2-2 可见，不饱和聚酯分子链和苯乙烯的交联是不规则的。在聚酯链中仍有未交联的双键，在固化后的树脂中也仍有未反应的苯乙烯。树脂中残余的水分以水桥的形式结合于网状结构中。另有少量聚酯分子链未得到交联。聚酯链往往比聚苯乙烯链短，两种分子链在交联点上以共价键相连。

从上面分析可知，不饱和聚酯在固化过程中并不能全部消耗分子中的活性双键，影响不饱和聚酯分子中双键反应比例（%，摩尔分数）（即交联点数目）的主要因素一是不饱和聚酯分子中的反式双键与顺式双键的比例，二是树脂中的苯乙烯含量。

由于不饱和聚酯分子中的反式双键较顺式双键活泼得多，因此当反式双键比例增高时，固化树脂中双键的反应比例相应提高（表 2-5）。从表中还可看出，即使分子中全部是反式双键，其反应比例也只能达到 70% 左右，仍然还有 30% 的双键没有进行共聚反应。

表 2-5　　　　　　　　反式双键比例对固化树脂中双键反应比例的影响　　单位:%（摩尔分数）

反式双键比例	双键反应比例	反式双键比例	双键反应比例
5.7	28.6	58.0	65.4
18.5	34.9	76.2	71.4
28.2	48.5	100.0	72.2
43.0	59.2		

注：以不同比例的顺酐/反丁烯二酸作为不饱和酸与 1,6-己二醇合成的不饱和聚酯树脂，其中苯乙烯/聚酯的摩尔比为 1.3：1。

表 2-6 为苯乙烯含量对固化树脂中双键反应百分数的影响。数据表明，随苯乙烯含量提高，固化时聚酯双键的反应百分数也相应提高。为使固化树脂有较好的交联密度，单体

苯乙烯与不饱和聚酯的摩尔比应在 1.5：1~2.0：1 较好。若两者摩尔比为 1：1，则不饱和聚酯中双键的反应百分数低于 75%。

表 2-6　　　　　　　　　苯乙烯含量对固化树脂中双键反应百分数的影响

树脂中苯乙烯的摩尔分数	苯乙烯/反式双键(摩尔比)	固化时聚酯中反式双键的反应百分数/%
0.289	0.407	38.13
0.393	0.647	57.80
0.478	0.916	74.54
0.549	1.221	84.22
0.611	1.570	94.61
0.710	2.442	93.83
0.786	3.663	97.77
0.872	6.803	94.42
0.917	10.990	99.22
0.936	14.653	99.33

注：不饱和聚酯组成为反丁烯二酸 3.4mol，己二酸 2.4mol，1,6-己二醇 6.6mol。

通用不饱和聚酯树脂中苯乙烯的含量在 30%~40%（质量分数），即苯乙烯/反式双键的物质的量之比在 1.6~2.4。由表 2-6 数据可知，苯乙烯单体含量在这一范围内时，刚好使不饱和聚酯分子中的双键有较高的反应百分数。

树脂的交联密度大，固化物呈现出刚性与脆性。调节线型不饱和聚酯中双键间的距离以及反式与顺式双键的比例，调节具有不同竞聚率的单体组分，可以获得具有各种交联密度和交联点间不同重复单元的网络结构，从而使固化树脂具有多种不同的性能。

2.3.3　不饱和聚酯树脂固化的引发过程

不饱和聚酯树脂的交联固化是自由基加聚反应，是在引发剂提供的自由基作用下的连锁反应，一经引发剂引发启动，树脂就开始进行交联反应，直至自动进行到底，成为不溶不熔的固体。

2.3.3.1　引发剂的特性

引发剂的种类有很多，性能也各不相同。为得到性能优良的固化产品，需要根据树脂的反应性、固化温度以及成型工艺等多种因素来选择合适的引发剂，这就需要对引发剂的特性有充分的了解。引发剂的特性主要有以下几种表示方法。

（1）半衰期或 10h 半衰期温度

过氧化物和偶氮化合物为常用的引发剂，它们在一定温度下发生裂解，且分解速率随温度上升而加速。所谓半衰期，就是指在给定温度下，引发剂分解消耗一半所需的时间。半衰期数值越小，表明在该温度下引发剂的分解速率越快，活性越高。测定引发剂半衰期时，可以用苯作溶剂，也可选择邻苯二甲酸等其他溶剂，但使用的溶剂不同，测得的半衰期数值也不同。

在不同温度下测得的半衰期值与温度之间呈反比关系，即温度上升，半衰期下降。因而也可以反过来进行推算，即采用"使引发剂在规定的时间内分解一半所必需的温度"来表示其活性大小。在不饱和聚酯工业中，目前普遍使用"10h 半衰期温度（10h$t_{1/2}$）"

作为表达引发剂活性的指标，也就是用 10h 使引发剂分解 50%（质量分数）所需的温度。"10h 半衰期温度"越低，表明引发剂的活性越高。

（2）临界温度

临界温度是指引发剂开始迅速分解产生游离基的最低温度，亦称为"启动温度"。在理论上，温度的高低只决定形成游离基的多少，并不表示在临界温度以下不能形成游离基。但从工艺角度来看，在临界温度以下，引发剂的分解速度太慢，产生的游离基浓度太低，不足以引发聚合反应，这在工艺上是无意义的。因此，工艺上引发剂都是在其临界温度以上的条件下进行使用。

不饱和聚酯所用引发剂的临界温度为 60~130℃。如果临界温度低于 60℃，在环境温度下不够稳定，故不宜选用。需要特别注意的是，同一引发剂对于不同树脂有不同的临界温度。在实际使用中，将"10h 半衰期温度"加上 5~8℃就大致接近临界温度。

（3）活性氧含量

对于过氧化物引发剂来说，假定其为 100% 的纯净物，其分子结构中活性氧（—O—O—）占整个分子质量的百分比即为活性氧含量。该指标表示在假定完全分解情况下可供出的游离基。活性氧含量对于评定过氧化物的质量是有用的，可用来测定过氧化物的浓度或纯度。但对于不同的引发剂却不能用活性氧含量的高低来比较它们活性的大小，这是因为活性氧含量指标受引发剂相对分子质量的影响，过氧化物相对分子质量低时，其活性氧所占的百分比就高，但不一定比其他过氧化物更活泼，分解速率也不一定快。因此，不能将活性氧含量看作引发剂活性程度的指标。

2.3.3.2 引发剂的分解方式

在不饱和聚酯树脂固化过程中，所采用的引发剂的分解方式主要有以下几种：

（1）热分解引发

除室温成型固化所用的引发剂外，一般都采用热分解引发。有机过氧化物和偶氮化合物在加热条件下产生自由基：

$$R-O-O-R' \xrightarrow{\text{加热}} RO\cdot + R'O\cdot \qquad (2-7)$$

$$R-N=N-R' \xrightarrow{\text{加热}} R\cdot + N_2 + R'\cdot \qquad (2-8)$$

这样所找到的适用于不饱和聚酯树脂的引发剂，其使用温度范围为 50~150℃，但不能在室温下使用。

（2）化学分解引发

某些具有较高稳定性的有机过氧化物可用另一种化合物（促进剂或催化剂）激活，不需升温，在低温下即可分解产生游离基，从而使树脂能在室温下固化。其原理是促进剂和过氧化物之间发生了一种氧化还原反应，使过氧化物的 O—O 键发生裂解，取代原有的热裂解。氧化还原反应是一个电子转移过程，参加反应的除引发剂外，还有促进剂或加速剂。促进剂可以单独使用，而加速剂不能单独使用，只能与促进剂共用，起辅助促进作用。

可进行氧化还原反应的引发剂主要是过氧化酮、特烷基过氧化氢和过氧化二酰类引发剂。促进剂主要包括金属类促进剂和叔胺类促进剂。

金属类促进剂主要用于氢过氧化物，对过氧化物效果差，如大多数聚酯树脂的室温固化采用氢过氧化物和辛酸钴或环烷酸钴，产生以下三种反应，首先反应中二价钴氧化成三价钴：

$$R—OOH + Co^{2+} \longrightarrow RO \cdot + Co^{3+} + OH^- \qquad (2-9)$$

然后三价钴再生，并导致氢过氧化物分解：

$$R—OOH + Co^{3+} \longrightarrow ROO \cdot + H^+ + Co^{2+} \qquad (2-10)$$

如此循环重复进行，可使全部氢过氧化物分解。另外，促进剂还能把自由基转化为离子，结果破坏一个自由基：

$$RO \cdot + Co^{2+} \longrightarrow RO^- + Co^{3+} \qquad (2-11)$$

可见，化学分解引发虽然可以使引发剂低温分解，但是会使其效率降低。因为氧化还原反应使原来经热分解产生两个游离基的引发剂，现只能生成一个游离基，而且促进剂离子也可能和游离基反应，使之逆转为离子。因此促进剂的用量必须适当，一般促进剂与过氧化物的摩尔比必须小于1，否则促进剂与初级游离基的逆反应速度会大于初级游离基引发单体的速度，结果使转化率下降。即过多地使用促进剂并不能达到加速固化的效果，反而会使产品性能下降。

叔胺类主要用于过氧化物的促进，其主要品种有二苯基甲胺、二乙基苯胺和二甲基对苯甲胺等。该类促进剂和过氧化苯甲酰的反应很猛烈，有爆炸性，反应过程中高度放热。

（3）光引发

许多单体在紫外线照射下能够发生聚合反应，每种单体各有其特征的吸收光区域，例如，苯乙烯可以吸收波长为250nm的光。因此单体在其特征光区域内曝光时，能很快聚合。

由于单体在紫外光照射下，直接进行聚合的速度一般都很慢，故常需要加入适当的光敏剂，使聚合反应加速。此处的光敏剂实际上就是光聚合的引发剂，主要的光敏剂有二苯甲酮、苯醌、安息香醚、偶氮苯等。采用光敏剂后，不饱和聚酯树脂就可在紫外线或可见光辐照下引发交联反应，通常使用的光敏剂是安息香醚。目前，光固化树脂已经进入工业化生产，使用可见光就可使树脂固化，避免了采用紫外线辐射所带来的人体危害，且使原部件易于固化。

2.3.4　不饱和聚酯树脂的固化体系

根据不饱和聚酯树脂的固化温度可将其固化体系划分为常温、中温和高温固化体系。

（1）常温固化体系

常温固化体系一般采用在室温条件下稳定的有机过氧化物和促进剂组成的氧化还原系统。主要是过氧化酮类引发剂和环烷酸钴固化系统，过氧化酰类和叔胺固化系统。由于过氧化酮和环烷酸钴固化系统具有固化完全、成型条件宽等优点，所以应用特别广泛。

（2）中温固化体系

成型温度为90～120℃的玻璃钢成型工艺通常使用中温固化体系。使用中温固化体系的玻璃钢成型工艺主要是拉挤等连续成型工艺，但随着玻璃钢技术的发展，以前属于常温成型工艺的纤维缠绕工艺、浇注成型工艺和RTM工艺，因为采用了较高的成型温度，所以也使用中温固化系统。与此相反，传统上属于高温成型工艺的预浸渍成型工艺的片状模塑料成型工艺，由于降低了成型温度，也开始使用中温固化系统。

中温固化体系主要采用过氧化二碳酸酯、二烷基过氧化物、过氧化辛酸叔己酯和过氧化二碳酸双酯等。表 2-7 列出了一些常用的中温固化用引发剂，主要是活性中等、10h 半衰期温度在 80℃ 以下的引发剂。

表 2-7　　　　　　　　　　　　　　　一些中温固化用引发剂

引发剂种类	$10h\, t_{1/2}$/℃（0.2mol/L 苯溶液）	成型温度范围/℃
过氧化二碳酸二-2-苯氧基酯	41	70~120
过氧化二碳酸二(4-叔丁基环己烷)	42	70~120
2,5-二(2-乙基己酰过氧)-2,5-二甲基己烷	67	85~125
过氧化苯甲酰	73	90~130
叔丁基过氧化-2-乙基己酸酯	73	90~130
2-叔丁基偶氮-2-氰基丙烷	79（在三氯苯中）	100~140

（3）高温固化体系

过氧化苯甲酸叔丁酯混合使用时，可以显著改善 SMC 在模具内的流动性，增加固化速率。另一种新型引发剂是过氧化碳酸酯有机过氧化物，如叔丁基过氧化异丙基碳酸酯。它们与过氧化苯甲酸叔丁酯相比，适用期和制品的外观质量相近，但固化速率更快、残留单体量更低。此外，过氧化苯甲酸叔丁酯的叔己基和叔戊基衍生物也是引人注目的新型引发剂，它们与过氧化苯甲酸相比，也具有固化速率快、残留苯乙烯量少等优点。表 2-8 列出了一些常用的高温固化用引发剂，这类引发剂的 10h 半衰期温度在 80℃ 以上，室温下相当稳定。

表 2-8　　　　　　　　　　　　　　　一些高温固化用引发剂

引发剂种类	$10h\, t_{1/2}$/℃（0.2mol/L 苯溶液）	成型温度范围/℃
2-叔丁基偶氮二氰基丁烷	82	100~145
1,1-二(叔丁基过氧)-3,3,5-三甲基环己烷	92	130~160
1,1-二(叔丁基过氧)环己烷	93	130~160
1-叔丁基偶氮-1-氰基环己烷	96	135~165
O,O-叔丁基-O-异丙基单过氧化碳酸酯	99	130~160
过苯甲酸叔丁酯	105	135~165
乙基-3,3-二(过氧化叔丁基)丁酸酯	111	140~175
过氧化二异丙苯	115	140~175

2.3.5　不饱和聚酯树脂固化过程中的表观特征变化

热固性树脂在固化过程中一般具有三个不同的阶段，从起始的液态树脂（包括加热流动的固态树脂）转变为不能流动的凝胶，最后转变为不溶、不熔的坚硬固体。在酚醛树脂的固化过程中，上述三个阶段叫作 A 阶、B 阶与 C 阶。不饱和聚酯树脂在固化过程中也分为三个阶段，但其有自己的专门术语，分别称之为凝胶、定型和熟化，具体表述如下：

① 凝胶阶段是指液态树脂加入固化剂、促进剂以后，直到树脂凝胶失去流动性的阶段，对应于酚醛树脂从 A 阶向 B 阶的过渡。在该阶段，树脂不仅能熔融，而且可以溶于

某些溶剂（如乙醇、丙酮等）中。这一阶段需要几分钟至几十分钟。

② 定型阶段（也称作硬化阶段）是指从凝胶开始，直到树脂变成具有足够硬度，达到基本不粘手状态，能将制品从模具上取下来为止的阶段。该阶段中，树脂在某些溶剂（如乙醇、丙酮等）中能够溶胀但不能溶解，加热时可以软化但不能完全熔化。这一阶段需要几十分钟至几小时。显然，处于定型阶段的树脂未完全固化，但已比较接近于酚醛树脂C阶的特征。由于它的性能还未完全稳定，处于中间的变化阶段，还不能称为C阶，确切地说是处于C阶前期。

③ 熟化阶段是指从硬化以后算起，制品在室温下放置，达到可供使用要求的阶段，以使制品具备符合规定的硬度及其他稳定的物理与化学性能。该阶段中，树脂既不溶解也不熔融。熟化阶段所需要的时间比酚醛树脂从B阶达到C阶所需的时间要长，通常需要几天或几星期甚至更长的时间，这是不饱和聚酯树脂固化过程中的一个特点，生产中所指的后期固化就是指这个阶段。该阶段可用后处理的方法加速，比如在80℃的温度下保温3h等；但在后处理之前，一般在室温下至少要放置24h。

2.3.6　阻聚剂和缓聚剂的使用

不饱和聚酯树脂是由不饱和聚酯溶于交联单体所形成的混合物，其活性很高，即使不加入引发剂，在室温下放置也会出现缓慢聚合的现象，从而失去使用价值。使用阻聚剂或缓聚剂可以解决这一问题。

阻聚剂可在一定时期内阻止树脂聚合，也就是在聚合过程中产生诱导期（即聚合速度为零的一段时间），诱导期的长短与阻聚剂含量成正比，阻聚剂消耗完后，诱导期结束，树脂以和未加阻聚剂时相同的速度聚合，对放热峰温度影响也不大；缓聚剂则是用来延缓树脂的聚合，但树脂的放热曲线变形，曲线趋向平缓，放热峰温度降低，其目的是调节树脂的放热性能以满足加工工艺的要求，它不产生诱导期，只降低聚合速度。图2-3为阻聚剂和缓聚剂对树脂固化（用黏度表示）的影响曲线。

一般在树脂制造过程中加入质量分数为0.01%左右的阻聚剂可使树脂的储存期达到3~6个月；在模塑料中加入质量分数为0.01%~0.05%的阻聚剂，可使存放期（指在加工制品时，从加入引发剂开始到树脂开始凝胶失去流动性为止的一段可进行加工的有效时间）延长7~66天。

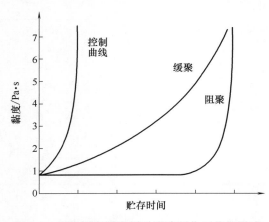

图2-3　阻聚剂和缓聚剂对聚酯固化工艺的影响

阻聚剂和缓聚剂的作用原理是吸收、消灭可以引发树脂交联固化的游离基，或是使游离基的活性减弱。也就是说，即使对于同一种试剂，如果在一种树脂中消灭游离基的能力强，即为阻聚剂；如果在另外一种树脂中只能减弱游离基的活性，则为缓聚剂。

常用的阻聚剂有对苯二酚、叔丁基对苯二酚、2,5-二叔丁基对苯二酚、甲基对苯二酚、对苯醌、4-叔丁基邻苯二酚等。缓聚剂除不少品种与阻聚剂相同外，最有效的是 α-甲基苯乙烯。

在不饱和聚酯生产过程中，使用阻聚剂的主要有以下场合：

① 在苯乙烯等交联单体中，为防止苯乙烯发生均聚反应，需加入阻聚剂。图 2-4 为阻聚剂和缓聚剂在苯乙烯聚合过程中的作用效果。

② 在聚酯化反应过程中，为阻止高反应性的聚酯和不饱和酸之间发生交联，有时需加入阻聚剂，以防止反应产物颜色变黄，发生预凝胶。

③ 在聚酯化反应产物中加入苯乙烯等单体进行稀释混合过程中，必须加入阻聚剂。阻聚剂可以事先混匀于稀释单体中，也可事先混匀于已合成好的聚酯化产物中。

④ 为保证树脂具有足够长的储存时间，树脂中需加阻聚剂。

⑤ 对于模压用树脂，为延长其存放期，也需使用阻聚剂。

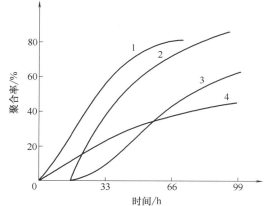

1—纯苯乙烯；2—加 0.1%（质量分数）苯醌阻聚剂；3—加 0.2%（质量分数）亚硝基苯；4—加 0.2%（质量分数）硝基苯。

图 2-4　苯乙烯加热聚合过程中的阻聚和缓聚效果

2.4　不饱和聚酯树脂的结构类型

用作复合材料基体的不饱和聚酯树脂主要包括邻苯二甲酸型（简称邻苯型）、间苯二甲酸型（简称间苯型）、双酚 A 型、乙烯基酯型和卤代不饱和聚酯等类型。

2.4.1　邻苯型和间苯型不饱和聚酯

邻苯二甲酸和间苯二甲酸互为同分异构体，由它们合成的不饱和聚酯分别称作邻苯型和间苯型，二者的分子结构式如下：

邻苯型不饱和聚酯

间苯型不饱和聚酯

虽然二者分子链的化学结构相似，但间苯型不饱和聚酯和邻苯型不饱和聚酯相比，具有下述特性：

① 间苯型不饱和聚酯相对分子质量较高，固化制品具有较好的力学性能、韧性、耐热性和耐腐蚀性能。

21

② 间苯型不饱和聚酯的纯度高，树脂中不残留有间苯二甲酸和低相对分子质量的间苯二甲酸酯杂质。

③ 邻苯型不饱和聚酯分子链上的酯键更易受到水和其他各种腐蚀介质的侵袭，而间苯型聚酯分子链上的酯键会受到间苯二甲酸立体位阻的保护，具有较好的耐水和耐介质性能。例如，玻璃纤维增强间苯型不饱和聚酯制品在 71℃ 的饱和氯化钠溶液中浸泡一年后仍具有相当高的性能。

2.4.2　双酚 A 型不饱和聚酯

双酚 A 型不饱和聚酯的分子结构式如下：

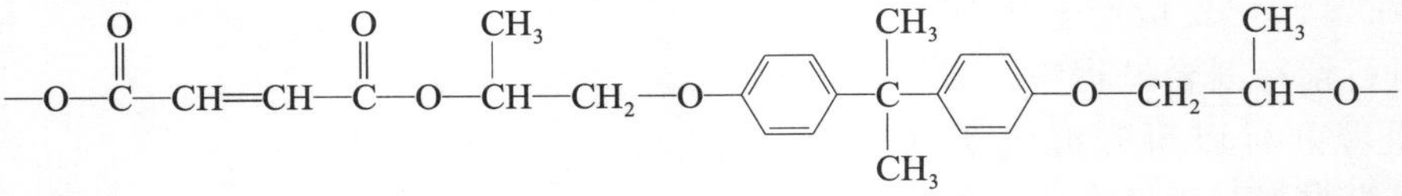

与邻苯型不饱和聚酯及间苯型不饱和聚酯的结构相比，由于双酚 A 型不饱和聚酯的分子链中引进了双酚 A 的结构，使得易被水解而遭受破坏的酯基之间的距离增大，也就是降低了分子链中的酯基密度，增加了聚酯的耐水解性能；另一方面，双酚 A 不饱和聚酯与苯乙烯等交联剂共聚固化后的空间效应大，对酯基起到屏蔽保护作用，因此双酚 A 型不饱和聚酯具有比较好的耐水解、耐化学腐蚀性能，可以在较高温度下进行较长时间的使用。

2.4.3　乙烯基酯树脂

乙烯基酯树脂是 20 世纪 60 年代发展起来的，其特点是聚合物中的端基为不饱和双键，通常是由环氧树脂与含有双键的不饱和一元羧酸加成聚合而成，常用的不饱和酸为丙烯酸、甲基丙烯酸或丁烯酸等。该树脂的工艺性能与不饱和聚酯树脂相似，化学结构与环氧树脂相近，是结合聚酯树脂和环氧树脂两者长处的一类新型树脂。

乙烯基酯树脂的品种和性能随着所用原料的不同而有广泛的变化，可根据复合材料对树脂性能的要求对分子结构进行设计。乙烯基酯的一般分子结构如下：

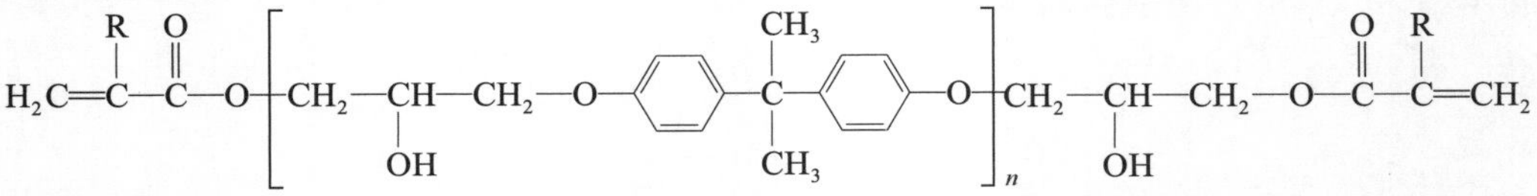

从其分子结构可知，乙烯基酯树脂具有良好的综合性能，主要表现在以下方面：

① 不饱和双键位于聚合物分子链的端部，双键非常活泼，固化时不受空间障碍的影响，可在有机过氧化物引发下，通过相邻分子链间进行交联固化，也可与苯乙烯等交联单体共聚固化。

② 树脂链中和酯键相邻的 R 基团，对其提供保护作用，使树脂具有优良的耐化学性能和耐水解稳定性。

③ 乙烯基树脂中的酯键含量低，相较于普通的不饱和聚酯，每单位相对分子质量中的酯键要少 35%～50%，因此该树脂在酸、碱溶液中具有很好的水解稳定性。

④ 分子链上含有的仲羟基，可以改善树脂对增强纤维的浸润性和粘接性，这也是采

用乙烯基树脂可以制得高强度复合材料的主要原因之一。

⑤ 环氧树脂作为分子结构主链，其所含有的醚键在赋予树脂韧性的同时，又使树脂具有优异的耐腐蚀性能和热机械性能。

2.4.4　卤代不饱和聚酯

卤代不饱和聚酯是指由氯茵酸酐（即六氯桥亚甲基四氢邻苯二甲酸酐，简称 HET 酸酐）作为饱和二元酸（酐）合成得到的一种氯代不饱和聚酯，其分子结构如下：

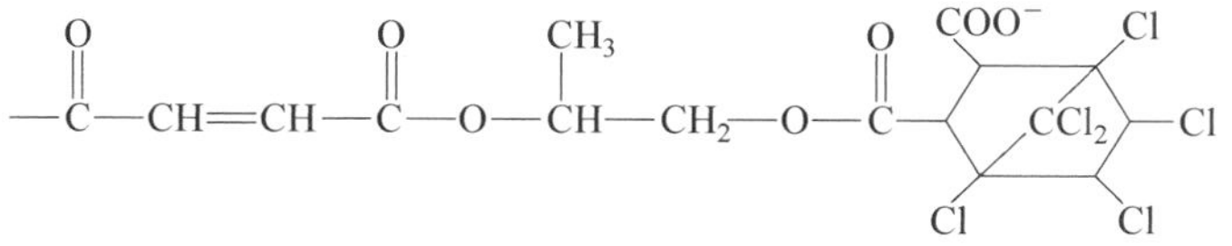

氯代不饱和聚酯树脂一直以来作为具有优良自熄性能的树脂进行使用，但长期的应用研究表明，氯代不饱和聚酯树脂还具有相当好的耐腐蚀性能，它在某些介质中的耐腐蚀性能与双酚 A 不饱和聚酯树脂和乙烯基酯树脂基本相当，而在某些条件下的耐腐蚀性能则优于这两类不饱和聚酯树脂。

例如在湿氯中，热的湿氯在与不饱和聚酯树脂接触后，会发生反应而产生氯代的不饱和聚酯树脂，被称作"氯奶油"。由双酚 A 不饱和聚酯树脂和乙烯基酯树脂产生的"氯奶油"性状柔软，湿氯可以通过该"氯奶油"层进一步（腐蚀）渗透，但由氯代不饱和聚酯产生的"氯奶油"性状坚硬，有效阻止了湿氯的进一步（腐蚀）渗透。

2.5　固化树脂的老化与防老化

不饱和聚酯树脂固化后，在长期使用中会发生老化现象，颜色变黄，发脆以致龟裂，表面失去光泽，强度下降，其他物理、化学性能也随之下降。影响树脂老化的因素有很多，而且通常还是交叉作用，机理较为复杂，与制品的使用条件（如温度、受力情况等）直接相关。以下着重分析紫外线的作用、空气中氧和臭氧的作用以及水的降解作用等方面的因素，并提出防老化的具体措施。

2.5.1　紫外线的作用

不饱和聚酯树脂固化后，在长期的光照作用下会发生老化现象。光老化的原因，一方面是光的能量使树脂分子中的共价键发生断裂；另一方面是树脂本身的不纯性，造成了受破坏的突破口，结果使树脂加速降解。

聚合物分子中所包含的各种共价键有不同的键能，不同波长的光有不同的能量，当一定波长的光的能量超过某种共价键的键能时，就会使之断裂。紫外线的波长为 300～400nm，如被树脂充分吸收，其能量可达 299～399kJ/mol，而有些共价键的断裂需要的能量为 12～419kJ/mol，其相应波长为 710～290nm，可见紫外线可以使这些共价键发生断裂。这部分光的能量占整个太阳光能量的 12% 左右，它首先危害树脂中的 O—O 键、C—Br 键、C—Cl 键、C—O 键。这也是含卤素的阻燃树脂容易变黄的原因。另外，树脂中的酯键也易成为受攻击的薄弱点。至于 C—C 键，能打断它的光能只占 5%，对于 C—H 键、

O—H 键、C═C 键、C═O 键，其键能大于 410kJ/mol，故不会遭到破坏。

树脂本身的纯洁度是耐光老化的另一个重要因素，纯度高的树脂一般不吸收大于 300nm 的光，因而不容易被破坏。实际上，树脂中都含有少量杂质，杂质吸收紫外光后即自行氧化，形成羰基。羰基吸收波长为 280~330nm 的紫外光，并将光能传递到整个分子链中，在薄弱点处发生降解。如其他因素同时对树脂进行老化作用时，光降解又会被加速。

防止光老化的通常做法是在树脂中加入紫外光吸收剂（也称光稳定剂）。紫外光吸收剂能溶于树脂中，对紫外光有强烈的吸收能力，吸收光能后，使之转变为无害于树脂结构的其他能量。

对于在树脂中使用的光稳定剂，要求其必须能强烈吸收 290~410nm 的紫外光；且本身性能稳定，在成型温度下不分解；与树脂相容性好，易于均匀分散；无有害颜色或毒性等。常用的光稳定剂有 2-羟基二苯酮、2-羟基苯甲酸甲酯、2,2′-二羟基-4,4′-二甲氧基二苯甲酮等。

2.5.2　空气中氧和臭氧的作用

氧和臭氧能使树脂发生氧化降解、变色、表面龟裂以致剥落，电性能下降。在热与光的联合作用下使老化加速。在室温及避光时，老化进展缓慢。聚酯生产或固化过程中所加入的 Cu、Co、Zn 等化合物，可能呈离子型杂质态，会加速氧化降解。在加速老化时具有游离基连锁反应性质，破坏性较大。

防止树脂的氧化降解主要采用以下两种方法：

① 加入分解剂，使聚酯氧化以后产生的过氧化基团分解，中断游离基的链式反应。使用的分解剂主要是含硫含磷的化合物。

② 加入防老剂，使已经开始的氧化连锁反应终止。使用的防老剂大多为酚类或胺类化合物。

2.5.3　水解降解作用

树脂交联固化以后，酯键—COOR 及—CH_2—O—等化学键在酸和碱的催化下或在热水中会被水解而使分子链断裂，性能下降。另外，在不饱和聚酯制品中大多加有玻璃纤维增强材料以及各种填料，水分容易渗入到以上材料与树脂的界面，使水解作用加剧。

采用的主要防护措施一是在制品表面采用耐水性优良的胶衣树脂连续被覆；二是对玻璃纤维及填料进行偶联剂表面处理，使之与树脂之间产生化学键合作用，增加界面的黏结性，防止界面空隙。

2.6　不饱和聚酯树脂的应用与进展

2.6.1　不饱和聚酯树脂的应用

不饱和聚酯树脂早期主要用作涂料和浇注成型，自 1942 年出现了玻璃纤维增强不饱和聚酯（即玻璃钢）后，由于玻璃钢产品和工艺的巨大优势，发展极为迅速。不饱和聚酯树脂的应用主要集中在纤维增强和非纤维增强两方面，涉及产品众多，下面简单介绍不饱和聚酯树脂的几种典型应用。

（1）模塑料

模塑料是不饱和聚酯复合材料制品的一种中间性材料，其中包含有热压成型所必需的树脂、填料、玻璃纤维、引发剂、增稠剂、内脱模剂等全部组分，并制成片状或团状。这种材料可使聚酯模压制品实现高速率、高质量、低成本的大批量生产，尤其是当前汽车工业因限制油耗而要求使用轻质高强的复合材料，对聚酯片状模塑料的需求量增长非常迅猛。

片状模塑料（SMC）是短切玻璃纤维毡浸渍液态树脂浆料，经化学稠化而成的片状预浸料；团状模塑料（BMC或DMC）是不饱和聚酯树脂、短切玻璃纤维、填料以及各种添加剂经充分混合而成的料团状预浸料。在欧洲，BMC或DMC原本是有区分的：DMC为普通常用的模塑料，称为团状模塑料；BMC指以间苯二甲酸树脂为基础的改进型模塑料，称为块状模塑料。在美国两者无区别。目前，欧洲也倾向于将二者统称为团状模塑料。

不饱和聚酯树脂的增稠效应是SMC、BMC技术的基础，树脂在稠化前黏度低，与填料混合形成的浆料易于浸渍玻璃纤维，但浸渍后要转变为模塑料时，其黏度应为 $(7.5 \sim 15) \times 10^4 \mathrm{Pa \cdot s}$。这一黏度使SMC在正常模压条件充满模具时，不会有玻璃纤维的离析。稠化速率是模塑料生产工艺的重要性能指标，稠化速率要适当，稠化太快，玻璃纤维、填料等难以浸透；稠化太慢，则储存困难。一般在和增稠剂混合以后，存放在常温下 $24 \sim 28\mathrm{h}$，应有足够的硬挺度。

作为增稠剂的物质主要是碱土金属氧化物或氢氧化物，如镁、钙的氧化物及氢氧化物，基本原理是树脂的端羧基与氧化镁等反应形成半固态的络合物。为了获取其他性能，还可以与其他物质组合使用，如 MgO 和环状酸、酐的组合；MgO 和 LiCl 的组合等。不饱和聚酯树脂的 MgO 增稠反应一般认为分为两个阶段。

第一个阶段是不饱和聚酯树脂的端羧基与 MgO 进行一种酸碱成盐反应，使聚酯分子链扩展，即

$$\mathrm{HO-\underset{O}{\overset{||}{C}}-\!\!\sim\!\!\sim\!\!-\underset{O}{\overset{||}{C}}-OH + MgO \longrightarrow HO-\underset{O}{\overset{||}{C}}-\!\!\sim\!\!\sim\!\!-\underset{O}{\overset{||}{C}}-O-MgOH} \tag{2-12}$$

$$\mathrm{HO-\underset{O}{\overset{||}{C}}-\!\!\sim\!\!\sim\!\!-\underset{O}{\overset{||}{C}}-O-MgOH + HO-\underset{O}{\overset{||}{C}}-\!\!\sim\!\!\sim\!\!-\underset{O}{\overset{||}{C}}-OH \longrightarrow HO-\underset{O}{\overset{||}{C}}-\!\!\sim\!\!\sim\!\!-\underset{O}{\overset{||}{C}}-O-Mg-O-\underset{O}{\overset{||}{C}}-\!\!\sim\!\!\sim\!\!-\underset{O}{\overset{||}{C}}-OH + H_2O}$$

$$\tag{2-13}$$

第二个阶段的反应是在树脂分子之间形成桥网而进一步增加黏度。这一阶段的反应包括相邻两个聚酯分子之间形成氢键的反应（虽然每个氢键的作用较弱，但大量氢键产生的叠加效应就会使黏度有足够程度的增加），以及聚酯的羰基和 MgO 之间形成的络合物，即

$$\tag{2-14}$$

这些络合物所形成的网络也会产生使黏度增加的结果。

虽然 SMC 工艺具有很多优点，但传统的 SMC 工艺是一种高温高压成型工艺，其成型压力一般为 3.5~7.0MPa，对成型设备和模具要求很高。究其原因，是由于传统的 SMC 工艺使用 MgO 作为增稠剂，这种增稠作用使得 SMC 具有不可流动性，因而在模压成型时需要使用相当大的压力才能将其压制成为产品。目前已经开发成功的低压 SMC 具有与传统 SMC 制品相似的成型加工性和相当的制品外观与性能，但其成型压力只有 1.0~3.0MPa，从而大大降低了成型设备和模具的投入成本。

低压 SMC 选用具有特定性能的结晶性不饱和聚酯树脂或端异氰酸酯基化合物作为增稠剂，这种增稠剂可以通过自己独特的增稠机理使低压 SMC 稠化到与传统 SMC 相似的性能，而且这种性能可以在相当长的时间内保持稳定不变。

结晶不饱和聚酯树脂的增稠是一种物理增稠过程，结晶不饱和聚酯树脂的熔点一般为 55℃左右，在这个温度以上时，结晶不饱和聚酯树脂熔化为液体，能够均匀分散于整个低压 SMC 体系内，以达到降低树脂黏度和浸渍增强材料的目的。当冷却至室温，结晶不饱和聚酯树脂又恢复至固态，从而使低压 SMC 达到"机械增稠"而不粘手的目的。整个增稠过程需要使预混料保持在 55℃以上。

端异氰酸酯基化合物增稠体系的作用机理是端异氰酸酯基与不饱和聚酯树脂基体的羟基进行反应，产生一种散置的高分子体网状结构，导致树脂糊黏度的急剧上升：

$$\text{OCN—}\bigcirc\text{—CH}_2\text{—}\bigcirc\text{—NCO} + \text{HO—R—OH} \longrightarrow$$

$$\text{—CH}_2\text{—}\bigcirc\text{—NH—}\underset{\underset{O}{\|}}{C}\text{—O—R—O—}\underset{\underset{O}{\|}}{C}\text{—NH—}\bigcirc\text{—CH}_2\text{—} \tag{2-15}$$

同时，过量的异氰酸酯基团在水（基体树脂中附带）存在的条件下，与醇羟基产生硬质泡沫的发泡反应，使树脂糊硬化，阻碍了树脂糊黏度的上升：

$$\text{RNCO} + \text{R'OH} \longrightarrow \text{RNHC}\overset{\overset{O}{\|}}{O}\text{R'} \tag{2-16}$$

$$\text{RNCO} + \text{H}_2\text{O} \longrightarrow \text{RNHCOOH} \longrightarrow \text{RNH}_2 + \text{CO}_2 \uparrow \tag{2-17}$$

$$\text{R'NCO} + \text{RNH}_2 \longrightarrow \text{R'NHCONHR} \tag{2-18}$$

但在该过程中，体系黏度降低得太快，不易控制。

现有研究表明，采用联合增稠剂的方法，即将 MgO 与结晶不饱和聚酯树脂、MgO 与端异氰酸酯基化合物、结晶不饱和聚酯树脂与端异氰酸酯基化合物联合增稠不饱和聚酯树脂体系，这种多重增稠效果要比单一增稠剂的增稠效果要好，更加符合低压模塑和低成本生产的要求。

（2）人造石

人造石是以不饱和聚酯树脂作为基体，按照一定的配比加入填料、颜料和少量引发剂等进行混合，通过一定的加工工艺制成的新型建筑装饰材料。这种树脂基人造石制造方法简便，生产周期短，成本低，其外观类似天然大理石、色彩丰富可调，并具有足够的强度、刚度、耐水、耐老化、耐腐蚀等诸多优点，可以直接制成各种形状的产品，因此在建筑装饰领域得到了广泛应用，产品包括柜台、标志牌、罗马柱、桌面、餐台面、浴缸、洗脸盆以及工艺装饰品等。

在制备过程中，如果采用三水合氧化铝（水铝氧）代替碳酸钙作填料，并适当降低填料量，即可制得具有一定透明特性的、色彩柔和的仿玛瑙制品。

（3）无溶剂漆

在无溶剂漆中，不含有不参加固化反应的惰性溶剂，而是以参加反应的活性稀释剂代替。无溶剂漆的使用，除节省大量溶剂外，还可减少浸烘次数，缩短工时，提高生产效率；而且在固化过程中，由于没有溶剂挥发，消除了气隙，保证了制品绝缘的整体性，可提高导热性和耐潮性等。

不饱和聚酯无溶剂漆由不饱和聚酯树脂、活性稀释剂、引发剂、阻聚剂等组成。不饱和聚酯树脂溶于活性稀释剂（如含有双键的不饱和单体）中，制得黏度较低的漆液，储存时双键不发生反应，有一定的储存期；加热时由于引发剂的作用，不饱和聚酯与不饱和单体通过双键聚合而固化，没有低分子物放出。

不饱和聚酯无溶剂漆的特点是黏度较低、储存期较长、成本较低；缺点是力学、耐热及介电性能不及环氧漆，收缩率较大。为了克服上述缺点，通常与环氧树脂相配合来制造无溶剂漆。

（4）胶衣树脂

复合材料的最外层经常要受到摩擦、碰撞等外部机械作用和化学腐蚀、大气老化等侵袭，直接影响到制品的外观、质量和使用寿命。胶衣树脂主要用于玻璃钢制品的表面，以连续性的覆盖薄层形式出现，在起到保护作用、提高性能的同时，又给予制品光亮美丽的外观装饰效果，其使用厚度一般为 0.4mm 左右。

胶衣树脂是由专用聚酯树脂加入触变剂、分散剂、颜料等添料配制而成，是不饱和聚酯中的一个特殊品种。按照使用要求，胶衣树脂主要分为以下几类：

① 耐化学腐蚀和抗污染胶衣，用于耐腐蚀制品的表面；

② 通用型胶衣，耐沸水、耐摩擦、耐肥皂或清洁剂的腐蚀，具有良好的表面光泽，主要用于人造浴缸、卫生洁具、人造大理石、船舶以及其他一般用途的制品；

③ 光稳定型胶衣，具有优良的耐候性，适用于长期户外使用制品表面的保护涂层；

④ 食品、医药的容器用胶衣，可用于药房、仓库、冷藏室、盥洗室的容器以及食品储存设备的表面层。

2.6.2　不饱和聚酯树脂的进展

目前传统的通用树脂、胶衣树脂、板材树脂、浇注树脂、模压树脂、耐化学树脂等仍为不饱和聚酯树脂的主要品种，目前，通过配方改进和树脂改性又开发了许多新型的树脂品种，如低收缩性树脂、强韧性树脂、低挥发性树脂、含水不饱和聚酯树脂以及生物可降解树脂等。

（1）低收缩性树脂

UPR 固化收缩率较高（7%～10%），使制品容易产生变形和翘曲，并且由于体积收缩而产生的内部应力可能会导致制品出现开裂现象，进而限制了 UPR 的应用范围。

目前，降低 UPR 固化收缩率的方法主要是添加无机填料和低收缩添加剂（Low profile additive，LPA），其中适量的低收缩剂可有效降低制品的收缩率，并已在 SMC 制造中得到了广泛应用。常用的低收缩剂包括聚苯乙烯、聚甲基丙烯酸甲酯、苯二甲酸二烯丙酯聚合物、聚己酸内酯（LPS-60）、改性聚氨酯和醋酸纤维素丁酯等。例如，加拿大以热塑性PVAc作为低收缩剂，很好地解决了收缩问题；日本研制的一种新型低收缩剂，该添加剂含有弹性链段以及可以与UPR相容的链段，将其应用在SMC/BMC的成型工艺中，最终得到的成品具备很好的色泽性，同时收缩率也明显降低。

虽然低收缩添加剂对UPR的收缩性有很好的改善，但由于改性后的树脂力学性能有所下降，且往往不能得到透明制品，合成新型的低固化收缩率不饱和聚酯就成为重要的发展方向。

（2）强韧性树脂

强韧性树脂日益受到重视，而在实际应用中，UPR韧性、强度还存在不足。目前提高UPR韧性的方法主要包括加入橡胶弹性体、采用聚合物互穿网络技术和无机纳米粒子改性等。

将橡胶引入UPR中进行增韧改性，最初是由直接添加橡胶开始，现在则经常使用含有活性端基的液体橡胶作为热塑性增韧剂对UPR进行增韧，液体橡胶容易在UPR中分散均匀，其活性端基可以与UPR分子主链发生反应，从而提高了橡胶与聚酯之间的作用力。例如，葛曷一等在UPR中加入活性端基聚氨酯橡胶，树脂固化前，橡胶与UPR相容性较好；树脂固化时，橡胶中的不饱和双键可参与反应，并与树脂发生相分离，改性后树脂的冲击强度可提高60%以上。而美国阿莫科化学公司采用末端含羟基的不饱和聚酯与二异氰酸酯反应制成的树脂，其韧性可提高2~3倍。

聚合物互穿网络是由两种或两种以上的聚合物互相贯穿缠结而形成的一类具有独特结构的多组分聚合物，其特有的强迫相容作用能使两种或两种以上性能差异很大的聚合物形成稳定的聚合物共混物，从而实现组分之间性能或功能的互补。例如，鲁博等利用与天然纤维具有良好亲和性的PU改性UPR，使得改性后的UPR具有自增强互穿聚合物网络结构；研究发现，PU的引入使得改性UPR的冲击断裂截面表现为韧性断裂，当PU质量分数为5%时，其冲击强度可提高80%，弯曲模量降低小于20%，固化收缩率低于4%。

无机纳米粒子具有比表面积大、表面活性高等特点，利用其对聚合物改性可表现出同步增韧增强效应；然而纳米粒子在聚合物基体中很容易发生团聚现象，通常需要对其进行表面改性。例如，He等人利用3-异丙烯基-α,α-二甲基苄基异氰酸酯（TMI）和十二烷基胺（DDA）对氧化石墨烯（GO）进行表面修饰，修饰后的GO较GO更易在UPR中分散，甚至无需超声处理，在添加量仅为0.04%（质量分数）时，树脂的断裂韧性（G_{IC}）就提高了55%，而弯曲强度和模量变化很小。

（3）低挥发性树脂

苯乙烯是当前UPR树脂中广泛使用的交联单体，由于苯乙烯在室温下的蒸气压较高，容易挥发，尤其是在制作玻璃钢制品的胶衣层过程中更易挥发。为此，出于环境保护和人身健康的需要，绝大多数国家都严格限制了生产中挥发性有机化合物（VOC）的释放量，通常的要求是车间周围空气中苯乙烯含量必须低于50μg/g，空气中过高浓度的苯乙烯会刺激人的眼鼻黏膜并引起头昏、恶心等症状。因此，研制开发低苯乙烯挥发性树脂就非常必要，现已成为目前国内外UPR工业领域中重点研究的课题。

研制低挥发性树脂所采取的主要方法，一是加入表膜形成剂来降低苯乙烯的挥发；二是利用高沸点交联剂来代替苯乙烯，以降低苯乙烯的用量。例如，德国 BYK Chemie 公司开发的新型助剂 LPX-5500，可使苯乙烯挥发量减少 70%~90%；美国 Sartomer 公司研制出低 VOC 的含马来酸酐单体的 UPR 组成物，并应用于凝胶涂料、黏合剂、层压树脂或模塑树脂；此外，美国及德国还研制了无苯乙烯单体的 UPR 及其组成物，可用于开口浇注、凝胶涂料和电子工业之中。

（4）含水不饱和聚酯树脂

传统的 UPR 是一种油性物质，不溶于水，在水中也不能有效分散，混入少量水后还会影响固化。含水不饱和聚酯树脂（WCUP）最早问世于 20 世纪 50 年代，其以水作填料，通过加入碱性物质生成盐、加入表面活性剂乳化、在聚酯链中引入极性基团等方法制得。该种树脂除了具有显著的低成本特点之外，还有诸多优异的性能，如固化时放热量小、体积收缩小、阻燃和易加工成型等，可用作人造木材、装饰材料、泡沫制品、聚酯混凝土、浸润剂和涂料等多种产品。美国 Ashland chem 公司和 Reichold chem 公司均生产含水不饱和聚酯树脂商品，我国在含水不饱和聚酯树脂的研究起始于 20 世纪 90 年代初，研制产品已用于锚固剂等方面。

（5）阻燃型树脂

普通 UPR 遇明火极易燃烧，因而限制了其在很多场合的应用，目前阻燃型 UPR 的研究主要分为添加型阻燃和反应型阻燃两种方法。

添加型阻燃即在 UPR 中添加阻燃剂，使其极限氧指数提高，烟密度下降，所使用的阻燃剂主要包括磷系阻燃剂以及氢氧化铝、氢氧化镁等氢氧化物。由于现有的单一阻燃剂体系存在诸如阻燃性能和加工性能、力学性能相互矛盾等弊端，因此为获得更优异的阻燃性能和使用性能，将不同体系的阻燃剂进行复配就成为阻燃 UPR 研发的新方向。Jens Reuter 等将聚磷酸铵（APP）与不同矿物阻燃剂进行复配用于 UPR 的阻燃研究，结果表明，加入 20%（质量分数）APP 和 5%（质量分数）的二乙基磷酸铵或者二乙基磷酸锌，可达到 UL-94 中 V-0 阻燃等级，与加入 25%（质量分数）APP 的体系相比，放热量降低了 16%；同时发现，加入 APP 与磷酸盐的树脂体系在燃烧过程中能够形成一层致密而坚韧的保护层，有效保护了底层材料。

反应型阻燃是在树脂合成反应过程中通过添加含有阻燃元素（如磷、溴、氮等）的反应单体，通过化学键合引入到树脂分子链中，使树脂本身具有阻燃成分，由于阻燃成分与树脂分子链通过化学键相连，所以不存在添加型阻燃树脂中存在的阻燃剂挥发、溶出、迁移和渗出等问题，是一种较为理想的阻燃改性方法。Dai 等将合成的一种新型反应性含磷单体 1-氧代-2,6,7-三氧杂-1-磷杂二环 [2,2,2] 辛烷甲基二烯丙基磷酸酯（PDAP）与 UPR 共聚得到阻燃树脂，由于在热分解过程中，C—O 键和含磷物质之间生成磷酸键代替了挥发性产物，因此降低了可燃气体的生成和树脂的最大质量损失率，阻燃树脂燃烧的热释放容量和总热释放量都明显减少，树脂的极限氧指数和残碳率得到增加。

（6）其他种类的不饱和聚酯树脂

出于环境保护和可持续发展的要求，生物可降解高分子材料因其独特的性能，发展前景极其广阔，目前国内外也在积极开发可降解 UPR，主要是在分子链中引入聚乙二醇、乳酸、聚己内酯、N-乙烯基吡咯烷酮等可生物降解结构。

另外，科研人员还开发了发泡 UPR、低吸水型 UPR、透明性 UPR 等许多品种。与国际业界相比，我国不饱和聚酯树脂工业虽然在近年来发展较快，但还存在着生产规模小、产品质量低、品种型号少等不足，特别是在新品种技术开发上还存在较大差距，有待进一步加强。

复习思考题

1. 什么是不饱和聚酯树脂？在不饱和聚酯树脂体系中加入苯乙烯等乙烯基单体的作用是什么？

2. 在不饱和聚酯树脂合成过程中，通常需要加入部分饱和二元酸（或酸酐）来代替不饱和二元酸（或酸酐），这样做的目的是什么？

3. 在聚酯合成过程中，为什么要控制顺式双键异构化的程度？影响顺式双键异构化的因素包括哪些？

4. 不饱和聚酯树脂固化后在长期使用中会发生老化现象，引起其老化的主要因素是什么？并从各种情况下的老化机理出发，简要说明如何防止老化现象的发生。

5. 按照分子结构的不同，不饱和聚酯树脂主要包括哪几种类型？并简要说明各自的性能特点。

6. 阻聚剂和缓聚剂的作用有何不同？举例说明二者在实际生产中的应用。

7. 在 SMC 的生产过程中，为何要对其进行稠化？低压 SMC 和传统 SMC 的稠化机理有何不同？

8. 制备阻燃型树脂主要有哪两种方法？这两种方法的区别是什么？

9. 制备低挥发性 UPR 的方法有哪几种？为什么要研制低挥发性 UPR？

10. 查阅文献资料，了解不饱和聚酯树脂的发展现状及动态。

第三章 环氧树脂

3.1 概 述

环氧树脂（Epoxy Resin），是指含有两个或两个以上环氧基团，以脂肪族、脂环族或芳香族等有机化合物为骨架，并能通过环氧基团反应形成的热固性产物的高分子预聚物，除个别品种外，它们的相对分子质量一般都不大。

环氧树脂以分子链中含有活泼的环氧基团为特征，环氧基团可以位于分子链的末端、中间或者呈环状结构。由于分子结构中含有活泼的环氧基团，它们可与多种类型的固化剂发生交联反应而形成三维网状结构的高聚物。

环氧树脂的合成始于20世纪30年代，于40年代后期开始工业化。因为它具有一系列优良的性能，所以发展很快，20世纪50年代至70年代又相继发展了许多环氧树脂品种。我国的环氧树脂研发始于1956年，最先在沈阳和上海两地获得成功，上海在1958年开始工业化生产。目前环氧树脂正朝着"高纯化、精细化、专用化、系列化、配套化、功能化"六个方向发展。

由于环氧树脂具有黏结性能较强，力学性能优良，耐化学药品性、耐候性、电绝缘性好以及尺寸稳定等特点，可用作胶黏剂、涂料、浇注料、电气绝缘材料、纤维增强复合材料的基体树脂等，广泛应用于航空航天、电气电子、机械制造、建筑、化工防腐、船舶运输等诸多行业，是各工业领域中不可缺少的重要基础材料。环氧树脂主要具有下列性能和特性：

① 形式多样化。各种树脂、固化剂、改性剂体系几乎可以满足各种应用要求，其范围可以从极低黏度的液体到高熔点固体。

② 良好的加工性。未固化的环氧树脂本身分子间内聚力小，分子有扩展的倾向，故树脂的流动性好，且易于和固化剂及其他材料如填充剂等混合，因此有良好的加工性（浇注、层压、涂覆等）。

③ 黏附力强。由于环氧树脂中存在固有的极性羟基和醚键，使其对各种物质具有较强的作用，加之固化后树脂分子间形成了交联，提高了树脂分子本身的内聚力。因此环氧树脂的黏着性很强，有"万能胶"之称。如用于黏合铝与铝合金材料，高温固化后的剪切强度达到25MPa，室温固化时的剪切强度也可达15MPa。

④ 收缩率低。环氧树脂与固化剂反应时是通过直接加成反应进行，固化时通常没有水或其他挥发性副产物放出，不会产生气泡，可以低压成型，且收缩率小。对于一个未改性的环氧树脂体系来说，其收缩率小于2%，而一般酚醛树脂和聚酯树脂的固化则会产生较大的收缩。

⑤ 力学性能好。固化后的环氧树脂体系分子结构致密，具有优良的力学性能。

⑥ 化学稳定性好。固化后的环氧树脂体系通常具有优良的耐酸碱性和耐溶剂性。适

当地选用环氧树脂和固化剂，可以使其具有特殊的化学稳定性能。

⑦ 优良的介电性能。固化后的环氧树脂和许多高分子材料一样，是一种优异的电绝缘材料，环氧固化物具有优良的介电性能，介电常数（50Hz）3~4，介电损耗角正切（50Hz）小于 0.004，介电强度 20~30kV/mm。

⑧ 尺寸稳定性好。固化的环氧树脂体系具有突出的尺寸稳定性和耐久性。

⑨ 耐霉菌。固化的环氧树脂体系能耐大多数霉菌，可以在苛刻的热带条件下使用。

3.2 环氧树脂的结构类型及性能特点

3.2.1 环氧树脂的分类、命名及环氧基含量的表示方法

3.2.1.1 环氧树脂的分类

环氧树脂的种类有很多，并且不断有新品种出现，通常按照其分子结构和环氧基的结合方式，大体上分为五大类，即缩水甘油醚类、缩水甘油酯类、缩水甘油胺类、线型脂肪族类和脂环族类：

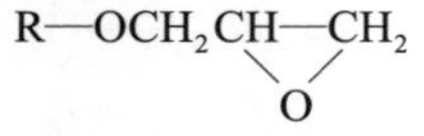

$$R-OCH_2CH-CH_2 \quad\text{(缩水甘油醚类)}$$

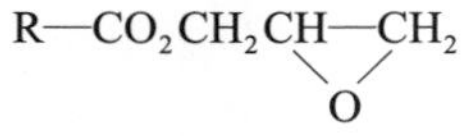

$$R-CO_2CH_2CH-CH_2 \quad\text{(缩水甘油酯类)}$$

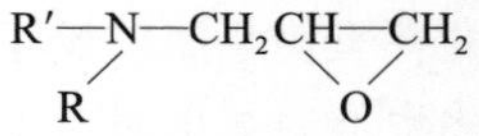

$$R'-N-CH_2CH-CH_2 \quad\text{(缩水甘油胺类)}$$

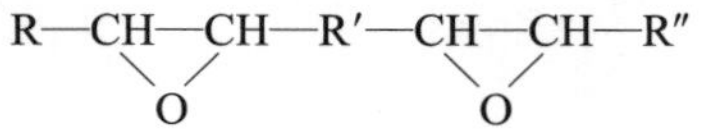

$$R-CH-CH-R'-CH-CH-R'' \quad\text{(线型脂肪族类)}$$

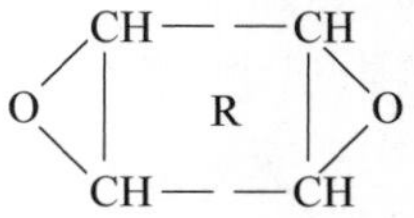

$$\text{(脂环族类)}$$

此外，还有分子结构中同时具有两种不同类型环氧基的混合型环氧树脂。例如对氨基苯酚环氧树脂，分子结构中既有缩水甘油醚又含有缩水甘油胺，具体如下：

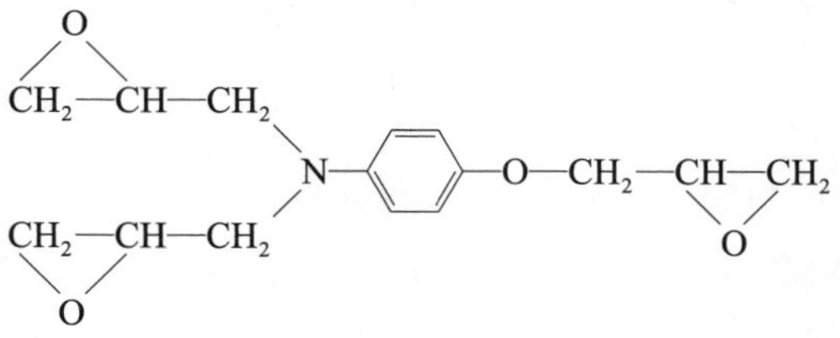

$$\text{(对氨基苯酚环氧树脂结构式)}$$

3.2.1.2 环氧树脂的命名

GB/T 1630.1—2008《塑料 环氧树脂 第 1 部分：命名》代替了过去的 GB 1630—1989《环氧树脂命名》和 GB 1630—1979《环氧树脂命名》。该标准规定了环氧树脂的命名方法，用缩写代号"EP"表示环氧化合物，后接 5 位数字（相当于主要性能）的字符组，然后空一格，再接 3 位数字（相当于次要性能）的字符组。如果一种性能（通常使用标示等级的一个数字指明）未加规定，则将小写的"x"安排在命名中的适当位置。除为首的两位数字对应一项性能外，每位数字分别对应于表 3-1 中列出的某一特性。

表 3-1　　　　　　　　　　　　　　　环氧树脂的主要性能

命名序号	I 和 II	III	IV	V	VI	VII	VIII
类别	化学组成[①]	主要性能			次要性能		
		在剪切速率 $1s^{-1}$ 和 23℃时的黏度/Pa·s	环氧当量/(g/mol)	有机改性剂或溶剂	密度(23℃)/(g/cm³)	添加剂[②]	特性[②]
x	未规定	未规定	未规定	未规定	未规定	未规定	未规定
1	双酚 A/缩水甘油醚	≤0.25	≤115	无	<1.10	无	具有燃烧特性的材料[③]
2	芳香族缩水甘油醚(或酯)	>0.25~1	116~150	活性剂	1.10~1.14	填料	可水解的氯含量低于 0.2%
3	脂肪族缩水甘油醚(或酯)	>1~5	151~175	非活性剂	1.15~1.19	有机或无机着色剂	低的结晶倾向
4	脂环族缩水甘油醚(或酯)	>5,而且是流体	176~210	有机溶剂	1.20~1.29	填料和着色剂	水溶液
5	环烯烃类环氧	半固体	211~290	活性剂和有机溶剂	1.30~1.39	乳化剂	耐热性
6	酚醛环氧	固体	291~525	非活性剂和有机溶剂	1.40~1.59	—	—
7	卤代环氧化物	触变型	526~1025	—	1.60~1.80	—	—
8	其他含氮缩水甘油化合物	—	1026~2050	—	>1.80	—	—
9	杂环化合物	—	>2050	—	—	—	—
10	烯烃类环氧	—	—	—	—	—	—
11	除类别 1 外其他双酚 A 甘油醚	—	—	—	—	—	—

注：① 化学组成用两位阿拉伯数字表示，类别 x 写作 xx，类别 1 写作 01，类别 11 写作 11。对由两类不同化学组分组成的树脂混合物，可用符号"00"表示。② 如果有几种添加剂或特殊的表示，应指明最重要的一个。③ 为全面评价材料的燃烧性，至少需要测定点燃性、燃烧性、可燃性、放热、发烟和释放的有毒气体等。

例如，某种环氧树脂（EP）为脂肪族缩水甘油醚（03），黏度为 1~5Pa·s（3），环氧当量为 291~525g/mol（6），不含改性剂（1），密度为 1.15~1.19g/cm³（3），没有任何添加剂（x）和特殊性能（x），故其名称为 EP 03361 3xx。

GB 1630—1979 规定的环氧树脂命名法

鉴于目前行业中仍然习惯使用环氧树脂的老型号，故在此特将已被现行国标取代的 GB 1630—1979 中环氧树脂的命名摘录如下，以方便查阅使用。GB 1630—1979 中指明环氧树脂按其主要组成物质不同而分类，并分别给以代号（表 3-2）。

环氧树脂命名时，在基本名称"环氧树脂"之前加上型号，以一个或两个汉语拼音字母与两位阿拉伯数字作为型号，以表示类别及品种，其式样如下：

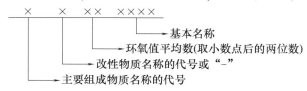

表 3-2 　　　　　　　　　　　　　　　　　**环氧树脂的代号**

代号	环氧树脂类别	代号	环氧树脂类别
E	二酚基丙烷环氧树脂	G	硅环氧树脂
ET	有机钛改性二酚基丙烷环氧树脂	N	酚酞环氧树脂
EG	有机硅改性二酚基丙烷环氧树脂	S	四酚基环氧树脂
EX	溴改性二酚基丙烷环氧树脂	J	间苯二酚环氧树脂
EL	氯改性二酚基丙烷环氧树脂	A	三聚氰酸环氧树脂
EI	二酚基丙烷侧链型环氧树脂	R	二氧化双环戊二烯环氧树脂
F	酚醛多环氧树脂	Y	二氧化乙烯基环己环氧树脂
B	丙三醇环氧树脂	W	二氧化双环氧戊基醚
ZQ	脂肪酸甘油酯环氧树脂	D	聚丁二烯环氧树脂
IQ	脂肪族缩水甘油酯	H	3,4-环氧基-6-甲基环己烷甲酸
L	有机膦环氧树脂		3′,4′-环氧基-6′-甲基-环己烷甲酯

　　型号的第一位采用主要组成物质名称，取其主要组成物质汉语拼音的第一个字母，若遇相同取其第二个字母，以此类推；第二位是组成中若有改性物质，则也用汉语拼音字母表示，若未改性则加一标记"-"；第三和第四位是标志出该产品的主要性能环氧值的平均值。

　　例如，某环氧树脂的主要组成物质为二酚基丙烷，其环氧值指标为 0.48~0.54mol/100g，取其平均值为 0.51，故该树脂的名称为"E-51 环氧树脂"。

3.2.2 缩水甘油醚类环氧树脂

　　缩水甘油醚类环氧树脂是由含活泼氢的酚类和醇类与环氧氯丙烷缩聚而成。其中，由双酚 A（二酚基丙烷）与环氧氯丙烷缩聚而成的双酚 A 型（也称作二酚基丙烷型）环氧树脂是产量最大的一类；其次是由二阶线型酚醛树脂与环氧氯丙烷缩聚而成的酚醛多环氧树脂；此外，还有用乙二醇、丙三醇、季戊四醇和多缩二元醇等醇类与环氧氯丙烷缩聚而得的脂肪族多元醇缩水甘油醚类环氧树脂。

3.2.2.1 双酚 A 型环氧树脂

　　在环氧树脂中，双酚 A 型环氧树脂的原材料来源方便、成本低，因而产量最大（占环氧树脂总产量的 85% 以上），用途最广，也被称为通用型环氧树脂。

　　（1）双酚 A 型环氧树脂的合成

　　双酚 A 型环氧树脂是以双酚 A 和环氧氯丙烷为原料，以氢氧化钠为催化剂，经缩聚反应制得的。虽然双酚 A 与环氧氯丙烷与在氢氧化钠存在下的反应历程有很多解释，但是一般认为主要有以下 4 种反应：

　　① 环氧氯丙烷在碱催化下与双酚 A 反应，并闭环生成环氧化合物。

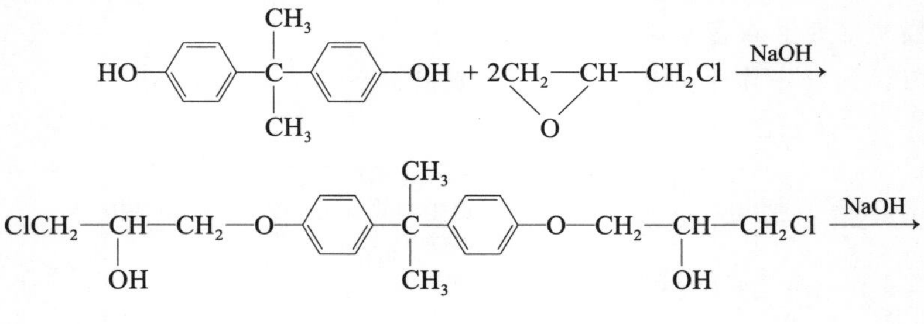

$$CH_2—CH—CH_2—O—⟨⟩—\overset{CH_3}{\underset{CH_3}{C}}—⟨⟩—O—CH_2—CH—CH_2 + 2NaCl + 2H_2O \tag{3-1}$$

② 生成的环氧化合物与双酚 A 反应。

$$HO—⟨⟩—\overset{CH_3}{\underset{CH_3}{C}}—⟨⟩—O—CH_2—CH—CH_2 + HO—⟨⟩—\overset{CH_3}{\underset{CH_3}{C}}—⟨⟩—OH \xrightarrow{NaOH}$$

$$HO—⟨⟩—\overset{CH_3}{\underset{CH_3}{C}}—⟨⟩—O—CH_2—\underset{OH}{CH}—CH_2—O—⟨⟩—\overset{CH_3}{\underset{CH_3}{C}}—⟨⟩—OH \tag{3-2}$$

③ 含羟基的中间产物与环氧氯丙烷反应。

$$HO—⟨⟩—\overset{CH_3}{\underset{CH_3}{C}}—⟨⟩—O—CH_2—\underset{OH}{CH}—CH_2—O—⟨⟩—\overset{CH_3}{\underset{CH_3}{C}}—⟨⟩—OH + 2CH_2—CH—CH_2Cl \xrightarrow{NaOH}$$

$$ClCH_2\underset{OH}{CH}CH_2O—⟨⟩—\overset{CH_3}{\underset{CH_3}{C}}—⟨⟩—OCH_2\underset{OH}{CH}CH_2O—⟨⟩—\overset{CH_3}{\underset{CH_3}{C}}—⟨⟩—OCH_2\underset{OH}{CH}CH_2Cl \xrightarrow{NaOH}$$

$$CH_2—CHCH_2O—⟨⟩—\overset{CH_3}{\underset{CH_3}{C}}—⟨⟩—OCH_2\underset{OH}{CH}CH_2O—⟨⟩—\overset{CH_3}{\underset{CH_3}{C}}—⟨⟩—OCH_2CH—CH_2 + 2NaCl + 2H_2O \tag{3-3}$$

④ 含环氧基的中间产物与含酚基的中间产物之间的反应。

$$CH_2—CHCH_2O—⟨⟩—\overset{CH_3}{\underset{CH_3}{C}}—⟨⟩—OCH_2CH—CH_2 + HO—⟨⟩—\overset{CH_3}{\underset{CH_3}{C}}—⟨⟩—OCH_2CH—CH_2 \xrightarrow{NaOH}$$

$$CH_2—CHCH_2O—⟨⟩—\overset{CH_3}{\underset{CH_3}{C}}—⟨⟩—OCH_2\underset{OH}{CH}CH_2O—⟨⟩—\overset{CH_3}{\underset{CH_3}{C}}—⟨⟩—OCH_2CH—CH_2 \tag{3-4}$$

从上面反应可知，氢氧化钠起双重作用，不仅作为反应的催化剂，还起到使反应产物脱去氯化氢而闭环的作用。在缩聚过程中除了上述 4 个主要反应之外，还可能存在下列副反应：

⑤ 单体环氧氯丙烷水解。

$$CH_2—CH—CH_2Cl \xrightarrow{NaOH} CH_2—CH—CH_2Cl \xrightarrow[H_2O]{NaOH} \underset{OH}{CH_2}—\underset{OH}{CH}—\underset{OH}{CH_2} \tag{3-5}$$

⑥ 树脂的环氧端基水解。

$$\sim\!\!\sim\!\!CH_2\!-\!\!CH\!-\!\!CH_2 \xrightarrow[\ H_2O\ ]{\ NaOH\ } \sim\!\!\sim\!\!CH_2\!-\!\!CH\!-\!\!CH_2OH \qquad\qquad (3\text{-}6)$$

⑦ 支化反应。

$$\sim\!\!\sim\!\!OH + CH_2\!-\!\!CH\!-\!\!CH_2Cl \xrightarrow{\ NaOH\ } \sim\!\!\sim\!\!O\!-\!\!CH_2\!-\!\!CH\!-\!\!CH_2Cl \qquad (3\text{-}7)$$

下面的支化反应一般很少发生，仅在 200℃ 左右高温并有碱存在的情况下才可能发生。

$$\sim\!\!\sim\!\!OH + \sim\!\!\sim\!\!CH_2\!-\!\!CH\!-\!\!CH_2 \longrightarrow \sim\!\!\sim\!\!O\!-\!\!CH_2\!-\!\!CH\!-\!\!CH_2\!\sim\!\!\sim \qquad (3\text{-}8)$$

⑧ 环氧端基发生聚合反应。

$$n CH_2\!-\!\!CH\!-\!\!\sim\!\!\sim\!\!CH\!-\!\!CH_2 \xrightarrow{\ \triangle\ } \left(\!CH_2\!-\!\!CH\!-\!\!\sim\!\!\sim\!\!CH\!-\!\!CH_2\!\right)_{\!n} \qquad (3\text{-}9)$$

这一反应主要发生在高温（大于 180℃）并有碱或盐存在的情况下，可交联成体型结构的高聚物。

上面列出了在树脂合成过程中可能发生的一些化学反应，如果能控制环氧氯丙烷与双酚 A 的摩尔配比和合适的反应条件，就可获得预期相对分子质量的、分子链两端以环氧基终止的线型环氧树脂。实际上，双酚 A 型环氧树脂并不是单一纯粹的化合物，而是一种多相对分子质量的混合物，其通式如下：

式中，n 为平均聚合度，通常 $n = 0 \sim 19$。当 $n = 0 \sim 1$ 时，为低相对分子质量的环氧树脂，在室温下是黏性液体，如 E-51、E-44、E-42 等。当 $n = 1 \sim 1.8$ 时，树脂为半固体，软化点 $< 55℃$，如 E-31。对于固态双酚 A 型环氧树脂而言，则平均相对分子质量较高，当 $n = 1.8 \sim 5$ 时，为中等相对分子质量的环氧树脂，软化点为 $55 \sim 95℃$，如 E-20、E-12 等；当 $n > 5$ 时，为高相对分子质量的环氧树脂，软化点 $> 100℃$，如 E-06、E-03 等。

为合成低相对分子质量的环氧树脂（通式中的 $n = 0$，主要成分是双酚 A 二缩水甘油醚，也就是 DGEBA 树脂），理论上环氧氯丙烷与双酚 A 的摩尔比应为 2:1，但在实际合成时，二者的摩尔比却高达 5:1，甚至 10:1 时才能得到预定相对分子质量的树脂产品，这是由于在环氧氯丙烷过量较少的情况下，上面合成树脂过程中的反应式（3-2）和式（3-3）容易发生，结果得到的是高相对分子质量的树脂。实践发现，若两种单体按理论值 2:1 的摩尔比进行投料，DGEBA 树脂的产率低于 10%。

（2）双酚 A 型环氧树脂的质量指标

表征环氧树脂的结构、特性和性能的质量指标有平均相对分子质量及其分布、环氧基和羟基的含量、软化点、黏度、氯含量以及挥发物等。

① 平均相对分子质量及其分布：平均相对分子质量决定树脂的环氧基含量、羟基含量及树脂的黏度、溶解性能、固化工艺、固化物性能及应用领域。相对分子质量的分布对环氧树脂的性能与应用有影响。

② 环氧基的含量：环氧树脂的一项重要指标就是其中所含环氧基的多少，该指标反映出了树脂平均相对分子质量的大小，其与环氧固化物的交联密度大小及环氧树脂固化体系的配方和设计都有着密切的关系。根据这项指标就可计算环氧树脂固化时所需要的固化剂用量。通常用环氧值、环氧当量和环氧基的百分含量来表示环氧基的含量，具体如下：

环氧值指每 100g 环氧树脂中所含环氧基的物质的量（mol）。

$$环氧值 = \frac{环氧基数}{平均相对分子质量} \times 100 \tag{3-10}$$

环氧当量是指含 1mol 环氧基的环氧树脂质量。

$$环氧当量 = \frac{平均相对分子质量}{环氧基数} = \frac{100}{环氧值} \tag{3-11}$$

环氧基的百分含量则定义为环氧树脂中环氧基的质量分数（%）。

$$环氧基百分含量 = \frac{环氧基数 \times 43}{平均相对分子质量} \times 100\% = 43 \times 环氧值 \times 100\% \tag{3-12}$$

③ 羟基含量

从双酚 A 环氧树脂的通式可知，当聚合度 $n>0$ 时，树脂的分子结构中就含有仲羟基。n 越大，羟基含量也就越高，羟基能促进环氧树脂的固化反应，缩短凝胶时间，也是环氧固化体系中必须考虑的活性反应点。羟基含量常用羟基当量和羟基值表示，具体为：

羟基当量是指含 1mol 羟基的环氧树脂质量。

$$羟基当量 = \frac{平均相对分子质量}{羟基数} \tag{3-13}$$

羟基值是指每 100g 环氧树脂中所含羟基的摩尔数，单位为 mol/100g。

④ 黏度和软化点

黏度和软化点均与树脂的平均相对分子质量和质量分布有关，该项指标对环氧树脂的工艺性有很大影响，甚至影响最终产品的性能。液态环氧树脂的黏度和固态环氧树脂的软化点均随着树脂相对分子质量的增大而增大，并且环氧树脂的黏度，无论是溶液黏度还是熔融黏度，都对温度非常敏感，随着温度的升高而迅速下降。

⑤ 氯含量

环氧树脂中的氯含量严重影响树脂的质量和应用工艺，对树脂的固化、介电性能和防腐性能都有不良影响。无机氯是指在合成反应中产生的未被充分去除而残留在树脂中的微量氯化钠，有机氯含量则标志着分子中未发生闭环反应的那部分氯醇基团的含量。通过总氯含量和无机氯含量的多少，可以计算得到树脂的有机氯含量。

⑥ 挥发物

挥发物指标表示树脂合成过程中溶剂或水分的脱除情况，它们脱除得越干净，树脂的挥发物含量也就越低。

表 3-3 列出了国产双酚 A 型环氧树脂部分型号的质量指标，表 3-4 为壳牌公司生产的双酚 A 型环氧树脂部分型号的技术指标。

表 3-3　　　　国产双酚 A 型环氧树脂部分型号的质量指标

国家统一型号	产品牌号	相对分子质量	环氧值/ （mol/100g） （盐酸吡啶法）	软化点/ ℃ （水银法）	含氯量		挥发物 （110℃/3h）/ %≤
					有机氯值/ （mol/100g）	无机氯值/ （mol/100g）	
E-51	618	—	0.48~0.54	—	≤0.02	≤0.001	2
E-44	6101	350~400	0.41~0.47	12~20	≤0.02	≤0.005	1
E-42	634	450~600	0.38~0.45	21~27	≤0.02	≤0.005	1
E-35	637	500~700	0.30~0.40	20~35	≤0.02	≤0.005	1
E-20	601	900~1000	0.18~0.22	64~76	≤0.02	≤0.001	1
E-12	604	—	0.09~0.14	85~95	≤0.02	≤0.001	1
E-03	609		0.02~0.04	135~155	≤0.02	—	1

表 3-4　　　壳牌公司生产的双酚 A 型环氧树脂（EPON 商标）的技术指标

型号	环氧当量	黏度(25℃)/ mPa·s	软化点/ ℃	型号	环氧当量	黏度(25℃)/ mPa·s	软化点/ ℃
826	180~188	6500~9500	—	1001	450~550	—	65~75
828	185~192	10000~16000	—	1002	600~700	—	75~85
830	190~210	15000~22500	—	1004	875~1025	—	95~105
834	230~280	—	35~40	1007	2000~2500	—	125~135
836	290~335	—	40~45	1009	2500~4000	—	145~155
840	330~380	—	55~68	1010	4000~6000	—	155~165

3.2.2.2　其他双酚型环氧树脂

（1）双酚 F 型环氧树脂

双酚 F 型环氧树脂（即 DGEBF）由双酚 F 与环氧氯丙烷反应制得，其通式如下：

$$CH_2-CH-CH_2\!\left[\!O-\bigcirc\!-CH_2-\bigcirc\!-OCH_2-CH-CH_2\right]_n\!\!O-\bigcirc\!-CH_2-\bigcirc\!-OCH_2-CH-CH_2$$

DGEBF 树脂的固化反应活性与 DGEBA 树脂相近，固化物的性能与 DGEBA 树脂几乎相同，但耐热性稍低而耐腐蚀性稍优。DGEBF 树脂的特点是黏度非常低，对纤维的浸渍性好，低相对分子质量的 DGEBA 树脂的黏度约为 13Pa·s，而 DGEBF 树脂的黏度仅为 3Pa·s，不到 DGEBA 树脂的 1/3，因此不会出现如 DGEBA 树脂的在冬季由于低温结晶而带来的操作麻烦。DGEBF 树脂的低黏度究竟是归因于它的化学结构，还是归因于容易获取 $n=0$ 成分多的树脂，原因目前尚不清楚。

（2）双酚 S 型环氧树脂

双酚 S 型环氧树脂（DGEBS）是由双酚 S 与环氧氯丙烷反应制得，双酚 S 的分子结构示意图如下：

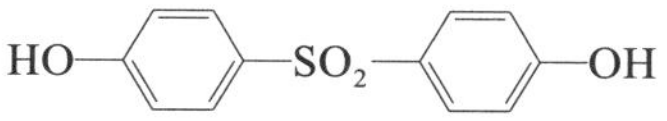

$$HO-\text{〈苯环〉}-SO_2-\text{〈苯环〉}-OH$$

DGEBS 树脂的化学结构与 DGEBA 树脂也十分相似，黏度比同相对分子质量的 DGEBA 树脂的黏度略高一些。其最大特点是比 DGEBA 树脂固化物具有更高的热变形温度和更好的耐热性能。

（3）氢化双酚 A 型环氧树脂

氢化双酚 A 型环氧树脂是由双酚 A 加氢得到的六氢化双酚 A 与环氧氯丙烷反应制得，六氢化双酚 A 的分子结构示意如下：

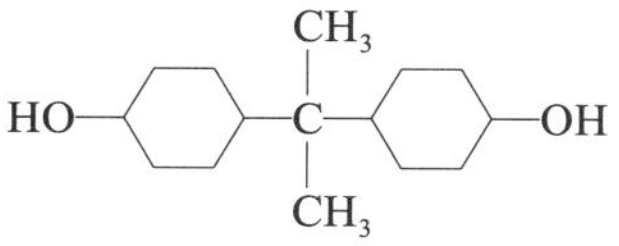

$$HO-\text{〈环己烷〉}-\underset{CH_3}{\overset{CH_3}{C}}-\text{〈环己烷〉}-OH$$

氢化双酚 A 型环氧树脂的特点是树脂黏度非常低，与 DGEBF 相当，但凝胶时间长，需要比 DGEBA 树脂凝胶时间长两倍多的时间才凝胶。固化物的最大特点是耐候性好，耐电晕、耐漏电起痕性好。

（4）双酚 AD 型环氧树脂

将双酚 A 的一个甲基用氢取代所得到的化合物就是双酚 AD：

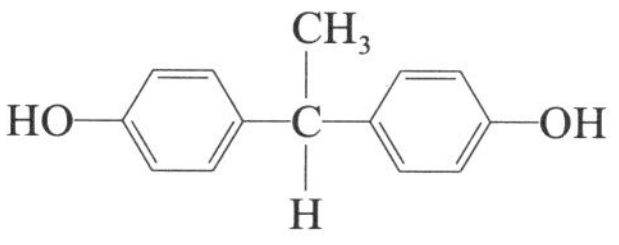

$$HO-\text{〈苯环〉}-\underset{H}{\overset{CH_3}{C}}-\text{〈苯环〉}-OH$$

以这种结构的双酚与环氧氯丙烷为原料，所生产出的环氧树脂为非结晶且黏度低，使用期较双酚 A、双酚 F 型环氧树脂长，固化物性能与双酚 A 型环氧树脂基本相当。

（5）羟甲基双酚 A 型环氧树脂

羟甲基双酚 A 型环氧树脂是由羟甲基双酚 A 与环氧氯丙烷反应制得，羟甲基双酚 A 的分子结构示意如下：

$$HO-\text{〈苯环〉}-\underset{CH_3}{\overset{CH_3}{C}}-\text{〈苯环〉}\overset{CH_2OH}{\underset{}{}}-OH$$

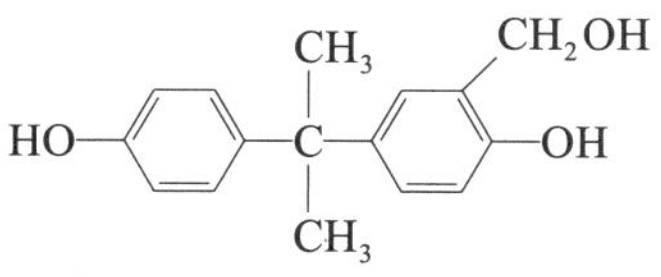

邻位羟甲基双酚 A 型环氧树脂的开环活性比普通双酚 A 型环氧树脂高得多，能低温快速固化，可与双酚 A 型环氧树脂混合使用，可作为室温快速固化胶和零摄氏度下使用的环氧砂浆、快速胶黏剂等，特别适合于冬季施工作业。

（6）间苯二酚型环氧树脂

由间苯二酚与环氧氯丙烷缩合而成的一种低黏度环氧树脂，其特点是活性大，黏度小，加工工艺性好，耐热性好，可用作耐高温浇注料、纤维复合材料、无溶剂胶黏剂等，也可作为环氧树脂的活性稀释剂。

（7）溴代双酚 A 型环氧树脂

环氧树脂是可燃的，其氧指数为 19.8，为提高环氧树脂的阻燃性，通常在其分子结构中引入溴、磷、氮、硼等阻燃元素而使其固化物获得阻燃性。溴代双酚 A 型环氧树脂是以四溴双酚 A（TBBA）为原料，与环氧氯丙烷缩聚而成的一种阻燃性环氧树脂，按含溴量的多少分为高溴化环氧树脂（HBR，含溴量48%～50%）以及由 TBBA 与双酚 A 共聚而成的低溴化环氧树脂（LBR，含溴量20%～25%）。

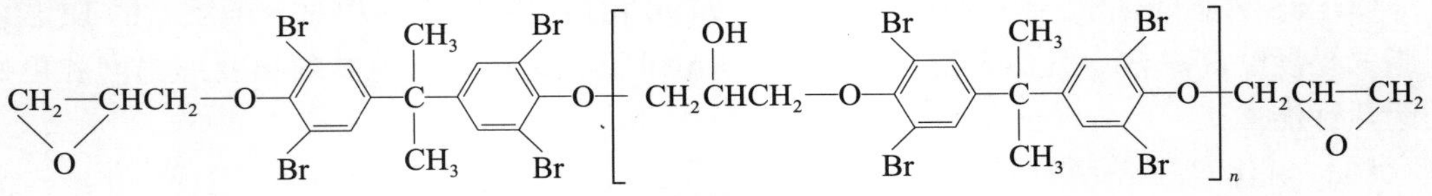

HBR

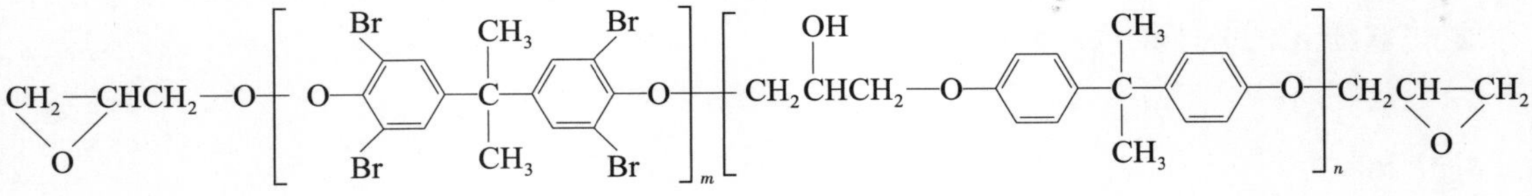

LBR

除以上列出的双酚 A 型环氧树脂品种之外，其他如有机硅改性的双酚 A 型环氧树脂可大大改善树脂的耐热性、耐水性、韧性和耐候性等；有机钛改性的双酚 A 型环氧树脂能使树脂的吸水性、防潮性、介电性等得到很大改善，耐热老化性能、热稳定性均得到显著提高；氟化双酚型缩水甘油醚环氧树脂的特点是折射率低、摩擦因数小、表面张力小、浸润性好、粘接强度高，但价格昂贵、多用于特殊用途，如水下复合材料、空间结构材料和太阳能材料等。

3.2.2.3 多酚型环氧树脂

多酚型缩水甘油醚环氧树脂是一类多官能团环氧树脂，在其分子中含有 2 个以上的环氧基团，因此固化物的交联密度大，具有优良的耐热性、强度、模量、电绝缘性、耐水性和耐腐蚀性等。常用的品种有线型酚醛环氧树脂、线型邻甲酚甲醛型环氧树脂、间苯二酚-甲醛型环氧树脂，四酚基乙烷型环氧树脂，三羟苯基甲烷型环氧树脂等。

（1）线型酚醛环氧树脂和线型邻甲酚甲醛型环氧树脂

线型苯酚甲醛环氧树脂简称线型酚醛环氧树脂（EPN），是由低分子热塑性线型酚醛树脂和环氧氯丙烷缩聚而成，其分子结构式为：

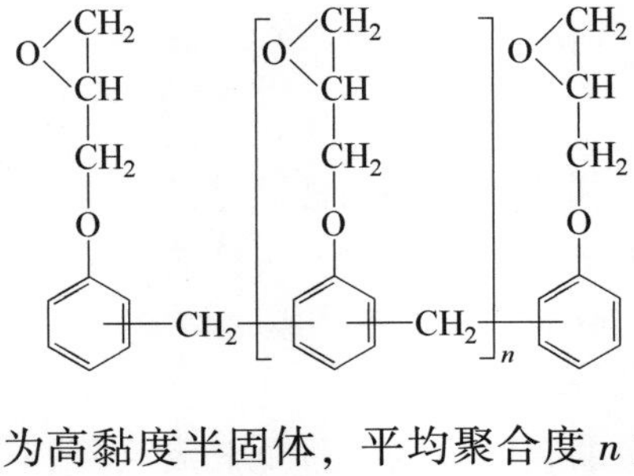

EPN 树脂在室温下通常为高黏度半固体，平均聚合度 n 为 1～3。如前所述，当 $n = 0$ 时即相当于双酚 F 型环氧树脂，因此 EPN 环氧树脂中环氧基的反应活性与双酚 F 型环氧树脂颇为相似，可用胺、酸酐、咪唑等固化剂固化。在 150℃ 下固化的 EPN 树脂性能与双酚 A 型环氧树脂的性能尤其是热变形温度相近，经过 170～200℃ 固化后呈现出较高的耐热性。

线型邻甲酚甲醛型环氧树脂（ECN）是由邻甲酚与甲醛在碱性介质中缩聚成线型邻甲酚甲醛树脂，再与环氧氯丙烷缩聚而成，其分子结构式为：

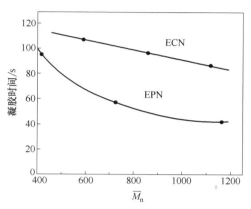

从其结构式可知，酚醛的邻位被甲基取代，由此所带来的空间位阻效应会使环氧基的反应活性比 EPN 低（图 3-1）。但与 EPN 树脂相比，ECN 树脂的聚合度高（$n = 3 \sim 7$），因此，ECN 树脂比 EPN 树脂的软化点高，固化物的性能也更优越。利用这一特性，ECN 树脂被大量用作集成电路和各种电子电路、电子元器件的封装材料，以保护它们免受外界环境的侵蚀。

在这里需要指出的是，平均相对分子质量的大小会给这类树脂的熔融黏度、反应活性以及固化物的性能带来很大的影响。随着相对分子质量的增加，软化点升高，熔融黏度增大，反应速度加快（图 3-1），固化物的玻璃化转变温度升高（图 3-2），当数均分子

图 3-1　ECN 和 EPN 树脂的凝胶时间
与平均相对分子质量的关系

量从 400 增加到 1000 时，T_g 上升约 80℃。在低相对分子质量时，EPN 树脂固化物的 T_g 稍高一些，而在高相对分子质量时则相反。然而从图 3-3 中可知，固化物的弯曲强度却随着树脂软化点的升高而下降，显然在实际使用中需综合考虑树脂相对分子质量的大小。

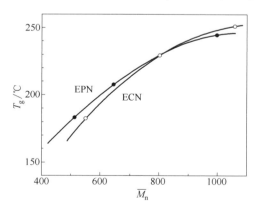

图 3-2　EPN 和 ECN 树脂的数均
分子量与固化物 T_g 的关系

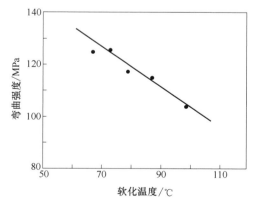

图 3-3　ECN 树脂的软化点与
固化物弯曲强度的关系

（2）间苯二酚-甲醛型环氧树脂

间苯二酚-甲醛型环氧树脂是由低相对分子质量的间苯二酚-甲醛树脂与环氧氯丙烷缩聚而成，分子结构式如下：

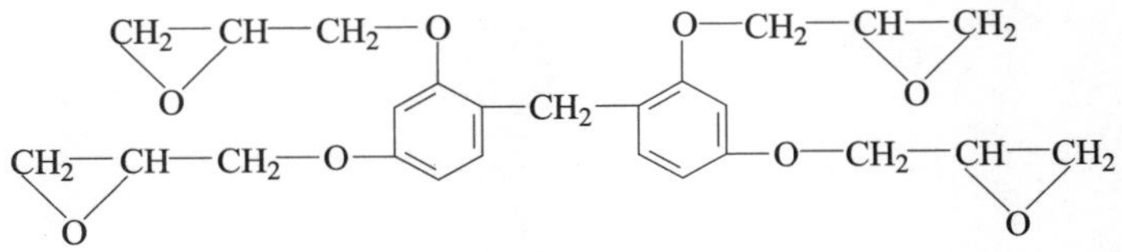

该树脂具有四个环氧基，反应活性较高，固化物的耐热性、耐腐蚀性及电性能优良，热变形温度可达300℃，可用作耐高温浇注料、胶黏剂、涂料及复合材料，也可作为其他环氧树脂的改性剂。

（3）四酚基乙烷型环氧树脂

四酚基乙烷型环氧树脂由四酚基乙烷与环氧氯丙烷缩聚而成，分子结构式如下：

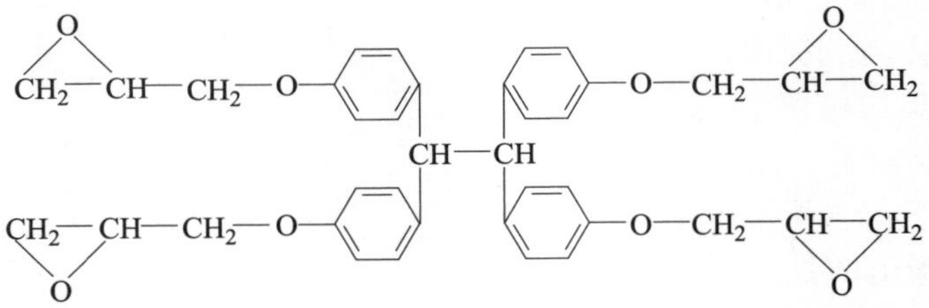

四酚基乙烷型环氧树脂具有较高的热变形温度和良好的化学稳定性，可用于印刷电路板、封装材料和粉末涂料等，与碳纤维、芳纶纤维制成的高性能复合材料已用于宇航工业。

（4）三羟苯基甲烷型环氧树脂

三羟苯基甲烷型环氧树脂为固体，软化点72~78℃，具有下列结构式：

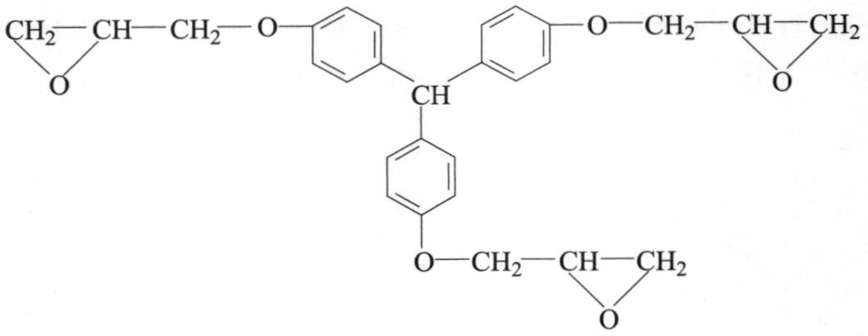

其固化物的热变形温度可达260℃以上，有良好的韧性和湿热强度，可耐长期高温氧化，可用作高性能复合材料、封装材料等。

3.2.2.4 脂肪族多元醇缩水甘油醚型环氧树脂

脂肪族多元醇缩水甘油醚型环氧树脂由多元醇与环氧氯丙烷在催化剂存在下反应制得，其分子中含有两个或两个以上的环氧基，分子结构中不含苯环、脂环和杂环等环状结构，环氧基与脂肪链直接相连。这类树脂大多数黏度低、具有水溶性；由于是长链线型分子，因此富有柔韧性，但耐热性较差。

（1）丙三醇环氧树脂

该树脂由丙三醇与环氧氯丙烷在三氟化硼-乙醚配合物的催化下进行缩合，再以氢氧化钠脱去氯化氢闭环制得，其分子结构如下：

$$
\begin{array}{l}
CH_2-O-CH_2-CH-CH_2 \\
\qquad\qquad\qquad\quad\ O \\
CH-O-CH_2-CH-CH_2 \\
\qquad\qquad\qquad\quad\ O \\
CH_2-O-CH_2-CH-CH_2 \\
\qquad\qquad\qquad\quad\ O
\end{array}
$$

丙三醇环氧树脂具有很强的黏合力，可用作黏合剂，也可与双酚 A 型环氧树脂混合使用，以降低黏度和增加固化体系的韧性。此外，该树脂还可用作毛织品、棉布和化学纤维的处理剂，处理后的织物具有防皱、防缩和防虫蛀等优点。

（2）季戊四醇环氧树脂

该树脂由季戊四醇与环氧氯丙烷缩合而成，分子结构如下：

$$
\begin{array}{l}
HOCH_2 \quad CH_2-O-CH_2-CH-CH_2 \\
\qquad\ C \qquad\qquad\qquad\qquad\quad\ O \\
HOCH_2 \quad CH_2-O-CH_2-CH-CH_2 \\
\qquad\qquad\qquad\qquad\qquad\qquad\quad O
\end{array}
$$

季戊四醇环氧树脂具有约 2.2 个官能度，用胺类固化时比双酚 A 型环氧树脂快 2～8 倍。该树脂和丙三醇环氧树脂一样，也是水溶性树脂。若在双酚 A 型环氧树脂中加入 20% 的季戊四醇环氧树脂，可使体系黏度下降一半，并可黏合潮湿的表面，具有很好的黏结性能。

3.2.3 缩水甘油酯类环氧树脂

缩水甘油酯型环氧树脂是在 20 世纪 50 年代发展起来的，其分子结构中含有两个或两个以上的缩水甘油酯基。缩水甘油酯型环氧树脂的合成方法包括多元羧酸-环氧氯丙烷法、酸酐-环氧氯丙烷法、多元羧酸酰氯-环氧丙醇法、羧酸盐-环氧氯丙烷法等。例如，由多元羧酸与环氧氯丙烷在催化剂及碱作用下的合成反应为：

$$
\begin{array}{l}
\quad\ O \qquad\qquad\qquad\qquad\qquad\qquad\qquad\qquad\ O \qquad\qquad\qquad\qquad\qquad\qquad\qquad\qquad\qquad O \\
\quad\ \| \qquad\qquad\qquad\qquad\qquad\qquad\qquad\qquad\ \| \qquad\qquad\qquad\qquad\qquad\qquad\qquad\qquad\qquad \| \\
R-C-OH + CH_2-CH-CH_2Cl \xrightarrow{\text{催化剂}} R-C-OCH_2-CH-CH_2 \xrightarrow{\text{NaOH}} R-C-OCH_2-CH-CH_2 \\
\qquad\qquad\qquad\qquad\ O \qquad\qquad\qquad\qquad\qquad\qquad\qquad\ OH\quad Cl \qquad\qquad\qquad\qquad\qquad\qquad\qquad\quad O
\end{array}
$$

$$(3\text{-}14)$$

可用来制造缩水甘油酯的羧酸虽然很多，但在工业上使用较多的羧酸主要是四氢邻苯二甲酸、苯二甲酸和六氢邻苯二甲酸等。

和双酚 A 型环氧树脂相比，缩水甘油酯型环氧树脂的黏度低，工艺性好；反应活性高；粘接强度高，固化物力学性能好；电绝缘性尤其是耐漏电痕迹性好；具有良好的耐超低温性，在 −253～−196℃ 超低温下，仍具有比双酚 A 型环氧树脂高的剪切强度；有较好的表面光泽度、透光性，耐气候性好。其主要缺点是结构中存在的酯基使得树脂的耐水性、耐酸性和耐碱性较低。表 3-5 列出了国产缩水甘油酯型环氧树脂的主要品种及性能指标。

缩水甘油酯型环氧树脂可制成性能优良的胶黏剂，还可与丙烯酸类化合物反应制成环氧丙烯酸，具有优良的光固化性和厌氧粘接性。用酸酐固化时具有室温稳定、适用期长、

表 3-5   **国产缩水甘油酯型环氧树脂的主要品种、性能**

名称、分子结构式及状态	牌号	环氧值/ (mol/100g)	黏度(25℃)/ Pa·s
邻苯二甲酸二缩水甘油酯 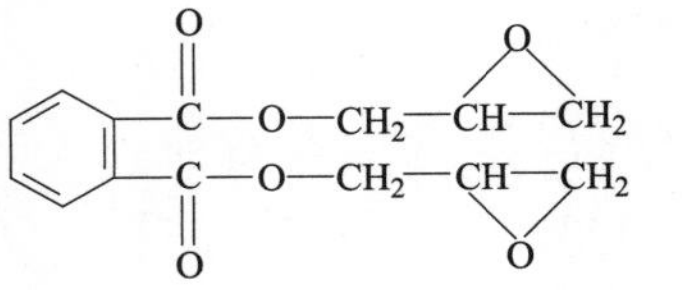 浅黄色液体	672 731	0.60~0.65	0.7~0.9 0.8~1.0
间苯二甲酸二缩水甘油酯 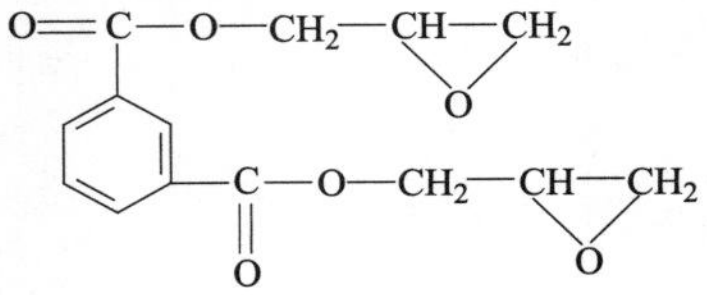 白色结晶粉末	732	0.60~0.63	熔点 60~63℃
对苯二甲酸二缩水甘油酯 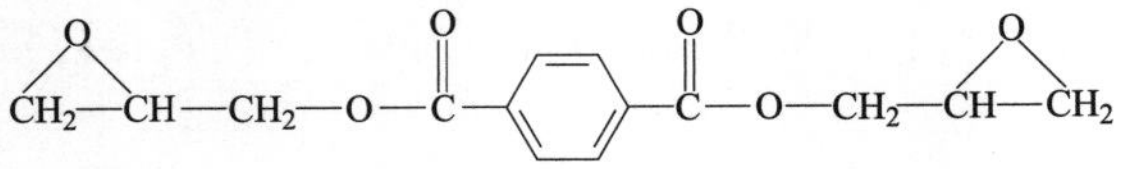 白色固体粉末	FA-68	0.62~0.72	软化点 100~109℃
四氢邻苯二甲酸二缩水甘油酯 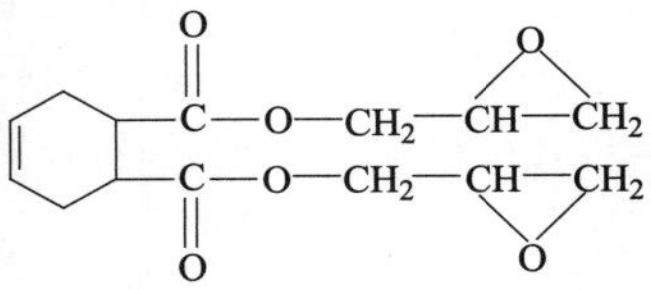 浅黄色液体	711	0.58~0.66	0.35~0.7
六氢邻苯二甲酸二缩水甘油酯 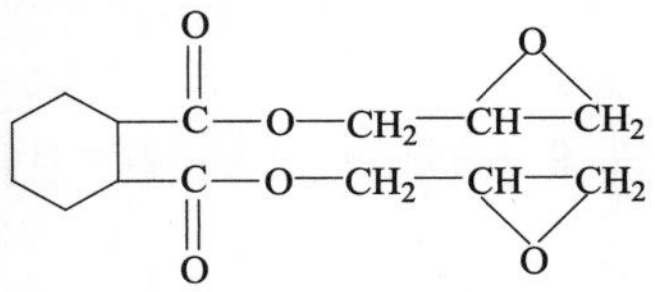 无色到浅黄色液体	CY-183	0.57~0.68	0.9(20℃下) 0.32~0.38
4,5-环氧环己烷-1,2-二甲酸二缩水甘油酯 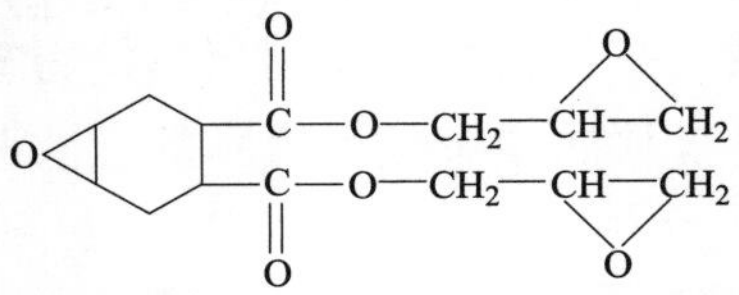 浅黄色液体	712 TDE-85	0.84~0.87	1.6~2.0

续表

名称、分子结构式及状态	牌号	环氧值/ (mol/100g)	黏度(25℃)/ Pa·s
内次甲基四氢邻苯二甲酸二缩水甘油酯 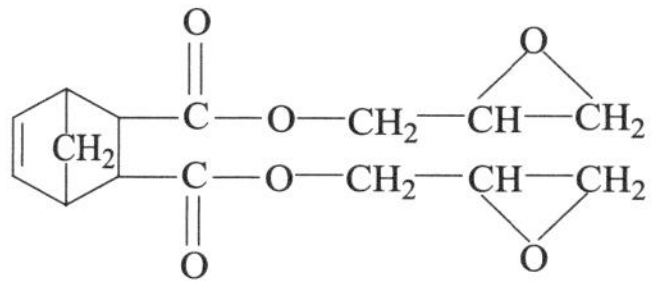 棕黄色液体	NAG	0.57	1.16
均苯三酸三缩水甘油酯 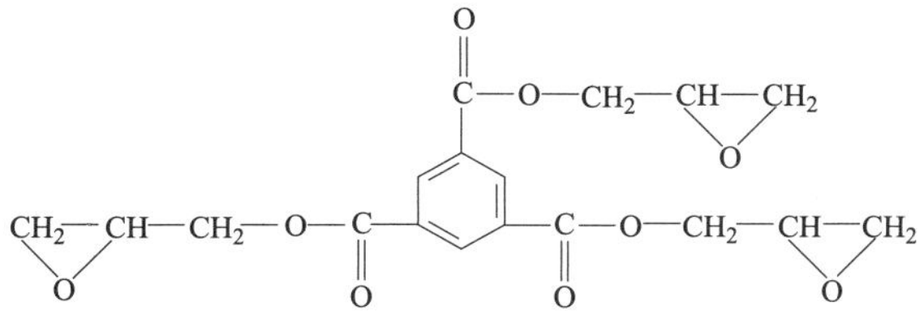 白色固体	679	0.78	软化点 78~80℃

加热后固化快的特点，很适合用作电子和电器的灌封、包封、浇注及浸渍的绝缘材料。该类树脂与碳纤维有很好的粘接力，适宜制作碳纤维复合材料，还可用作层压塑料、模塑料、无溶剂涂料等。

3.2.4 缩水甘油胺类环氧树脂

缩水甘油胺型环氧树脂是用伯胺或仲胺和环氧氯丙烷合成的含有两个或两个以上缩水甘油氨基的化合物，工业化生产时多采用芳香胺。这类树脂的特点是多官能度，黏度低，活性高，环氧当量小，交联密度大，耐热性高，粘接力强，力学性能和耐腐蚀性好，可与其他类型环氧树脂混用。主要缺点是有一定的脆性，分子结构中既有氨基又有环氧基，因此具有自固化性，储存期短。缩水甘油胺型环氧树脂的主要代表性品种有以下几种。

（1）4,4'-二氨基二苯甲烷环氧树脂

4,4'-二氨基二苯甲烷环氧树脂（即 TGDDM 树脂）由 4,4'-二氨基二苯甲烷与环氧氯丙烷反应制得，其分子结构式如下：

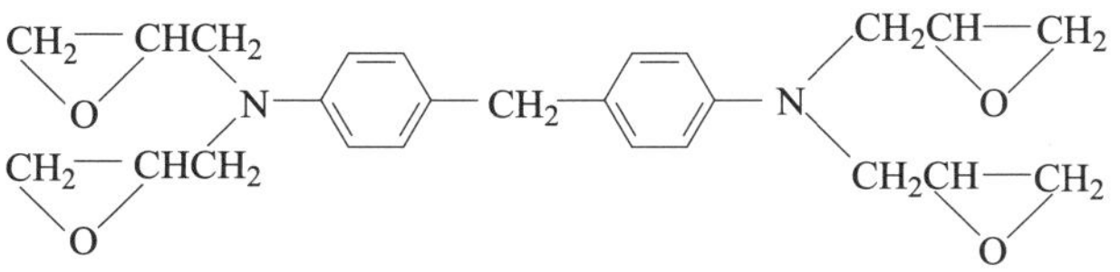

该树脂是一种高性能复合材料的基体树脂，国内生产牌号为 AG-80，它具有优异的黏结性、耐热性和高模量等性能，特别是利用 4,4'-二氨基二苯砜（DDS）作固化剂时所制备的碳纤维复合材料，具有优良的长期耐高温性能和机械强度保持率，耐化学和辐射稳定性优良，已用作飞机次结构复合材料和宇航结构复合材料。TGDDM 树脂也可用作高性能

结构胶黏剂。

（2）对氨基苯酚环氧树脂

对氨基苯酚环氧树脂由对氨基苯酚与环氧氯丙烷反应而得（其分子结构式见3.2.1.1），国内生产牌号为 AFG-90。对氨基苯酚环氧树脂常温下为棕色液体，黏度小（25℃时为 16~23Pa·s），环氧值为 0.85~0.95mol/100g，反应活性大。

该树脂固化物的力学性能好，适用于缠绕成型制作发动机壳体，还可用作烧蚀材料、耐γ射线辐射的玻璃纤维复合材料。此外，其耐热性和电性能优良，可用于电子电器的浇注和密封、耐热结构胶黏剂等。

（3）三聚氰酸环氧树脂

三聚氰酸环氧树脂是由三聚氰酸和环氧氯丙烷在催化剂存在下进行缩合，再以氢氧化钠进行闭环反应而得。由于三聚氰酸存在酮-烯醇互变异构现象，因此得到的是三聚氰酸三缩水甘油醚和异三聚氰酸三环氧丙酯的混合物：

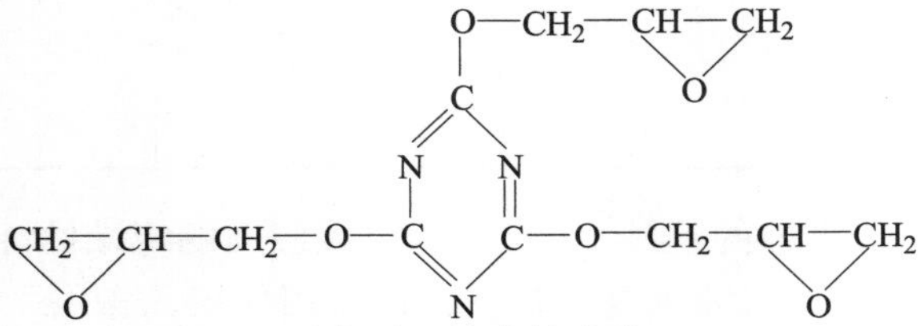

三聚氰酸三缩水甘油醚 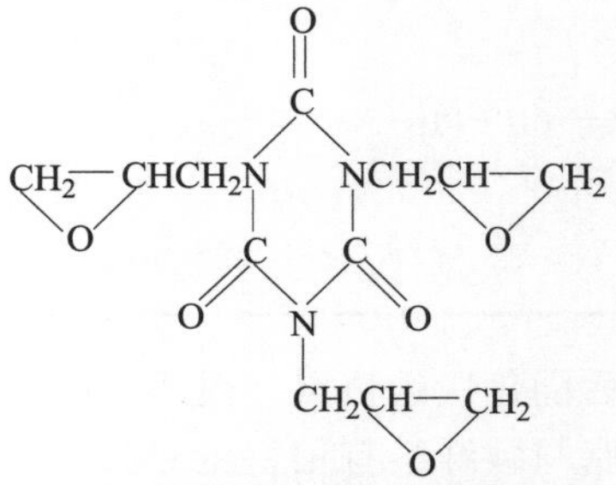　　　　　　　异三聚氰酸三环氧丙酯

该树脂分子中含有 3 个环氧基，固化后结构紧密，有优异的耐高温性能。同时，分子中三氮杂苯环的存在使得该树脂具有良好的化学稳定性、耐紫外光性、耐气候性和耐油性。另外，树脂分子中的氮含量为 14%，因此遇火有自熄性，并具有良好的耐电弧性。

3.2.5　脂环族类环氧树脂

脂环族环氧树脂是由脂环族烯烃的双键经环氧化而制得的。它们的分子结构与双酚A型环氧树脂及其他环氧树脂有很大差异，前者的环氧基都直接连接在脂环上，而后者的环氧基都是以环氧丙基醚的形式连接在苯环或脂肪烃上。脂环族环氧树脂的合成一般分为两个阶段：首先是脂环族烯烃的合成（通常采用双烯加成反应），然后是脂环族烯烃的环氧化（常使用过乙酸作为氧化剂）。

脂环族环氧树脂固化物的特点是：①具有较高的抗压与抗拉强度；②长期曝置在高温条件下仍能保持良好的力学性能和电性能；③耐电弧性较好；④耐紫外光老化性能及耐气候性较好。下面介绍几种有代表性的脂环族环氧树脂。

（1）二氧化双环戊二烯（207 树脂或 R-122 树脂）

二氧化双环戊二烯为白色固体结晶粉末，熔点大于 184℃，环氧值为 1.22mol/100g，可由双环戊二烯经过乙酸环氧化制得：

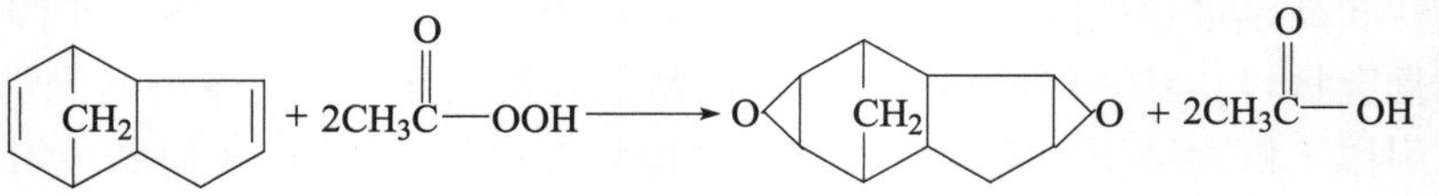

$$\tag{3-15}$$

从其分子结构式可知，两个环氧基之间是紧密的双环结构，在其六元环内横贯一稳定的亚甲基桥，因此固化后会形成交联密度大、分子结构紧密的刚性高分子结构，固化物的热变形温度可达 300℃以上，并有较高的强度。

二氧化双环戊二烯虽然是高熔点固体，但它与固化剂混合后即成为低共熔物。例如，100g 二氧化双环戊二烯与 48~50g 顺酐（或苯酐）、7.48g 甘油（或三羟甲基丙烷）混合后，在 50~70℃时会成为均匀液体，具有较长适用期。

（2）3,4-环氧基-6-甲基环己烷甲酸-3′,4′-环氧基-6′-甲基环己烷甲酯（201 环氧树脂或 H-71 环氧树脂）

201 环氧树脂是由丁二烯与巴豆醛经加热、加压合成 6-甲基环己烯甲醛，再经歧化酯化和环氧化反应而得：

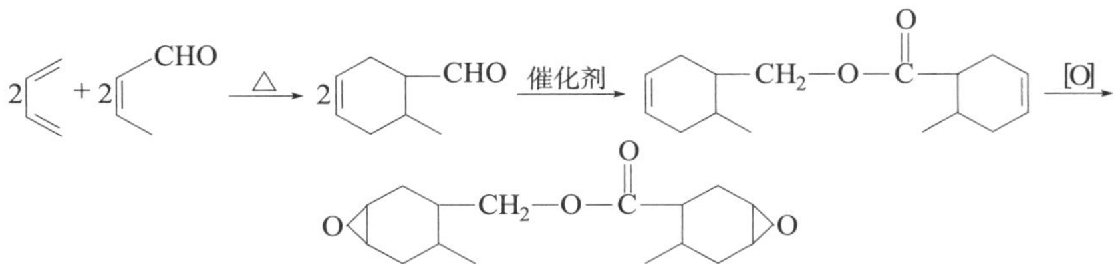

$$(3\text{-}16)$$

201 环氧树脂为浅黄色低黏度液体，黏度大于 2Pa·s，环氧值为 0.62~0.67mol/100g。由于固化物的交联密度大，分子结构紧密，所以耐热性高，但由于两个脂环是通过脂肪链相连接，固化物的耐热性低于 207 环氧树脂，热变形温度可达 200℃以上。该树脂可广泛用于复合材料的缠绕、层压、浇注、涂料和黏合等方面，也可用作双酚 A 型环氧树脂的稀释剂。

（3）二氧化双环戊烯基醚

二氧化双环戊烯基醚是以双环戊二烯为原料，经裂解得到环戊二烯、加氯化氢制得 3-氯环戊烯，再经水解醚化及环氧化反应过程制得，反应式如下：

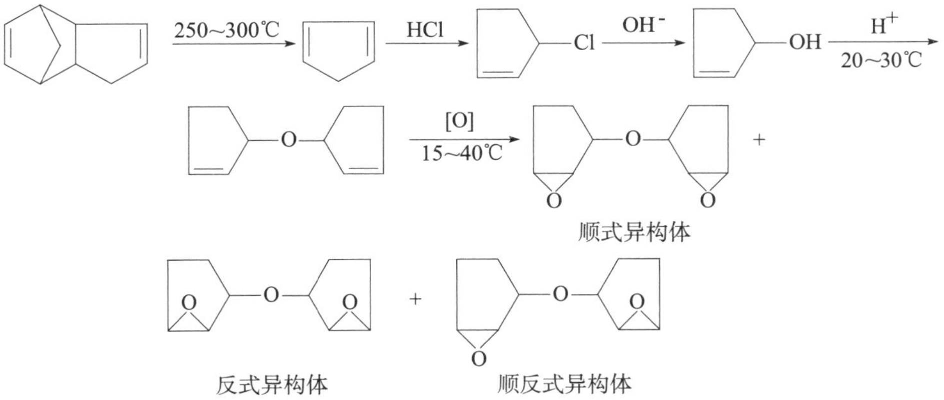

$$(3\text{-}17)$$

由于这三个异构体的性能差别不大，因此在工业上一般不予分离而直接应用。二氧化双环戊烯基醚的两个脂环通过醚键相连接，由于醚键氧原子的诱导作用，环氧基处于缺电子状态，因此能接受亲核试剂（胺类）的进攻，产生固化反应。即二氧化双环戊烯基醚不仅能用酸酐固化，也能用胺类固化，这是该树脂与一般脂环族环氧树脂的不同之处。常用的固化剂为芳香胺，如间苯二胺、4,4′-二氨基二苯基甲烷等。

也正是因为脂环通过醚键相连接，且结构对称性好，所以树脂具有一定的韧性。二氧化双环戊烯基醚的固化物具有高强度、高耐热性及高延伸率，又被称作三高环氧树脂，其强度比双酚 A 型环氧树脂高 50% 左右，延伸率大于 5%，热变形温度超过 200℃。

二氧化双环戊烯基醚主要用作耐高温浇注料、层压材料、胶黏剂等，特别适合于纤维缠绕的结构复合材料，已用于潜艇及导弹行业。

3.2.6 脂肪族类环氧树脂

脂肪族环氧树脂与双酚 A 型环氧树脂及脂环族环氧树脂不同，在分子结构中无苯核，也不存在脂环结构，仅有脂肪链、环氧基与脂肪链相连。

国产典型的脂肪族环氧树脂是由天津晶东化学复合材料有限公司生产的环氧化聚丁二烯树脂，型号为 D-17（2000# 环氧树脂、62000 环氧树脂）。该树脂是由低相对分子质量液体聚丁二烯树脂中的双键经环氧化制得，其分子结构中既有环氧基也有双键、羟基和酯基侧链。分子结构式为：

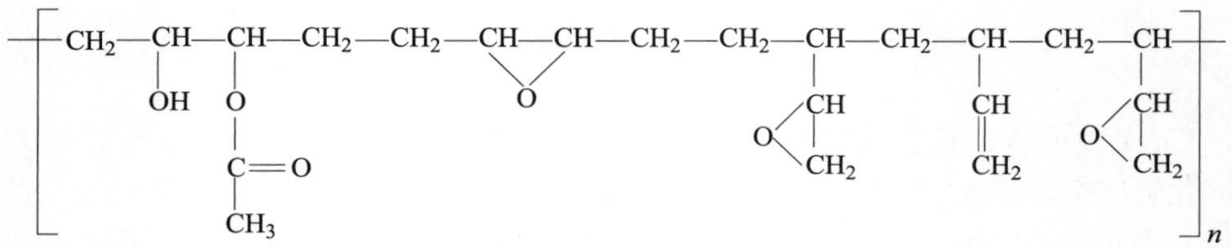

环氧化聚丁二烯树脂是琥珀色黏稠液体，环氧值为 0.4 ~ 0.5mol/100g，羟基含量 2%~3%，易溶于苯、甲苯、乙醇、丙酮、汽油等溶剂。树脂可与酸酐类固化剂发生反应，但一般需同时加入多元醇；与胺类固化剂的反应活性较低，需加入酚类促进剂。树脂分子中的双键能够与许多乙烯类单体（如苯乙烯）进行共聚反应，环氧基和羟基能与多种官能团反应，因此环氧化聚丁二烯树脂可在多种场合下作为改性剂使用。

环氧化聚丁二烯树脂固化物具有良好的力学性能、韧性、黏结性能和耐热性，热变形温度可达 200℃ 以上，在高温下有突出的强度保持率；主要缺点是固化收缩率大。该树脂主要用于复合材料、胶黏剂、耐腐蚀涂料、浇注料、电器密封及树脂改性剂等。

3.3 环氧树脂的固化

环氧树脂在一般温度下即使长期加热也不致固化，因此它的稳定性好，可长期存放，但相对分子质量较高的环氧树脂如果在 200℃ 的温度下加热还是会发生固化。

环氧树脂在使用时必须加入固化剂，然后在一定温度条件下进行固化，转变成为不溶、不熔的体型高聚物后，才能显示其固有的优良性能。环氧树脂固化剂的种类繁多，固化反应也各不相同。固化剂有多种分类方法，一种是按固化剂的化学结构进行分类，可分为胺类固化剂、酸酐类固化剂以及其他树脂类固化剂等；另一种是按固化剂的固化温度进行分类，可分为低温固化剂、中温固化剂、高温固化剂以及潜伏性固化剂等；另外，还可按照固化反应的类型不同进行分类，大体上可分为催化剂型固化剂和交联剂型固化剂两大类。

催化剂型固化剂主要是利用阳离子或阴离子的催化作用，使树脂的环氧基团开环聚合而固化，这类固化剂包括路易斯酸（如 BF₃）、路易斯碱（如 R₃N）以及金属有机化合物（如金属有机羧酸盐）等；交联剂型固化剂是通过自身所带官能团与树脂环氧基团之间的加成反应，使环氧树脂分子间产生交联，形成体型结构。这类固化剂主要有伯胺和仲胺类、多元酸及其酐类，多元酚类（如酚醛树脂）也可认为属于此类催化剂。

催化剂型固化剂和交联剂型固化剂相比，加入量不多，一般只是环氧树脂质量的百分之几，另外催化剂本身对固化物性能固然有影响，但调节固化条件起到的作用更为有效；而交联剂型固化剂的用量较多，因此对树脂固化物的性能影响也较大，也就是说对于同一种环氧树脂，如果选用的固化剂种类不同，固化物的性能往往差别很大。

3.3.1 环氧基团的开环反应

环氧树脂的固化反应主要是通过环氧基团的开环进行的。环氧基为三元环，键角小、张力大，非常容易被打开，因此环氧基的反应能力是很强的。对于不同结构的环氧树脂，有的环氧基位于分子端部，有的则位于分子中间。环氧基在环氧化物分子中的位置不同，其反应性也有所差别。

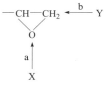

图 3-4 环氧基的开环途径

以双酚 A 缩水甘油醚型环氧树脂为例，其环氧基位于分子的端部，环氧基的开环反应可通过图 3-4 所示的 a、b 两个途径进行。由于氧元素的电负性大于碳元素的电负性，C—O 键中氧原子上的电子云密度较大，碳原子上的电子云密度较小。当选用的固化剂 X 为亲电试剂时，通过 a 过程进行开环反应，其难易程度主要取决于环氧基中氧原子的亲核性大小和 X 试剂的亲电性大小。显然，若环氧基上带有给电子性强的取代基时，则与亲电试剂 X 进行 a 过程的反应就较容易。

当选用的固化剂 Y 为亲核性试剂时，则通过 b 过程进行开环反应，其难易程度主要取决于环氧基上碳原子的亲电性大小和 Y 试剂的亲核性大小。这样，当在邻近环氧基的位置存在吸电子基团时，则通过 b 过程的开环反应就容易进行；反之，如有给电子基团存在，则环氧基与亲核试剂的反应性就要减弱。例如，用 β-甲基环氧氯丙烷与双酚 A 制得的环氧树脂，甲基的存在使得环氧基上碳原子的亲电性减弱，当用亲核性胺类固化剂时，该树脂的可使用期要比通常的环氧树脂长一倍。

一般情况下，在环氧树脂的固化体系中，亲电试剂 X 和亲核试剂 Y 往往同时存在，从而 a 和 b 过程同时发生，这样开环反应更容易进行，但即使在这种情况下也必然有某种过程（a 或 b）在反应中起着主要的作用。处于分子中间位置的环氧基上的碳原子与端部环氧基的碳原子相比有着较大的空间障碍，因此由亲核试剂进行上述 b 过程的反应较困难；而此处环氧基的氧原子在结构上是向外突出的，则亲电试剂进行 a 过程的反应就较为容易。例如，脂肪族环氧树脂的环氧基大都在分子的中间，因此它们对于亲核试剂胺类固化剂的反应性就很弱，而对于亲电试剂酸酐类固化剂的反应性则较强。

3.3.2 胺类的固化反应和固化剂

3.3.2.1 伯胺和仲胺类的固化反应和固化剂
（1）伯胺和仲胺类的固化反应
有机胺类与环氧树脂的固化反应是按照亲核加成机理进行的。理论上，有机胺分子中每个连接在氮原子上的活泼氢可以打开一个环氧基团，使之交联固化。伯胺与环氧基反应形成仲胺，仲胺与环氧基反应形成叔胺，其反应式如下：

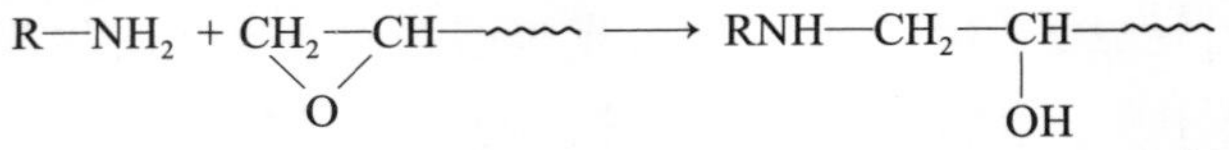

$$R-NH_2 + CH_2-CH\!-\!\!\sim\!\!\sim \longrightarrow RNH-CH_2-CH\!-\!\!\sim\!\!\sim \qquad (3\text{-}18)$$

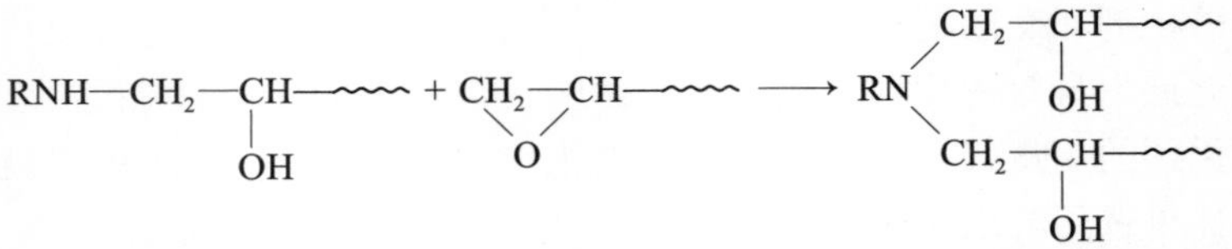

$$(3\text{-}19)$$

固化反应中所形成的叔胺有催化作用，但由于伯胺与仲胺容易发生反应，加之叔胺自身的空间位阻效应，其催化机能一般难以发挥。

实验结果表明，在50℃时固化反应主要是胺-环氧基反应。所生成的仲醇与环氧基几乎是不能反应的，只有在环氧基过量且在100℃时才有所反应。

对于胺类固化剂与环氧树脂的反应，不同的添加物对反应速率有不同的影响。凡是含能供出质子的物质，对固化反应皆能起催化作用，如含羟基的醇类和酚类、羧酸、磺酸和水等；与此相反，质子接受体的物质对固化反应则起抑制作用，如酯类、醚类、酮类和腈类等。表3-6列出了各种添加物基团对固化反应的影响。

表3-6　　　　　　　　各种添加物基团对胺-环氧树脂固化反应的影响

有促进作用的取代基	有抑制作用的取代基	有促进作用的取代基	有抑制作用的取代基
—OH	—OR	—CONHR	—SO$_2$NR$_2$
—COOH	—COOR	—SO$_2$NH$_2$	〉CO
—SO$_3$H	—SO$_3$R	—SO$_2$NHR	—CN
—CONH$_2$	—CONR$_2$		—NO$_2$

质子给予体添加物对固化反应的促进作用可能是由于添加物 HX 和环氧基中的氧原子形成氢键，从而有利于环氧基的开环，即所谓协同反应的机理。例如醇类中的羟基与环氧基上的氧形成氢键，具体催化机理如下所示：

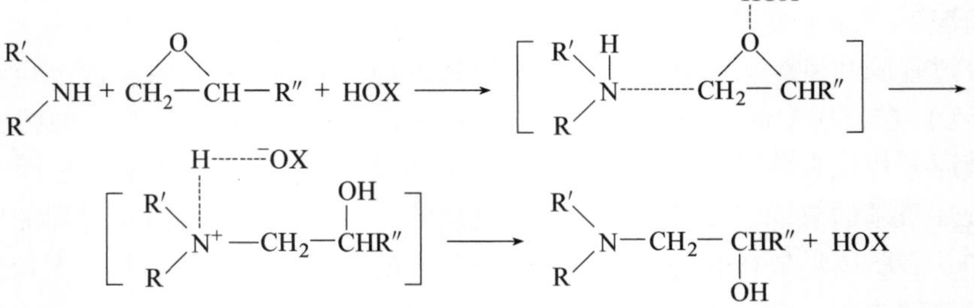

$$(3\text{-}20)$$

酚比醇类酸性强，更容易供出质子，故对胺-环氧化物反应的催化作用更大。按此推理，酸类的催化作用似乎应该更强，但实际上其催化作用却近于酚类，这一般认为是酸与胺作用形成了铵盐，从而使其有效浓度降低的缘故。顺丁烯二酸与苯二甲酸和其他酸比较，催化作用更小，甚至有可能使固化反应变慢，这是因为它们与胺反应生成了酰亚胺，从而使胺固化剂浓度降低所致。

$$\begin{array}{c} \backslash \\ C-COOH \\ \parallel \\ C-COOH \\ / \end{array} +RNH_2 \longrightarrow \begin{array}{c} \backslash \\ C-CO \\ \parallel \\ C-CO \\ / \end{array} NR + 2H_2O \qquad (3\text{-}21)$$

　　水分对于胺-环氧树脂的固化反应也是一种有效的催化剂，当水分含量达 5%～10% 时影响最大，但会对固化物的性能带来不良的影响。

　　需要特别指出的是，不同的胺类对环氧树脂固化速率差别是很大的。芳香胺的碱性较脂肪胺的碱性小，故与缩水甘油醚型的环氧树脂反应也较慢；脂肪胺的固化速率与其分子结构所造成的空间因素有关，如二异丙基胺与二乙基胺比较，空间障碍较大，与环氧基的反应速率就较慢。

　　（2）伯胺和仲胺类固化剂用量的计算

　　在树脂固化过程中，固化剂的用量非常重要，它不但影响固化速率和生产的工艺性，而且对产品的性能也有直接的影响。固化剂的用量过多或过少都会影响固化物的交联密度，使力学性能受到损失，特别是用量过多时游离的胺残留于固化物中，会使固化物的耐水性和其他性能降低。

　　前已述及，理论上胺类固化剂中氨基氮原子上的每一个活泼氢原子都可以使一个环氧基打开，因此伯胺、仲胺固化剂的理论用量可按式（3-22）计算：

$$\text{胺类固化剂的用量}(\%) = \frac{\text{胺当量}}{\text{环氧当量}} \times 100 = \frac{\text{胺的相对分子质量} \times 100}{\text{胺分子中活泼氢原子数} \times \text{环氧当量}}$$
$$= \frac{\text{胺的相对分子质量}}{\text{胺分子中活泼氢原子数}} \times \text{环氧值} \qquad (3\text{-}22)$$

　　其中，固化剂为每 100 份树脂需用的质量份数。

　　例：环氧值为 0.44 的双酚 A 型环氧树脂，选用二亚乙基三胺作固化剂，二亚乙基三胺的相对分子质量为 103.2，活泼氢原子数为 5 个，其用量为：

$$\text{二亚乙基三胺的用量} = \frac{103.2}{5} \times 0.44 = 9.08 \text{（份）}$$

　　即每 100 质量份的环氧树脂需要固化剂二亚乙基三胺的理论用量为 9.08 质量份。

　　需要指出的是，理论计算用量在实际生产中只能作参考，具体用量还需根据胺的种类、应用范围、固化温度和时间以及对产品性能的具体要求等通过实验来确定。一般认为采用脂肪族胺时，在固化反应中生成的叔胺可能具有一定的催化作用，故实际用量应较理论用量为少；而芳香胺由于空间障碍较大，生成叔胺的催化作用很小，故实际用量与理论用量比较出入不大。固化温度越高，分子链的活动能力越大，反应越充分，固化剂用量可相应地减少，但温度超过一定范围后，影响就不显著了。

　　为了提高固化物的性能，往往采用后固化处理的方法。特别是当用芳香胺作固化剂时，固化体系的玻璃化转变温度较高，分子链活动较困难，因此要使固化充分，就需要在高于玻璃化转变温度的温度下进行后固化处理。

　　（3）多元胺固化剂的选择

　　① 多元胺类固化剂的性状特征

　　固化剂的选择第一应该考虑所得环氧固化物的性能是否能够满足使用要求，第二要考虑它的工艺性，即施工方法、固化条件等；第三是考虑它的安全生产性能，如毒性、污染性等；第四是考虑它的性价比。其中，环氧固化物的性能是必要条件，而胺类固化剂的化学结构和性能与固化物的性能有着密切关系。

胺类固化剂按照分子中氮原子数目不同可分为单元胺、二元胺和多元胺；按照分子结构又可分为脂肪族胺类、脂环族胺类、芳香族胺类以及低分子聚酰胺树脂等。多元胺类固化剂的化学结构和性能及其与双酚 A 型环氧树脂固化物的物性优劣顺序分别如下。

多元胺类固化剂的性状：

色相：（优）脂环族→脂肪族→酰胺→芳香族（劣）

黏度：（低）脂环族→脂肪族→芳香族→酰胺（高）

适用期：（长）芳香族→酰胺→脂环族→脂肪族（短）

固化性：（快）脂肪族→脂环族→酰胺→芳香族（慢）

刺激性：（强）脂肪族→芳香族→脂环族→酰胺（弱）

多元胺类固化 DGEBA 树脂的物性优劣顺序：

光泽：（优）芳香族→脂环族→聚酰胺→脂肪族（劣）

柔软性：（软）聚酰胺→脂肪族→脂环族→芳香族（刚）

黏结性：（优）聚酰胺→脂环族→脂肪族→芳香族（良）

耐酸性：（优）芳香族→脂环族→脂肪族→聚酰胺（劣）

耐水性：（优）聚酰胺→脂肪族→脂环族→芳香族（良）

② 脂肪族胺类固化剂

脂肪族胺类固化剂是各种固化剂中用量较广的品种，这是因为它们绝大多数为液体，与环氧树脂相容性良好。

脂肪族胺类固化剂对于缩水甘油醚型和缩水甘油酯型的环氧树脂的固化速率快，可在常温下固化，另外它们与环氧树脂混合后黏度低，使用也方便，反应时释放的热量可进一步促进树脂与固化剂的反应。所得的固化物具有较好的黏着力和韧性，对碱和一些无机酸的抵抗力强，耐水和耐溶剂性也较好。脂肪族胺类对于环氧化聚烯烃树脂的固化速率缓慢，使用时需加热固化或加入适当的固化催化剂。

脂肪族胺类固化剂的主要缺点是有毒性（相对分子质量大、蒸气压低的毒性稍小），长期接触脂肪族多元胺会引起皮肤炎症，固化反应中放热多，可使用期短，另外，其固化过程以及固化物的性质易受水分的影响。需要指出，它们会与空气中的 CO_2 反应，生成不能与环氧基反应的碳酸铵，而成为产生气泡的原因。

为了改进脂肪胺的某些性质，如降低挥发性、使毒性变小、增加与树脂的相容性、降低对水分和空气中 CO_2 的敏感性、增长使用期以及易于和树脂进行混合操作等，常将脂肪胺与环氧乙烷、丙烯腈或缩水甘油醚等制成脂肪胺的类似物。如胺类与环氧乙烷加成后形成羟乙基胺、胺类与丙烯腈加成后形成氰乙基胺等，因氰基为电负性基团，会使胺的碱性减弱，因此使固化速率减慢，从而能增长可使用期。常用的脂肪族胺类固化剂列于表 3-7 中。

另外，在这里还需要对双氰胺固化剂进行必要说明。双氰胺为白色晶体，属于最早使用的一类潜伏性固化剂。由于分子中氰基的存在，在常温不溶于环氧树脂，故在常温下非常稳定，使用期很长，然而一旦加热到其熔点附近时，即开始溶解并迅速发生固化反应。

表 3-7　　　　　　　　　　　　　　　典型的多元胺类固化剂

类别	名称	分子结构式与性状	黏度(25℃)/mPa·s	参考用量(E-51 环氧树脂)/份	固化条件
脂肪族类	二乙烯三胺（DETA）	$H_2NCH_2CH_2NHCH_2CH_2NH_2$　液体	5.6	5~8	25℃,2~7d 或 25℃,2h+100℃,1h
	三乙烯四胺（TETA）	$H_2N(CH_2CH_2NH)_2CH_2CH_2NH_2$　液体	19.4	6~12	25℃,2~7d 或 25℃,2h+100℃,1h
	四乙烯五胺（TEPA）	$H_2N(CH_2CH_2NH)_3CH_2CH_2NH_2$　液体	51.9	7~14	25℃,2~7d 或 25℃,2h+100℃,1h
	乙二胺（EDA）	$H_2NCH_2CH_2NH_2$　液体	1.6	6~8	25℃,24h 或 80℃,3h
	己二胺（HDA）	$H_2N(CH_2)_6NH_2$　无色晶体,熔点 42℃	—	12~15	120℃,4h 或 160℃,2h
	双氰胺	$H_2N-C-NH-CN$ (NH)　白色晶体,熔点 209~212℃	—	4~8	150℃,4h
脂环族类	N-氨乙基哌嗪（N-AEP）	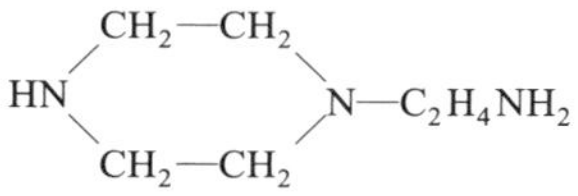 　液体	—	20~22	25℃,4d 或 25℃,3h+200℃,1h
	蓋烷二胺（MDA）	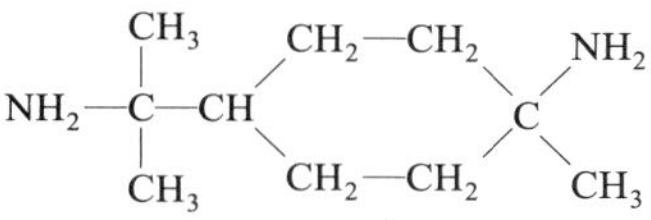 　液体	19	22	80℃,2h 或 130℃,0.5h
	异佛尔酮二胺	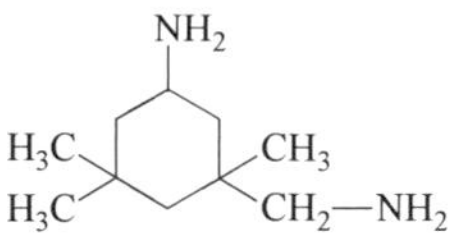 　液体	18.2	24	80℃,4h 或 150℃,1h
	间苯二甲胺（MXDA）	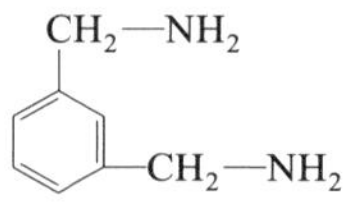 　液体	—	16~18	60℃,3h+150℃,2h
芳香族类	4,4′-二氨基二苯甲烷（DDM）	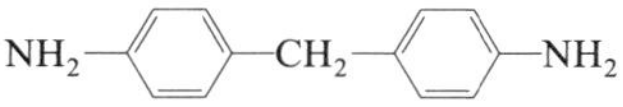 　固体,熔点 89℃	—	25~30	80℃,2h+150℃,2h
	4,4′-二氨基二苯砜（DDS）	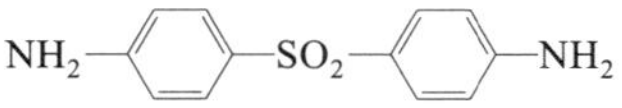 　固体,熔点 175℃	—	30~35	130℃,2h+200℃,2h
	间苯二胺（MPDA）	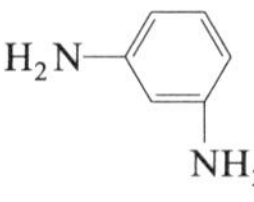 　固体,熔点 62℃	—	14~16	80℃,2h+150℃,2h

双氰胺微粉末分散到环氧树脂中，储存期可达 6 个月以上。当加热到 145~165℃ 时，则能较快使树脂固化，其用量一般为 4~8 质量份。由双氰胺所得的固化物耐热性和机械强度都较高，特别适用于含羟基的环氧树脂的固化。由于双氰胺所需固化温度较高，为了降低其固化温度，提高固化速度，改善与环氧树脂的相容性，通常将双氰胺和各种促进剂相配合一起使用。常用的促进剂包括咪唑类及其衍生物，有机脲类，改性胺类及酰肼类。

双氰胺对环氧树脂的固化反应情况比较复杂，且随反应条件不同而有差别。一方面双氰胺中含有氨基，其中的活性氢可与环氧基进行反应，当有叔胺催化剂时，还有利于进行阴离子聚合反应而形成醚键结构；另一方面，双氰胺中还存在氰基，在 140~160℃ 时可与环氧基反应而转化成亚胺，继而经重排得到酰胺键，此外，氰基也能和羟基反应形成含酰胺键的生成物。

③ 芳香族胺类固化剂

芳香族胺类与脂肪胺相比较，氨基直接连在苯环上，氮原子上电子云的密度降低，其碱性较弱，再加上芳香环的空间位阻效应，因此在固化缩水甘油醚或酯型的环氧树脂中，活性低，固化速率较慢，固化过程中形成 B 阶段的时间长，必须加热才能进一步固化。一些常用的芳香族胺类固化剂也列于表 3-7 中。

芳香族胺类多数是固体，在和环氧树脂混合时需加热熔化，使得使用期缩短，同时又增加了操作的麻烦。改进的方法是将芳香胺制成共熔物或加成物，或是溶于溶剂（如二甲基甲酰胺、二甲基乙酰胺）中配成芳胺溶液使用。常用的共熔物有 60%~75% 的间苯二胺和 25%~40% 的二氨基二苯基甲烷的共熔物，为暗褐色液体。芳香胺的加成物通常是由芳香胺与单环氧化物配合而成，如间苯二胺与苯基缩水甘油醚制得的加成物，软化点在 20℃ 以上，外观是黄至棕黑色黏稠状液体；与单独使用芳香胺比较，使用芳香胺加成物所得固化物的性能通常要稍低些。

芳香胺类的固化通常分为两个阶段，第一阶段考虑到反应放热可在较低温度下进行；第二阶段温度较高，才能使固化反应进行完全，以获得最好的性能。芳香胺类固化剂的分子结构里含有稳定的苯核结构，因此其与双酚 A 型环氧树脂所得固化物的耐热性、介电性能、力学性能以及化学稳定性均较好，热变形温度可达 150℃ 左右，比使用脂肪二胺时高 40~60℃，另外它的毒性也较小些。

对于脂环族环氧树脂的固化，用芳香胺比脂肪胺要快些，这是因为脂环族环氧树脂中环氧基上的氧原子较易接受亲电试剂的进攻，而芳香胺的碱性较脂肪胺更弱，故它的亲电性较强。芳香胺对于环氧化聚烯烃树脂，即使在 150℃ 时反应也很慢，所以对于这种树脂一般不采用芳香胺类固化剂。

④ 脂环族类多元胺

由于氨基的结合形式不同，各种脂环族多元胺的反应活性及生成固化物的性能差别很大。如果氨基通过亚甲基连接在脂环上，其性质与直链脂肪多元胺相同；如果氨基直接连在脂环上，其性质与芳香族多元胺相似。间苯二甲胺是一个有趣的固化剂，在化学结构上类似于芳香胺，反应活性颇似脂肪多胺，固化物的性能则像芳香胺。表 3-7 中列出了几种常用的脂环族胺类固化剂。

⑤ 低分子聚酰胺

酰胺很少被单独用作固化剂，因为酰胺基上的氢并不活泼，它们常被用作酸酐固化剂的促进剂。而广泛用作环氧树脂固化剂的聚酰胺实际上是一种改性多元胺，它是由脂肪族多元胺与二聚或三聚植物油脂肪酸反应制得的。如三亚乙基四胺与亚麻油酸二聚体反应制得的低分子聚酰胺的分子结构式为：

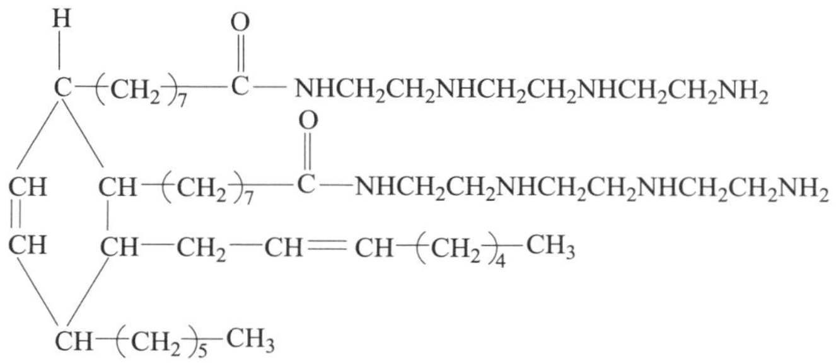

可以看出，低分子聚酰胺的分子结构中同时存在酰胺基与伯胺、仲胺基团，可在室温下固化缩水甘油醚类环氧树脂，其与环氧树脂的固化反应主要是由伯胺和仲胺引起的，但反应不完全，如在室温下固化 125h 环氧基的残留量尚有 40.8%。提高反应温度会使固化反应比较完全，如在 60℃ 以上进行固化，除伯胺、仲胺的反应之外，同时酰胺基和羟基还可进行交换反应：

$$\tag{3-23}$$

从而可以提高固化物的黏结强度和热变形温度。

低分子聚酰胺作为环氧树脂固化剂的主要优点是：挥发性和毒性小；与树脂的相容性良好；添加量的容许范围比较宽，对液态双酚 A 型环氧树脂的用量可在 40~100 质量份，固化操作简便；对环氧树脂有增韧作用，提高抗冲击强度；放热效应低，适用期较长，如需缩短固化周期，可以加入少量的 DMP-30、三氟化硼配合物等。缺点是固化物的耐热性不高，热变形温度约在 60℃。国产的一些常用低分子聚酰胺固化剂列于表 3-8 中。

表 3-8　　　　　　　　　　　部分国产低分子聚酰胺固化剂

牌号	组成	性状	黏度/Pa·s	活泼氢当量（胺值）	参考用量（E-51 环氧树脂）/份
200	亚油酸二聚体与三乙烯四胺	棕红色黏稠液体	20~80(40℃)	215±15	40~100
300	亚油酸二聚体与三乙烯四胺	棕红色黏稠液体	6~20(40℃)	305±15	40~100
400	桐油酸二聚体与二乙烯三胺	棕红色黏稠液体	15~50(40℃)	200±20	40~100
203	亚油酸二聚体与二乙烯三胺	棕黄色黏稠液体	1~5(40℃)	200±20	40~100
500	桐油酸二聚体与三乙烯四胺	棕黄色黏稠液体	2~7(40℃)	400±20	40~100
600	己内酰胺与二乙烯三胺	棕黄色液体	0.1~0.3(40℃)	600±20	20~30
650	桐油酸二聚体与三乙烯四胺	深棕色黏稠液体	15~50(25℃)	200±20	80~100
651	桐油酸二聚体与三乙烯四胺	棕红色黏稠液体	15~50(25℃)	400±20	45~65

3.3.2.2　叔胺类的固化反应和固化剂

叔胺是一种亲核性试剂，它对环氧树脂的固化反应属于阴离子催化聚合反应，所以它属于催化型的固化剂。其催化机理可表示如下：

$$R_3N + CH_2\text{—}CH\text{—}R' \longrightarrow R_3N^+\text{—}CH_2\text{—}CH\text{—}R' \qquad (3\text{-}24)$$

$$R_3N^+\text{—}CH_2\text{—}CH\text{—}R' + CH_2\text{—}CH\text{—}R' \longrightarrow R_3N^+(CH_2\text{—}CHR'O)CH_2CHR'O^- \qquad (3\text{-}25)$$

至于链的终止反应，有认为是：

$$R_3N^+(CH_2\text{—}CHR'O)_{\overline{n}}CH_2CHR'O^- \longrightarrow R_3N + CH_2\text{=}CR'O(CH_2\text{—}CHR'O)_{n\text{-}1}CH_2CHR'OH \qquad (3\text{-}26)$$

虽然在无羟基的情况下，叔胺本身对环氧树脂也能进行催化聚合，但效果不大，这可能是反应的中间产物正负电荷中心较接近的缘故。另外叔胺的空间因素对其活性也有较大的影响，所以单独用叔胺作为环氧树脂的固化剂时，其用量还是较多的，占 5~15 质量份；但在系统中如有羟基化合物存在，则反应显著加速，且用量也可减少。例如醇类与环氧基在叔胺作催化剂时的反应为：

$$R_3N + CH_2\text{—}CH\text{\textasciitilde} \longrightarrow R_3N^+\text{—}CH_2\text{—}CH\text{\textasciitilde} \qquad (3\text{-}27)$$

$$R_3N^+\text{—}CH_2\text{—}CH\text{\textasciitilde} + R'OH \longrightarrow R_3N^+\text{—}CH_2\text{—}CH\text{\textasciitilde} + R'O^- \qquad (3\text{-}28)$$

$$R'O^- + CH_2\text{—}CH\text{\textasciitilde} \longrightarrow R'O\text{—}CH_2\text{—}CH\text{\textasciitilde} \qquad (3\text{-}29)$$

$$R'O\text{—}CH_2\text{—}CH\text{\textasciitilde} + CH_2\text{—}CH\text{\textasciitilde} \longrightarrow R'O\text{—}CH_2\text{—}CH\text{\textasciitilde} \longrightarrow \cdots\cdots \qquad (3\text{-}30)$$

需要指出的是咪唑类的固化剂，其特点是除具有叔胺的催化作用外，还有仲胺的作用，其中较典型的是 2-乙基-4-甲基咪唑，它与环氧树脂的固化反应过程是分两步依次进行的：第一步，咪唑中 N 原子与环氧基加成反应；第二步，加成反应形成的烷氧负离子与环氧基之间催化聚合反应。其固化反应机理如下：

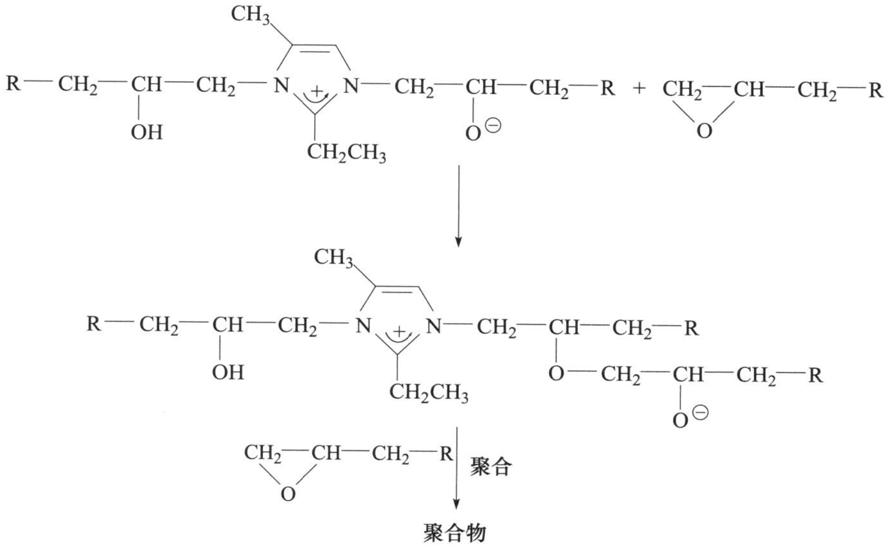

$$R-CH_2-CH-CH_2-N^+ \underset{CH_2CH_3}{\overset{CH_3}{\diagup}} N-CH_2-CH-CH_2-R \; + \; CH_2-CH-CH_2-R$$

（3-31）

$$R-CH_2-CH-CH_2-N^+ \underset{CH_2CH_3}{\overset{CH_3}{\diagup}} N-CH_2-CH-CH_2-R$$

$$CH_2-CH-CH_2-R \quad 聚合$$

聚合物

2-乙基-4-甲基咪唑在25℃时是黏度为 4~8Pa·s 的液体，沸点为 292℃，无臭味，热稳定性好，易与树脂混合得低黏度的混合物。在适中的固化条件下（如 60℃ 下 6~8h）就能得到热变形温度高（80~130℃）的固化物，如经后固化处理则热变形温度可达 160℃，固化物的介电性能和力学性能也很好。

在环氧树脂固化中，虽然叔胺类可单独使用，但在许多情况下是和伯胺、仲胺类或酸酐类等其他固化剂一起使用的，这种情况下其用量不多，一般为 0.1~3 质量份，起固化催化剂的作用。表 3-9 列出了一些常用的叔胺类固化剂和咪唑类固化剂。

表 3-9 　　　　　　　　　　　常用的叔胺类和咪唑类固化剂

类别	名称	分子结构式与性状	黏度（25℃）/mPa·s	参考用量（E-51 树脂）/份	固化条件
叔胺类	三乙胺（DETA）	$CH_3CH_2-N\diagdown^{CH_2CH_3}_{CH_2CH_3}$ 液体	0.323（30℃）	10~15	100℃，1h
	三乙醇胺（TEOA）	$N\langle^{CH_2CH_2OH}_{CH_2CH_2OH}_{CH_2CH_2OH}$ 液体	280（35℃）	10~15	120~140℃，4~6h
	苄基二甲胺（BDMA）	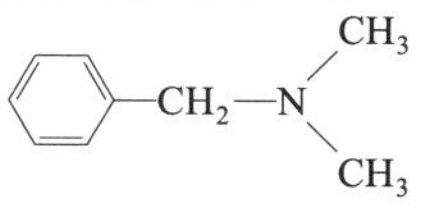 $\bigcirc-CH_2-N\diagdown^{CH_3}_{CH_3}$ 液体	90	15	25℃,3h 或 80℃,0.5h
	2-二甲氨基甲基苯酚（DMP-10）	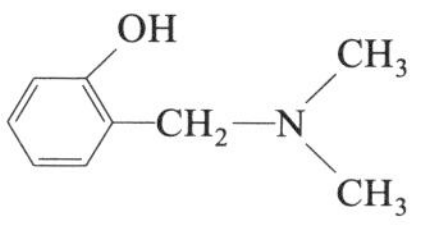 $\overset{OH}{\bigcirc}-CH_2-N\diagdown^{CH_3}_{CH_3}$ 液体	—	16	25℃,3h 或 80℃,0.2h

续表

类别	名称	分子结构式与性状	黏度(25℃)/mPa·s	参考用量(E-51 树脂)/份	固化条件
叔胺类	2,4,6-三(二甲氨基甲基)苯酚(DMP-30)	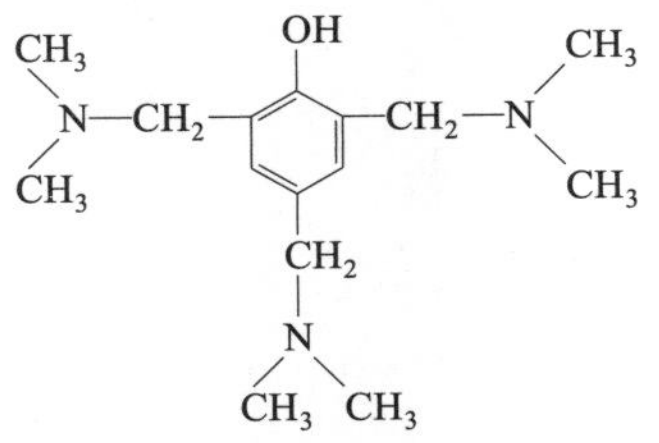 (结构式) 液体	200	5~10	80℃,1h
咪唑及其衍生物	咪唑	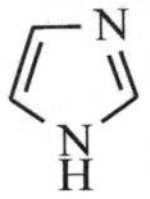 (结构式) 晶体,熔点 136℃	—	4~8	70℃,8h 或 150℃,4h
	2-甲基咪唑	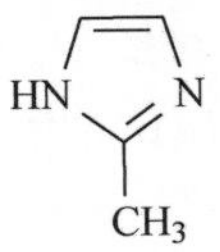 (结构式) 晶体,熔点 136℃	—	4~8	70℃,8h 或 150℃,4h
	2-乙基-4-甲基咪唑	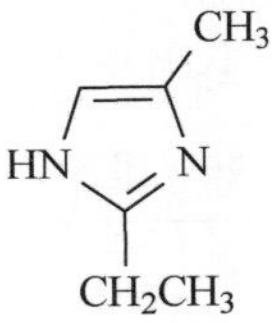 (结构式) 液体	800~1000	1~5	60℃,6~8h
	704 改性咪唑	2-甲基咪唑与丁基缩水甘油醚的反应物 液体	200~400	10	70℃,6h 或 80℃,4h 或 120℃,1h

3.3.2.3 硼胺类的固化反应和固化剂

BF_3 在少量含羟基物质（指外加的醇或环氧树脂分子中的羟基，又被称为助催化剂）存在下能使环氧树脂固化。BF_3 是一种路易斯酸，其中硼原子具有空轨道，能与含有孤对电子的原子形成配位键，具有强的亲电子性，因此在对环氧树脂的固化中起着阳离子催化剂的作用。BF_3 的固化机理如下所示：

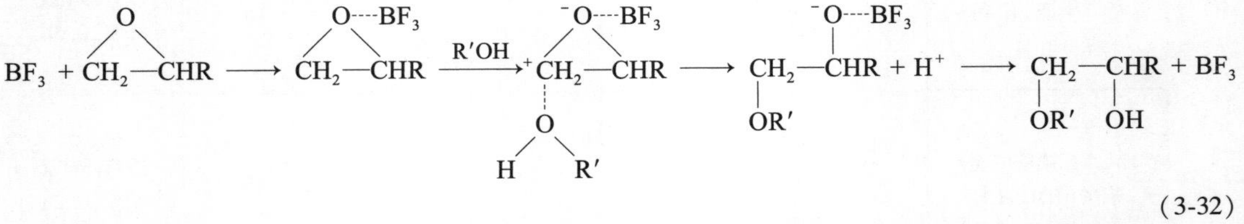

$$BF_3 + CH_2—CHR \longrightarrow CH_2—CHR \xrightarrow{R'OH} \overset{+}{CH_2}—CHR \longrightarrow CH_2—CHR + H^+ \longrightarrow CH_2—CHR + BF_3$$

(3-32)

然而 BF_3 是一种腐蚀性气体，由于反应太激烈，树脂凝胶太快（仅数十秒钟），无法操作，因此通常是以胺-三氟化硼或四氟化硼铵盐等配合物的形式进行使用。该类配合物只有在达到一定温度以上时才对环氧树脂具有活性，使用期很长，然而一旦达到固化所需要的温度时，会迅速引起连锁聚合反应而使树脂固化，因此它们属于潜伏性固化剂。

胺-三氟化硼或四氟化硼铵盐在树脂中与环氧基以如下所示形式存在：

$$\text{RNH}_2 \cdot \text{BF}_3 + \text{CH}_2\!-\!\text{CHR}' \longrightarrow \underset{\text{H}}{\overset{\text{R}}{\text{F}_3\text{B}:\text{N}-\text{H}}}\cdots\text{O}\!<\!\begin{array}{c}\text{CH}_2\\\text{CHR}'\end{array} \tag{3-33}$$

$$\text{RNH}_3^+\text{BF}_4^- + \text{CH}_2\!-\!\text{CH} \longrightarrow \text{BF}_4^-\,\underset{\text{H}}{\overset{\text{H}^+}{\text{R}-\text{N}-\text{H}}}\cdots\text{O}\!<\!\begin{array}{c}\text{CH}_2\\\text{CH}\end{array} \tag{3-34}$$

即在胺的氮原子上结合的氢原子与环氧基中的氧原子之间形成了弱键，由于胺与环氧基对于氢原子的作用是彼此竞争的，若胺的碱性较强，则氢原子靠向氮原子，但即便如此氧原子仍然要对胺上的氢原子给出一部分电子，这就使得与氧相邻的碳原子上的电子云产生移动，这种电子云移动的多少就决定着它们再与另外的环氧基反应能力的大小。

随着温度提高则转为下式，从而使固化迅速进行：

$$\underset{\text{H}}{\overset{\text{R}\quad +}{\text{F}_3\text{BN}-\text{H}-\text{O}}}\!<\!\begin{array}{c}\text{CH}_2\\\text{CHR}\end{array} + \text{O}\!<\!\begin{array}{c}\text{CH}_2\\\text{CHR}\end{array} \longrightarrow \left[\underset{\text{H}}{\overset{\text{R}}{\text{F}_3\text{B}-\text{N}}}\right]^- \text{HOCHRCH}_2\text{O}\overset{+}{<}\!\begin{array}{c}\text{CH}_2\\\text{CHR}\end{array} \tag{3-35}$$

反应由于其他的环氧基向𬭩离子的攻击而继续进行。在硼胺盐催化的情况下也产生类似的反应。

也有观点认为，环氧基胺-三氟化硼络合物与仲𬭩离子形成如下的平衡较为合适：

$$\underset{\text{H}}{\overset{\text{R}}{\text{F}_3\text{B}:\text{N}-\text{H}}}\cdots\text{O}\!<\!\begin{array}{c}\text{CH}_2\\\text{CHR}\end{array} \rightleftharpoons \left[\underset{\text{H}}{\overset{\text{R}}{\text{F}_3\text{B}-\text{N}}}\right]^- + \text{HO}\overset{+}{<}\!\begin{array}{c}\text{CH}_2\\\text{CHR}\end{array} \tag{3-36}$$

固化反应开始于环氧基对仲𬭩离子的攻击：

$$\text{HO}\overset{+}{<}\!\begin{array}{c}\text{CH}_2\\\text{CHR}\end{array} + \text{O}\!<\!\begin{array}{c}\text{CH}_2\\\text{CHR}\end{array} \longrightarrow \text{HO}\!-\!\text{CHRCH}_2\overset{+}{\text{O}}\!<\!\begin{array}{c}\text{CH}_2\\\text{CHR}\end{array} \tag{3-37}$$

当温度升高时，平衡移向右侧，使仲𬭩离子增加，从而迅速进行固化。

另外还有一种观点认为，在高温下，由胺-三氟化硼配合物解离出的质子与环氧基结合形成正碳离子，然后产生的正碳离子与阴离子相互作用使其稳定化：

$$\text{F}_3\text{B} \cdot \text{NH}_2\text{R} \longrightarrow \text{F}_3\text{B} \cdot \overset{-}{\text{N}}\text{HR} + \text{H}^+ \tag{3-38}$$

$$\text{H}^+ + \text{CH}_2\!-\!\text{CH} \rightleftharpoons \underset{\text{H}^+}{\text{CH}_2\!-\!\text{CH}} \longrightarrow \underset{\text{OH}}{-\text{CH}}\!-\!\overset{+}{\text{CH}_2} \tag{3-39}$$

$$\underset{\text{OH}}{-\text{CH}}\!-\!\overset{+}{\text{CH}_2} + \text{F}_3\text{B} \cdot \overset{-}{\text{N}}\text{HR} \longrightarrow \underset{\text{OH}}{-\text{CH}}\!-\!\overset{+}{\text{CH}_2}\cdots\text{F}_3\text{B} \cdot \overset{-}{\text{N}}\text{HR} \tag{3-40}$$

所生成的产物与环氧树脂的环氧基反应，引起阳离子催化聚合：

$$-CH-\overset{+}{C}H_2\cdots F_3B\cdot\overset{-}{N}HR + n\ CH_2-CH- \longrightarrow H(O-CH-CH_2)_{\overline{n}}OH-CH-\overset{+}{C}H_2\cdots F_3B\cdot\overset{-}{N}HR$$

$$\tag{3-41}$$

以上所述的几种关于胺-三氟化硼配合物对环氧树脂的固化机理，虽然稍有差别，但都认为，该催化剂作用下的固化反应并不是由于配合物（或盐）的简单分解而开始的。

在环氧树脂体系中，如羟基的浓度较高，则醇作为亲核试剂参加反应：

$$R'OH + R_3N\cdot BF_3 \longrightarrow (R_3NH)^+(BF_3OR')^- \tag{3-42}$$

除 BF$_3$ 外，其他的路易斯酸如 AlCl$_3$、ZnCl$_2$、SnCl$_4$、TiCl$_4$ 等也可作为阳离子催化剂用于环氧树脂的固化中。

3.3.3 酸酐的固化反应和固化剂

酸酐作为环氧树脂的一类重要固化剂，与缩水甘油醚型、缩水甘油酯型、环氧化烯烃等类型的环氧树脂都能很好地反应，而与环氧化烯烃树脂更容易反应。与伯胺和仲胺类固化剂相比，酸酐类固化剂具有使用寿命长、对皮肤基本没有刺激性、固化反应缓慢、需要较高的固化温度、放热量小、收缩率低等特点，且固化物具有较好的电性能、力学性能和热稳定性，广泛用于浇注、黏合剂、层压、模压和缠绕工艺等方面。

3.3.3.1 酸酐的固化反应

（1）无催化剂时酸酐的固化反应

首先，在环氧树脂分子中固有的羟基或反应体系中存在的羟基化合物、微量水分作用下使酸酐开环，生成含酯链的羧酸（即单酯）：

$$\tag{3-43}$$

新生成的羧基与环氧树脂的环氧基团反应形成二酯：

$$\tag{3-44}$$

在酸的催化作用下，环氧基和新生成的或固有的羟基发生醚化反应：

$$\tag{3-45}$$

（2）有促进剂时酸酐的固化反应

用酸酐作为环氧树脂的固化剂，当温度在 200℃ 以下时，固化反应进行得比较缓慢，但加入少量叔胺、硼胺配合物、金属有机羧酸盐等促进剂后，固化则能加速进行。酸酐和环氧树脂的反应机理根据其有无促进剂存在而有所不同。

① 叔胺类促进剂

对于在叔胺催化剂作用下环氧树脂与酸酐的反应情况，人们存在着不同的看法。有人提出如下的反应机理：

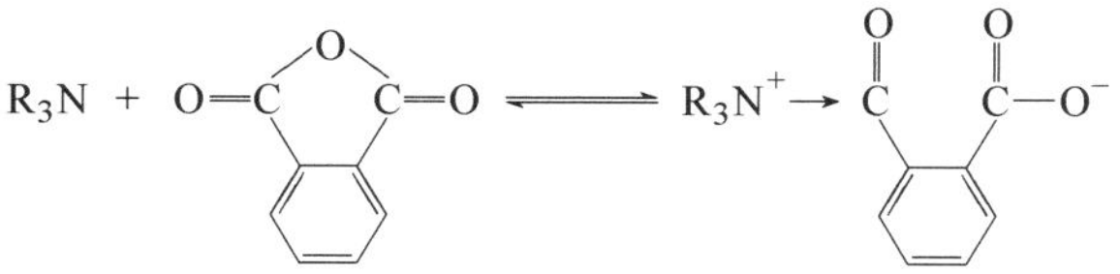

$$(3\text{-}46)$$

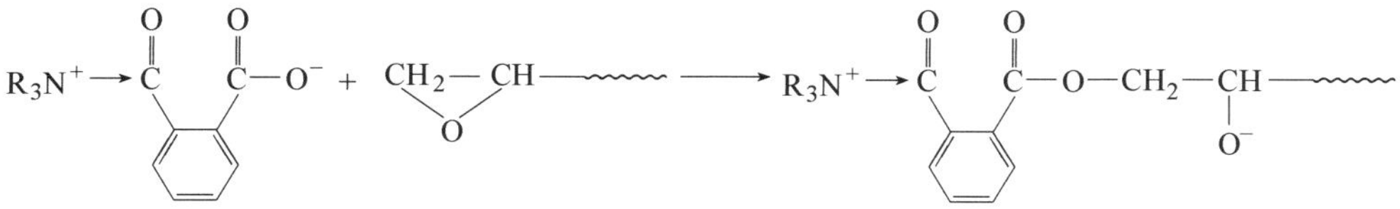

$$(3\text{-}47)$$

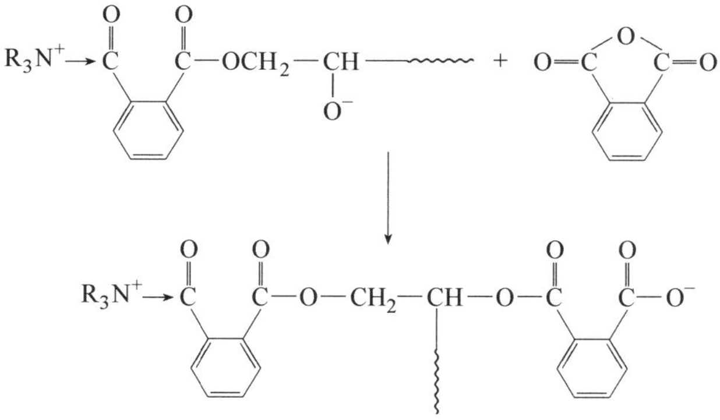

$$(3\text{-}48)$$

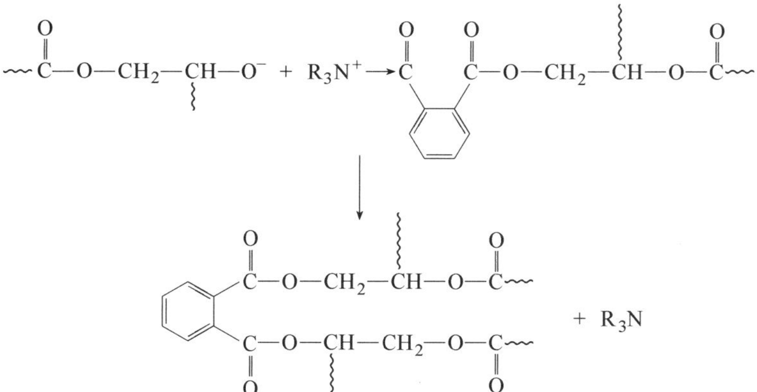

$$(3\text{-}49)$$

但近期也有认为叔胺先和环氧基结合，再依次与酸酐和环氧基反应而使链增长的，在反应过程中，叔胺并不分离出来，而是转变成季氮原子。

② 硼胺配合物促进剂

在羟基化合物的存在下，硼胺配合物对环氧树脂与酸酐固化反应的催化作用可表示如下：

$$R_2NH \cdot BF_3 \longrightarrow H^+ + R_2N^- : BF_3 \qquad (3\text{-}50)$$

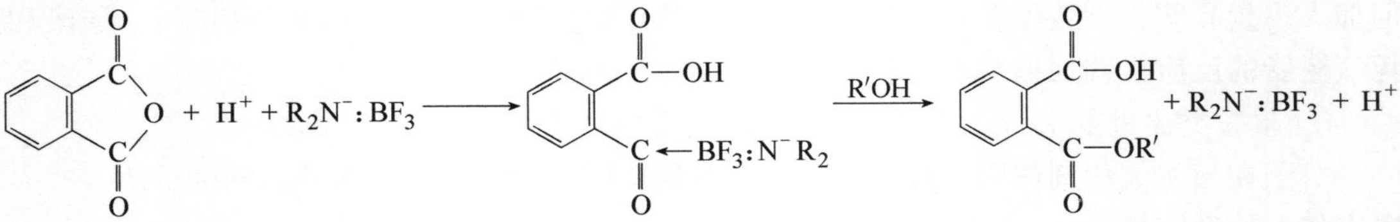

$$(3\text{-}51)$$

氢离子可以促进环氧基与羟基的醚化反应。可以看出，当用叔胺等碱性催化剂时，能抑制醚化反应而促进酯化反应，而当用硼胺配合物等酸性催化剂时则相反，它能促进醚化反应。

③ 金属有机化合物促进剂

金属羧酸盐类（如环烷酸铅、辛酸锌等）可对环氧树脂与酸酐的固化反应起催化作用，如下所示：

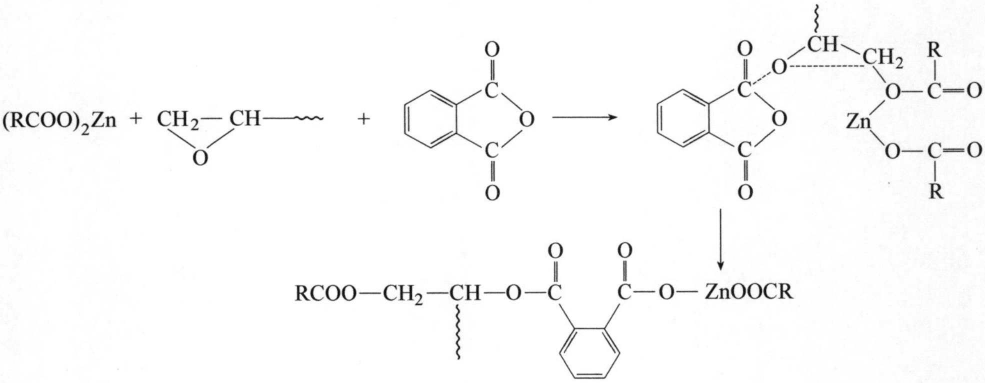

$$(3\text{-}52)$$

实验表明，在固化反应前期，环氧基与酸酐的反应完成程度是一致的，固化物结构中只有酯键。而在固化反应后期，环氧基的反应完成程度较酸酐高，固化物结构中还生成了醚键，这是由于后期体系放热量的增加，金属羧酸盐解离生成的羧酸根阴离子进行催化聚合反应，其固化机理可表示如下：

$$(RCOO)_2Zn \xrightarrow{H_2O} 2RCOO^- + Zn^{2+} \qquad (3\text{-}53)$$

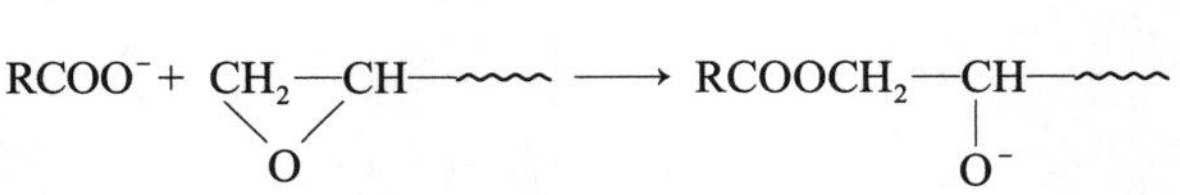

$$(3\text{-}54)$$

此外，锌原子有空出的配位键，还能促进环氧基开环：

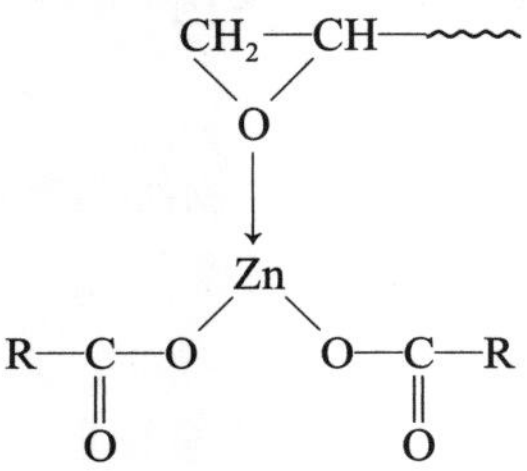

$$(3\text{-}55)$$

3.3.3.2　酸酐固化剂的用量及种类

（1）酸酐固化剂用量的计算

在酸酐用作固化剂的环氧树脂体系中，根据前述的酸酐固化机理，可按下式计算酸酐的用量：

$$酸酐固化剂的用量（phr）= C \times \frac{酸酐当量}{环氧当量} \times 100 \tag{3-56}$$

$$= C \times \frac{酸酐分子量 \times 100}{酸酐基团数目 \times 环氧当量} = C \times \frac{酸酐分子量}{酸酐基团数目} \times 环氧值$$

式中，C 为常数，对于一般酸酐为 0.85，当有叔胺存在时为 1.0，用路易斯酸作催化剂时为 0.55，对于含氯酸酐则为 0.60。这是因为，在不加催化剂的情况下，其反应除了酯化反应外，还有部分羟基对环氧基开环的醚化反应，故酸酐与环氧基的当量比以 0.85∶1 较合适；而当用叔胺作催化剂时主要发生的是酯化反应，一般不产生醚化反应，故当量比为 1∶1 较适合；而用路易斯酸作催化剂时，会使醚化反应增加，此时酸酐与环氧基的当量比选为 0.55∶1。

例如：环氧当量为 227.27 的双酚 A 型环氧树脂，用邻苯二甲酸酐作固化剂，邻苯二甲酸酐的分子量为 148，含有 1 个酸酐基团，按其结构为一般酸酐，无催化剂，因此 C 取 0.85，计算可得：

$$邻苯二甲酸酐的用量（phr）= 0.85 \times \frac{148}{1} \times \frac{100}{227.27} = 55.35$$

需要指出的是，在实际应用中，固化剂的用量一般还是应结合固化条件，根据固化物的具体性能指标要求，通过试验来加以确定。

（2）酸酐固化剂的种类

酸酐的种类很多，按其结构分，有芳香族酸酐、脂环族酸酐、脂肪族酸酐、卤化酸酐等。其中大多数酸酐都是熔点较高的固体，与环氧树脂难以混合，因此需加热才能混溶，这样不仅会有刺激性蒸气产生，而且缩短了使用期，给工艺带来了不便。通过将不同酸酐共融混合改性以降低酸酐熔点，有些甚至可以液化成液态。例如均苯四甲酸二酐（PMDA）、3,3′,4,4′-苯酮四羧基二酐（BTDA）的熔点高，在熔融温度下与环氧树脂混合后会很快凝胶化，为此可将其熔解于苯酐（PA）或顺酐（MA）中，混合用作固化剂。PMDA 与 MA 混合物的固化条件一般为 100℃/4h 加 160℃/24h，如再进行后固化处理，热变形温度等性能还可以提高；BTDA 与 MA 按摩尔比 3∶1 组成的混合酸酐固化条件为 200℃/24h，固化 E-51 环氧树脂所得产物的热变形温度为 280~290℃，高温耐老化稳定性非常优异。

表 3-10 列出了一些常用的酸酐固化剂。需要指出的是，近年来已研制出许多液体酸酐，而且有些还有潜伏固化的效能。

表 3-10　　　　　　　　　　　　典型的酸酐固化剂

类别	名称	分子结构式与性状	熔点/℃	参考用量（E-51 环氧树脂）/份	固化条件
芳香族类	邻苯二甲酸酐（PA）	（结构式）固体	128	30~45	100℃,2h+150℃,5h 或 150℃,6h

续表

类别	名称	分子结构式与性状	熔点/℃	参考用量（E-51环氧树脂）/份	固化条件
芳香族类	均苯四甲酸二酐（PMDA）	固体	286	30~40	220℃,10h
	偏苯三甲酸酐（TMA）	固体	168	30~35	150℃,1h+180℃,4h
	3,3',4,4'-苯酮四羧基二酐（BTDA）	固体	226~229	60~70	220℃,10h
脂环族类	顺丁烯二酸酐（MA）	固体	52	35~45	100℃,2h+150℃,24h
	四氢化邻苯二甲酸酐（THPA）	固体	103	55~65	80℃,2h+150℃,4h
	甲基四氢化邻苯二甲酸酐（MTHPA）	液体,黏度30~80mPa·s(25℃)	—	80~85	100℃,4h+150℃,4h
	六氢化邻苯二甲酸酐（HHPA）	固体	35	70~90	80℃,2h+150℃,2~4h
	纳迪克酸酐（NA）	固体	165	75~95	100℃,1h+200℃,1h+260℃,4h

续表

类别	名称	分子结构式与性状	熔点/℃	参考用量（E-51环氧树脂）/份	固化条件
脂环族类	甲基纳迪克酸酐（MNA）	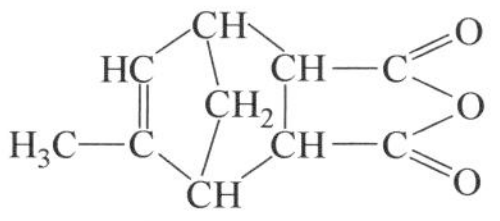 液体，黏度138mPa·s（25℃）	—	80~100	80~100℃，2h+140~150℃，4h
	十二烯基代丁二酸酐（DDSA）	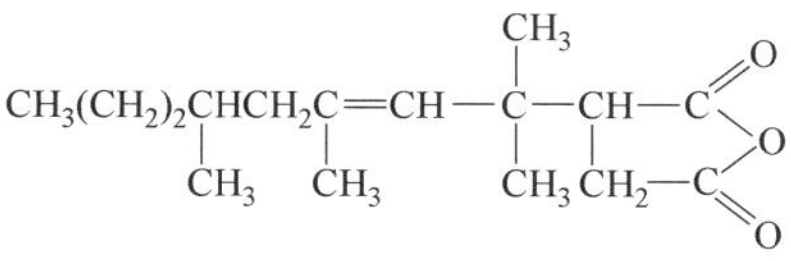 液体，黏度290mPa·s（25℃）	—	120~125	100℃，2h+150℃，2h 或85℃，2h+150℃，2h
	桐油酸酐（TOA）	桐油与顺丁烯二酸酐的加成物 液体，黏度5000~6000mPa·s（25℃）	—	150~200	150℃，4h 或180℃，2h
含卤素酸酐	1,4,5,6-四溴代苯二甲酸酐（TBPA）	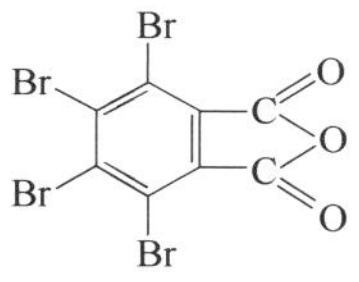 固体	273~280	140~150	120℃，2h+180℃，4h
	六氯内亚甲基四氢化苯二甲酸酐（即氯茵酸酐，HET）	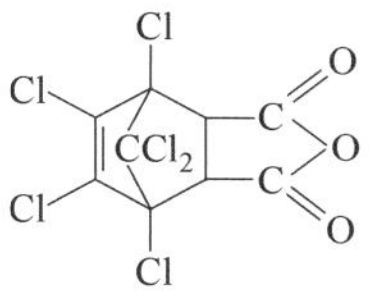 固体	239	100~120	160℃，6h
长链脂肪族类	聚壬二酸酐（PAPA）	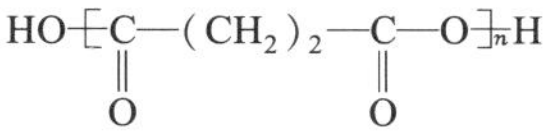 固体	57	70~90	100℃，1h+130℃，4h+150℃，1h

3.3.4　合成树脂类固化剂

许多合成树脂的低聚物，如酚醛树脂、苯胺甲醛树脂、聚酯树脂、聚氨酯树脂等，其分子结构中含有能够与环氧基反应的官能团，因此可作为环氧树脂的固化剂使用。由于所用树脂种类不同对环氧树脂固化物性能的影响也是不同的，这些树脂的低聚物还可看成是环氧树脂的改性剂。

3.3.4.1　酚醛树脂

酚醛树脂根据分子结构不同可分为热塑性酚醛树脂和热固性酚醛树脂，其分子结构中的羟甲基和酚羟基都可以与环氧树脂进行反应。从它们的分子结构可知，热固性酚醛树脂具有两种可反应的官能团，与环氧树脂反应能力较强；而热塑性树脂则需要在较高温度下或亲核性促进剂作用下，才能较快地进行固化反应。

（1）热塑性酚醛树脂

热塑性酚醛树脂与环氧树脂的固化反应为：

$$\sim\!\!\!\bigcirc\!\!-OH + CH_2\!\!-\!\!CH\!\!\sim \longrightarrow \sim\!\!\!\bigcirc\!\!-O\!\!-\!\!CH_2\!\!-\!\!CH\!\!\sim \tag{3-57}$$

$$\sim\!\!\!\bigcirc\!\!-O\!\!-\!\!CH_2\!\!-\!\!CH\!\!\sim + CH_2\!\!-\!\!CH\!\!\sim \longrightarrow \sim\!\!\!\bigcirc\!\!-O\!\!-\!\!CH_2\!\!-\!\!CH\!\!\sim \tag{3-58}$$

当不加催化剂时，在高温下以上两种反应都能进行，混合物在常温下的使用期可达数月，在150℃时经数小时才固化。若加入叔胺类催化剂，如加入1%~2%的苄基二甲胺，在150℃时经40min就可固化，固化时主要是酚羟基与环氧基进行反应：

$$\bigcirc\!\!-O^- + CH_2\!\!-\!\!CH\!\!-\!\!R \longrightarrow \bigcirc\!\!-O\!\!-\!\!CH_2\!\!-\!\!CHR \tag{3-59}$$

$$\bigcirc\!\!-O\!\!-\!\!CH_2\!\!-\!\!CHR + \bigcirc\!\!-OH \longrightarrow \bigcirc\!\!-O\!\!-\!\!CH_2\!\!-\!\!CHR + \bigcirc\!\!-O^- \tag{3-60}$$

只有当酚羟基反应完后，醇性羟基才能和环氧基反应。常用的叔胺催化剂除苄基二甲胺以外，还有邻羟基苄基二甲胺、2,4,6-三（二甲氨基甲基）苯酚等。

（2）热固性酚醛树脂

在固化过程中，热固性酚醛树脂中的酚羟基和羟甲基都能与环氧基团发生反应，除此之外，热固性酚醛树脂分子彼此间也能进行交联反应。

需要特别指出的是，对于氨催化的热固性酚醛树脂，其分子结构中包含三羟苄基胺等含氮化合物，三羟苄基胺是一种叔胺，它对于酚醛树脂与环氧树脂之间的反应有效地起着催化剂的作用。在这种情况下，固化反应主要为酚羟基与环氧基的反应，只有待酚羟基反应完之后，醇性羟基才能和剩余的环氧基进行反应。

3.3.4.2 聚硫醇化合物

聚硫醇化合物中含有巯基，硫原子上的活泼氢在亲核性试剂作用下，能在0~20℃的条件下快速与环氧树脂进行固化反应，因此聚硫醇化合物又被称作低温快速固化剂。例如，在叔胺存在下，聚硫醇化合物与环氧树脂的固化反应在25℃下速度很快，在开始反应的1~2h内环氧基团很快消耗完毕。

聚硫醇化合物具有类似多元胺的性质，可以在室温下与环氧树脂进行固化反应。但聚硫醇化合物的交联密度低、性能也稍差，一般只用于快速固化的场合。

3.3.4.3 苯胺甲醛树脂

苯胺甲醛树脂是一种芳香族的多元胺，因此对于环氧树脂来说也是一种有效的固化剂。其分子结构如下：

$$-NH\!\!-\!\!\bigcirc\!\!-CH_2\!\!-NH\!\!-\!\!\bigcirc\!\!-CH_2\!\!-NH\!\!-\!\!\bigcirc\!\!-CH_2\!\!-$$

在制造苯胺甲醛树脂时，甲醛对苯胺的摩尔比在0.5~1.0，甲醛量越多，树脂的相对分子质量也越大，熔点也越高。

低熔点的苯胺甲醛树脂用作液态环氧树脂固化剂时，与环氧树脂的混合物在室温下的使用期能延长至 6~7h，在 100℃ 时的使用期为 30min，固化条件为 120℃/16h，参考用量为 35 份，所得固化物的耐溶剂性、耐药品性类似于芳香二胺的体系，高温下介电性能良好，在 200℃ 下经 1000h 也几乎无变化。

3.3.4.4　聚氨酯预聚体

聚氨酯预聚体中的异氰酸酯基团可以和环氧树脂中的固有羟基或开环反应生成的羟基发生反应：

$$\sim\sim R—NCO +\sim\sim\underset{OH}{\overset{|}{CH}}\sim\sim \longrightarrow \sim\sim R—NH—\overset{\overset{O}{\|}}{C}—O—\underset{|}{\overset{|}{CH}}\sim\sim \qquad (3-61)$$

同时也能够与环氧基团发生反应：

$$\sim\sim RNCO + H_2C\overset{\diagup\diagdown}{\underset{O}{\diagdown\diagup}}CH—CH_2\sim\sim \longrightarrow \sim\sim RN\overset{\overset{O}{\overset{\|}{C}}}{\diagup\diagdown}_{O}\underset{H_2C—CH—CH_2\sim\sim}{} \qquad (3-62)$$

此外，聚氨酯中的氨基也可和环氧基团发生反应，因此可用作环氧树脂的固化剂。因为聚氨酯中的醚键被引进到树脂的交联网络结构中，所以固化物的韧性较好，防潮防水性能也好，常用作电气绝缘件的灌注胶。

3.3.4.5　聚酯树脂

对于多元酸（或酸酐）和多元醇反应制得的聚酯树脂，当酸（或酸酐）过量时，生成含有羧基的聚酯，一般称为酸性聚酯。用它可以固化环氧树脂，其原理和酸酐固化过程中的羧基与环氧基团的反应基本相同。酸性聚酯通常在无溶剂绝缘浸渍漆和环氧聚酯粉末涂料中大量使用。

3.4　环氧树脂用辅助材料

3.4.1　稀　释　剂

稀释剂主要用来降低环氧树脂的黏度，其目的是改进工艺性能，如在浇注时使树脂有较好的渗透力，或在用于粘接和层压时使树脂有较好的浸渍能力。此外，选择适当的稀释剂有利于控制环氧树脂固化时的反应热，延长树脂与固化剂混合物的可使用期，并且还可以增加树脂混合物中填料的用量。稀释剂分为非活性稀释剂与活性稀释剂。

3.4.1.1　非活性稀释剂

非活性稀释剂不能与环氧树脂及固化剂进行反应，单纯是物理混合，仅起到降低树脂黏度的目的。非活性稀释剂的加入量一般为树脂质量的 5%~20%。当用量少时，对固化物的性能影响很小，但耐化学性，特别是耐溶剂性要降低；当用量多时，则会使固化物的性能变坏。由于在固化时会有一部分非活性稀释剂挥发逸出，收缩率增大，粘接力降低，严重时甚至会产生气泡。

非活性稀释剂多半为高沸点溶剂，如苯二甲酸二丁酯、苯二甲酸二辛酯、二甲苯、环己酮及磷酸三乙酯等。其中苯二甲酸酯类是比较重要的非活性稀释剂，除降低固化体系的黏度外，还能够起到改善固化物耐热冲击性能的作用。

3.4.1.2 活性稀释剂

活性稀释剂的分子结构中通常含有活性的环氧基团或者其他活性基团，在环氧树脂固化过程中能参加反应而成为固化物交联网络结构的一部分，因此可以对固化物的性能产生明显的影响。

含有环氧基团的活性稀释剂能与固化剂发生反应，因此在计算固化剂用量时必须将它考虑进去。单环氧化物的稀释效果比较好，脂肪族稀释剂比芳香族稀释剂稀释作用更强，但固化物的耐化学性、耐溶剂性显著下降；使用芳香族稀释剂时对固化物的耐酸、耐碱性影响不大，但耐溶剂性要下降。此外，由于单环氧化物的引入会使环氧树脂固化物的交联密度减小，故用量多时会使固化物的性能降低，如热变形温度下降，长链的稀释剂可使抗弯强度和冲击韧度有所提高；当用量不多时，对固化物的硬度几乎无影响，而线膨胀系数和介电性能则增加。

二官能度或三官能度环氧化物稀释剂实际上就是低黏度的环氧树脂，如反应适当就不会降低交联密度，因而其高温下的物理、力学性能及耐化学性较好。短链及环状结构的二官能度或三官能度环氧化物对固化物的热变形温度几乎无影响，甚至可提高固化物的热变形温度，而长链的则会使固化物的热变形温度降低。常用的环氧化物活性稀释剂如表 3-11 所示。

表 3-11　　　　　　　　　　环氧化物活性稀释剂

类别	名称	分子结构式	沸点/℃	黏度(20℃)/mPa·s
单环氧化物类	苯乙烯氧化物		191	1.99
	苯基缩水甘油醚		245	7.05
	乙烯基环己烯单环氧化物		169	—
	丙烯基缩水甘油醚		154	1.2
	对甲酚缩水甘油醚		—	—
多环氧化物类	二缩水甘油醚		103(2.9kPa)	4~6
	乙烯基环己烯二环氧化物		227	7.77

续表

类别	名称	分子结构式	沸点/℃	黏度（20℃）/mPa·s
多环氧化物类	3,4-环氧基-6-甲基环己烷甲基-3,4-环氧基-6-甲基环己烷甲酸酯	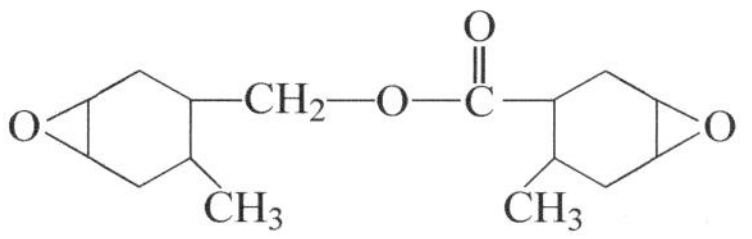	215（0.66kPa）	1810（25℃）
	邻苯二酚二缩水甘油醚	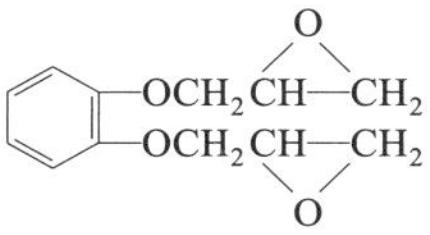	—	—
	2,6-二缩水甘油苯基缩水甘油醚	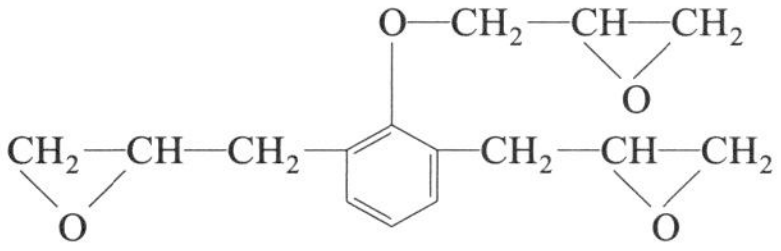	—	—

另外，亚磷酸三苯酯和 γ-丁内酯也可用作环氧树脂的活性稀释剂。亚磷酸三苯酯是低黏度无色液体，它能够和环氧树脂分子上的羟基反应，形成酯和苯酚，苯酚可以和环氧树脂的环氧基团反应或作为固化反应的催化剂：

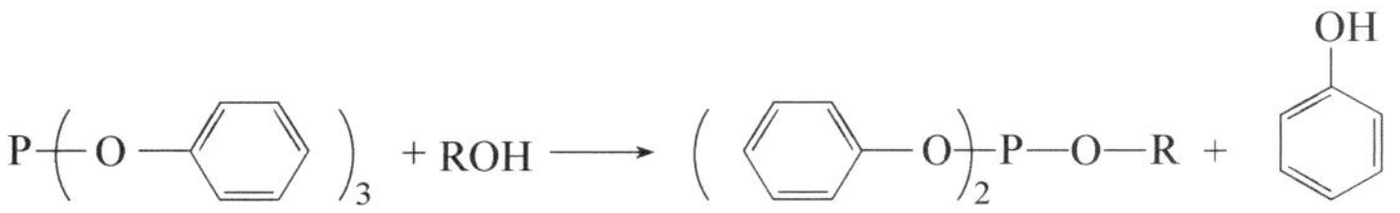

$$P\left(O\!\!-\!\!\bigcirc\right)_3 + ROH \longrightarrow \left(\bigcirc\!\!-\!\!O\right)_2 P\!\!-\!\!O\!\!-\!\!R + \bigcirc\!\!-\!\!OH \tag{3-63}$$

γ-丁内酯的稀释效果非常好，添加 10 份 γ-丁内酯，就可使液态双酚 A 型环氧树脂的黏度从 15Pa·s 降低到 2.0~2.5Pa·s。在环氧树脂-胺类固化剂体系中，γ-丁内酯可以和胺类固化剂反应形成羟基酰胺，然后通过形成的羟基和树脂反应进行交联：

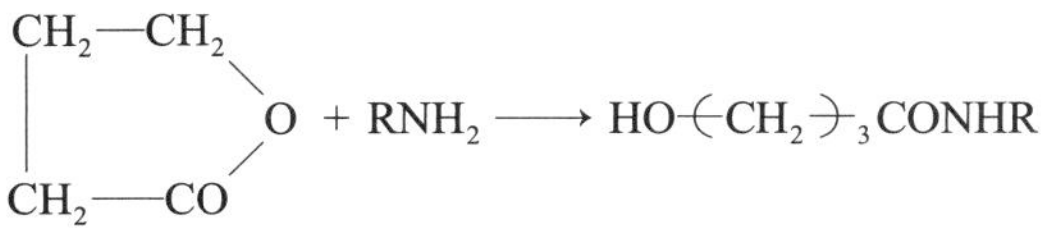

$$\begin{matrix} CH_2\!\!-\!\!CH_2 \\ | \qquad\quad O \\ CH_2\!\!-\!\!CO \end{matrix} + RNH_2 \longrightarrow HO\!\!-\!\!(CH_2)_3 CONHR \tag{3-64}$$

3.4.1.3 稀释剂的选择

在选择稀释剂时，对于性能要求高的一般不能使用非活性稀释剂，应选择活性稀释剂，要选择那些与主体树脂结构相近的稀释剂，以利于固化物的性能改善。同时，由于大多数单环氧基活性稀释剂有毒性，长期接触会引起皮肤过敏和溃烂，因此应尽量选用挥发性小、气味小、毒性小的稀释剂品种。

3.4.2 增 韧 剂

单纯的环氧树脂固化物性能较脆，冲击韧度及耐热冲击性能较差，为了改进这方面性能的不足，可加入适当的增韧剂。增韧剂能提高固化物的冲击韧度和耐热冲击性，提高粘接时的撕裂强度，改善漆膜的韧性，减少固化时的放热作用和收缩性。但是随着增韧剂的加入，也会对其力学性能、电性能、耐化学性、特别是耐溶剂和耐热性产生不良影响。

增韧剂有两种，一种是与环氧树脂相容性良好，但不参加反应的非反应性增韧剂，如苯二甲酸二丁酯、苯二甲酸二辛酯等酯类，其用量通常为树脂体系质量的 10%～20%；另一种是能与环氧树脂或固化剂反应的反应性增韧剂，其中含单官能基的有长链的单环氧化物、长链烷基酚等，含多官能基的有长链的二元胺、二聚酸或三聚酸、十三烯基代丁二酸酐（DDSA）、桐油酸酐（TOA）、多羟基化合物、由多羟基化合物或脂肪酸制得的增韧性环氧树脂，以及末端为羟基或羧基的聚酯树脂、聚酰胺树脂、聚硫橡胶以及聚氨酯等。

3.4.3 填　料

根据制品性能要求，在环氧树脂复合体系中加入适当的填料，可使固化物的一些性能得到改善。填料的种类很多，有无机物、有机物、非金属与金属等。需要注意填料与增强材料在概念上是有区别的，二者的作用不同，增强材料主要是用来提高固化物的机械强度，而使用填料的目的如下：

① 降低成本。大量使用填料可以相应地减少树脂的用量，有利于降低成本。例如碳酸钙、黏土、滑石粉及石英粉等。

② 增加导热性。某些固化剂反应热较高，加入传热性较好的填料，有利于反应热的散出，延长了使用期。另外也增加了固化物的导热性，如氧化铝、二氧化硅等，以及铝、铜、铁等金属粉。

③ 降低固化物的收缩性和热膨胀系数。由于填料在固化物中占有容量，又因加入填料后可防止过度发热，故增加填料的用量会使固化时的收缩性减少。无机填料的热膨胀系数比树脂低，加入填料可降低树脂固化物的热膨胀系数。

④ 改善固化物的耐热性。因为填料大多为无机物，故能使耐热性提高。耐燃性也能提高，但应注意在多数情况下，粉状填料的加入会使固化物的热变形温度有所降低。但当用酸酐作固化剂，石英粉、氢氧化铝作填料时，固化物的热变形温度会有些提高。

⑤ 提高固化物的耐水性、耐溶剂性，改善耐化学性和耐老化性。通常使用石英粉、硅酸锆作填料时，固化物的吸水性最小；而用氢氧化铝作填料时，固化物的吸水性较高。

⑥ 改善固化物的耐磨性。石墨、二氧化钛、二硫化钼等填料的加入，可增加固化物的耐磨性。

⑦ 提高电性能，改善耐电弧性。加入云母、石棉、石英粉等绝缘性能好的填料，可提高固化物的绝缘性能，特别是耐电弧性。而使用金属粉和石墨粉作填料，固化物的导电性提高。

选用填料时，必须根据对环氧树脂固化物的具体性能要求来考虑。此外，从化学上看，填料必须是中性或弱碱性的，不含结晶水，对环氧树脂及固化剂呈现惰性，对液体和气体无吸附性或吸附性很小。从操作上看，填料的颗粒在 $0.1\mu m$ 以上，与树脂的亲和性好，在树脂中沉降性要小，同时希望填料的加入对树脂黏度的增大无急剧影响。

填料的用量一般根据 3 个方面来确定：

① 控制树脂的黏度到一定程度。用量太多会使树脂黏度增加，不利于工艺操作。

② 保证填料的每个颗粒都能被树脂润湿，因此填料用量不宜过多。

③ 保证制品符合各种性能的要求。通常如石棉粉等轻质填料的体积大，用量一般在25%以下，随着填料密度的增加，用量也可相应地增加，如氧化铝、滑石粉用量一般为50%～60%或更多些，用石英粉作填料时其用量可达 200%。

3.5　环氧树脂的应用

环氧树脂具有优异的热稳定性、防腐性、黏结性和成型性等性能，常被制成涂料、黏合剂、复合材料及电子电器产品，其应用领域十分广泛，是航空航天、交通运输、电气电子、土木建筑等领域中不可缺少的重要基础材料。

3.5.1　涂　料

涂料是环氧树脂应用最广泛的领域，涂料生产所消耗的环氧树脂大概能占到其产量的40%。环氧树脂涂料具有优异的力学性能，对不同表面具有较好的漆膜附着力，且耐腐蚀性、耐溶剂、耐化学性较好。近年来，环氧树脂涂料的应用主要集中在防腐涂装、汽车车身涂装、家用电器涂装、容器食品罐内外涂装、功能性涂装等领域。

环氧树脂涂料包含溶剂型涂料、无溶剂涂料、水性涂料以及粉末状涂料等多种类型，其中，传统的溶剂型涂料中由于含有大量有机溶剂，对人体健康和生态环境危害极大。全球许多国家现在都颁布了诸多法律法规以限制溶剂型涂料的生产和使用，从而极大地促进了含低挥发性有机化合物（VOC）或无 VOC 的环境友好型涂料的发展。

环境友好型涂料通常是指水性涂料、无溶剂涂料、高固含量涂料等。水性环氧树脂是指环氧树脂以微粒或液滴的形式分散在以水为连续相的分散介质中而配制的稳定分散体系，其研究始于 20 世纪 70 年代。第一代水性环氧树脂是使用乳化剂直接进行乳化制备，第二代水性环氧树脂采用了低相对分子质量的油溶性环氧树脂进行水性固化制备，第三代水性环氧树脂是将非离子型表面活性剂接枝在环氧树脂和固化剂分子上从而形成稳定的乳化体系。目前，用水性环氧树脂制成的涂料已经可以达到或超过溶剂型产品的性能，并以其突出的工艺操作性和环保优势在市场中占据着越来越重要的地位。

无溶剂环氧树脂涂料由环氧树脂、固化剂和活性稀释剂组成，是一种不含挥发性有机溶剂、固体含量极高的液态高性能环保涂料。由于不含挥发性溶剂，不仅减少了操作过程中对环境和人员的损害，而且施工、储存、运输等也更加安全。无溶剂涂料的固含量很高，因此达到规定膜厚所需的涂装次数减少，施工效率高，且涂层内无溶剂滞留和细孔，附着力、硬度、耐磨性和耐腐蚀性等性能优异；但无溶剂也会导致出现涂料对基层的润湿性能不足等问题。

高固含量环氧树脂涂料的有机溶剂含量少，故一次喷涂的干膜厚度较大，涂料消耗量和涂装工作量相对减少，节省成本的同时又减少了环境污染。制备高固含量涂料时，通常选用较低相对分子质量的环氧树脂以降低黏度，使其在涂装时对基体具有良好的润湿性和流平性，避免操作时涂料黏度过高带来的升温或添加稀释剂的额外要求，但这会延长涂料的表面干燥时间。

3.5.2　胶　黏　剂

环氧树脂分子结构中含有活性很大的环氧基团和其他多种极性基团，因而与多种金属材料如钢、铁、铜、铝等，以及非金属材料如木材、玻璃、水泥、塑料等，尤其是表面活性高的材料之间具有很强的粘接力，享有"万能胶"的美誉。

环氧胶黏剂是结构胶黏剂的一类重要品种，从尖端技术领域到日常生活都有广泛应用。环氧树脂胶黏剂的优点主要表现为：适应性强、应用范围广，不含挥发性溶剂，低压黏结，固化收缩小，固化物抗疲劳性好、蠕变小，耐腐蚀、耐化学药品、耐湿以及电气绝缘性能优良。然而，环氧胶黏剂对结晶性或极性小的聚合物黏结力差，另外一个不足是耐开裂性、耐剥离、耐冲击性和韧性不良。解决的办法通常是采用改性或复合型的环氧树脂胶黏剂品种。

环氧胶黏剂按照组分的包装形式可分为双组分型胶黏剂和单组分型胶黏剂。双组分胶黏剂是将树脂和固化剂分别单独包装，使用时按规定的比例将两组分均匀混合即可，但需注意配好的胶黏剂的适用期，这是由于树脂和固化剂在混合的同时反应即开始，随着时间的延长，胶黏剂的黏度增大，然后达到不能使用的程度。

从生产和使用角度看，双组分胶黏剂有不少缺点，一是增加了包装的麻烦，二是双组分混合比例的准确性和混合的均一性将影响粘接强度，三是树脂和固化剂混合后的使用寿命较短。胶黏剂中固化剂种类不同，其使用期不同，如脂肪胺类为数十分钟，叔胺或芳香胺类为几小时，酸酐类为一天至数天，不能长期存放。因此配制单组分胶黏剂可以使粘接工艺简化，尤其适用于自动化操作。

将固化剂和环氧树脂预先进行混合配制成单组分胶黏剂，主要是依靠固化剂的化学结构或者是采用某种技术手段把固化剂环氧树脂的外环活化暂时冻结起来，使用时在热、光、机械力或化学作用（如遇水分解）下，使固化剂活性激发出来，迅速固化环氧树脂。目前，单组分环氧胶黏剂的制备大多采用潜伏性固化剂或自固化型环氧树脂。

3.5.3　电子电器材料

由于具有绝缘性能高、结构强度大和密封性能好等优点，环氧树脂被广泛应用于高低压电器、电机和电子元器件的绝缘及封装，例如电子元件和线路器件的灌封绝缘，环氧覆铜板；整流器、变压器的密封灌注，机电产品的绝缘处理与粘接，蓄电池的密封粘接等。

液态环氧树脂体系非常适合于以浇注成型的方式对电子元器件等进行密闭封装，在防止短路的同时起到防尘、防霉、防潮、耐腐蚀、耐热、抗寒、耐冲击震动的作用，被浇注的器件装置可在潮湿的海岸地带或各种特殊环境中使用，同时也延长了使用寿命。

随着电子材料的不断发展，人们对环氧树脂综合性能的要求也越来越高，如用于电子封装和印刷线路板的环氧树脂，除了要求具有一定的耐热性、粘接性等，还应具有良好的低热膨胀系数、阻燃性、力学性能、低吸湿性等。近年来对用于包封的环氧树脂材料又提出了高纯度化的要求。

3.5.4　复合材料

环氧树脂具有粘接强度高、固化收缩率小、工艺成型性好、力学性能好、耐热性高、化学稳定性好等优点，是目前制备复合材料的一种常用热固性树脂基体。

环氧复合材料按用途可分为结构复合材料、功能复合材料和结构功能复合材料。其中，碳纤维增强的环氧树脂复合材料具有很高的比模量和比强度，可采用多种成型方法制备，工艺性能优良，已成为航空航天等高科技领域的重要结构材料。将碳纤维复合材料应用在航天器上可以大幅降低结构重量，航天飞行器的重量每减少 1kg 就可使运载火箭减轻

500kg，显著提高燃料效率。

碳纤维复合材料在航空飞行器上最早是用作非承力结构。20世纪70~80年代，随着力学性能的改善和应用经验的积累，其应用逐步扩展到飞机的垂尾、平尾、鸭翼等次承力结构。从20世纪80年代至今，随着高性能碳纤维和热压罐整体成型工艺的成熟，碳纤维复合材料逐步应用到机翼、机身等受力大、尺寸大的主承力结构中。如F-22战机的复合材料用量已经提高到结构重量的22%；空客A380重达8.8t的中央翼盒，碳纤维复合材料就用了5.5t，比金属材料减重达1.5t，其燃料经济性相当可观；波音公司的B787飞机，碳纤维复合材料广泛应用在机翼、机身、垂尾、平尾、机身地板梁、后承压框等部位，复合材料所占质量比例提高到50%。

复习思考题

1. 根据分子结构以及环氧基结合方式的不同，环氧树脂可大体上分为哪几类？并写出每一类环氧树脂的代表性分子结构式。

2. 在双酚A型环氧树脂的合成过程中，加入的氢氧化钠起什么作用？试写出双酚A型环氧树脂的分子结构式。

3. 缩水甘油酯型环氧树脂和双酚A型环氧树脂相比，具有哪些特点？同时说明缩水甘油胺型环氧树脂的特点。

4. 环氧树脂固化剂有哪几种分类方法？催化剂型固化剂和交联剂型固化剂的作用机理有何不同？

5. 在缩水甘油醚型环氧树脂的固化过程中，分别采用芳香胺或脂肪胺进行固化，试问二者的固化速率如何？如果二者分别用于脂环族环氧树脂的固化，结果又如何？并解释其中原因。

6. 环氧当量为196.08g/mol的双酚A型环氧树脂，用二亚乙基三胺作固化剂，试计算100g树脂固化时所需胺固化剂的量。

7. 环氧值为0.42mol/100g的双酚A型环氧树脂，采用均苯四甲酸二酐作固化剂，试计算100g环氧树脂固化时所需固化剂的用量。若分别使用叔胺或硼胺配合物作为促进剂，均苯四甲酸二酐的用量又是多少？

8. 在使用酸酐对环氧树脂进行固化时，采用金属羧酸盐作为促进剂，在固化反应的前期和后期金属羧酸盐的催化机制是否一致？并解释其相应机理。

9. 环氧树脂与酸酐进行交联固化反应时，分别加入叔胺或硼胺络合物促进剂，说明这两种促进剂的加入对固化物的分子结构有何影响。

10. 在环氧树脂中有时需要加入稀释剂，其作用是什么？活性稀释剂和非活性稀释剂有何不同？

11. 实际生产中，在环氧树脂复合物中通常需要加入适当的填料，填料的作用是什么？如何控制其添加量？

第四章 酚醛树脂

4.1 概 述

酚醛树脂（Phenolic Resin）一般是指由苯酚等一系列酚类化合物和甲醛等醛类化合物为原料，在酸或碱催化剂存在下制备的树脂。酚醛树脂是工业上应用最早，至今仍大量应用的热固性高分子合成树脂。

酚醛树脂的发现最早可追溯到 1872 年，德国化学家拜耳（Baeyer）首先发现苯酚和甲醛在酸的作用下可以缩合得到无定形的棕红色的树脂状产物，但当时并未对这种树脂状产物展开研究。不久以后，化学家克莱堡（Kleeberg）和史密斯（Smith）分别在 1891 年、1899 年对苯酚和甲醛的缩合反应进行了再次研究，他们发现，在浓盐酸和五倍子酸的作用下，甲醛与多元酚反应可得到片状或块状的硬化物，但所生成的树脂容易收缩变形，难以达到实用要求。

进入 20 世纪后，由于天然材料已经远远不能满足当时工业发展的需求，苯酚和甲醛的缩合反应也就越来越引起化学家们的兴趣，他们期待从中能够得到新的材料。1902 年，布卢默（Blumer）将苯酚和甲醛在少量氨水作用下经缩聚反应得到第一个主要用于涂料的商业化酚醛树脂，称为"清漆树脂"，但由于所制备的树脂性脆易碎，且在固化过程中放出水分等小分子使得制件易产生气孔，并存在龟裂等问题，因而并没有形成工业化生产规模。

至此，酚醛树脂作为材料使用依然未取得突破性进展。直到 1905~1907 年，美国科学家巴克兰（Backeland）针对当时酚醛树脂表现出来的不足，提出了两个改进方法：一是通过加入木粉或其他填料用来克服树脂的脆性；二是采用热压法，在密闭模具中加压减少气体和水的放出，所施加的压力需要大于水的蒸气压，以防止树脂的多孔性，而较高温度的模压则有助于缩短生产周期。1907 年，巴克兰申请了关于酚醛树脂的"加热、加压"的固化专利。1910 年 10 月，Bakelite 公司成立，该公司先后申请了 400 多项专利技术，解决了酚醛树脂加工成型的关键问题，预见到酚醛树脂除作烧蚀材料之外的很多重要应用。

20 世纪 40 年代以后，酚醛树脂的合成方法与改性方法都进一步成熟，并趋于多元化，出现了许多改性酚醛树脂，综合性能不断提高。用酚醛树脂制得的复合材料耐热性高，耐烧蚀性能好，并具有吸水性差、电绝缘性能好、耐腐蚀、尺寸精确和稳定等特点，已广泛地在航空航天、电气工业等诸多领域中用作结构材料、电绝缘材料和耐烧蚀材料。

酚醛树脂由于原料易得，合成方便，且固化树脂的性能能够满足多种使用要求，备受人们的关注并得到了广泛的应用。虽然在酚醛树脂之后又出现了许多新颖的合成树脂，但是在世界范围内热固性树脂的生产中，酚醛树脂的产量仍然占据三大热固性树脂的首位。

4.2 酚醛树脂的合成

在酚醛树脂的合成中，常用的酚类有苯酚、甲酚、二甲酚以及间苯二酚等，常用的醛类主要是甲醛，但在某些情况下也使用乙醛、糠醛、丙烯醛等，对于碳链较长的甲醛同系物，则较难与酚类合成热固性树脂。为了能合成体型结构的聚合物，酚类和醛类两种单体的平均官能度应大于2。

通过控制不同的合成反应条件，可以得到两类不同的酚醛树脂，即热固性酚醛树脂和热塑性酚醛树脂。热固性酚醛树脂是指分子中含有可进一步反应的羟甲基活性基团的树脂，如果对合成反应不加控制，则会使体型缩聚反应一直进行至形成不溶不熔的具有三维网络结构的固化树脂，这类树脂又被称为一阶树脂；热塑性酚醛树脂为线型树脂，进一步反应不会形成三维网状结构，需要加入固化剂后才能发生固化，因此这类树脂也称作二阶树脂。这两类树脂的合成与固化机理并不相同，聚合物的分子结构也不同。

4.2.1 热塑性酚醛树脂的合成

热塑性酚醛树脂通常是在酸性催化剂作用下，苯酚相对甲醛过量时制得的。生成树脂的缩聚反应包括加成反应和缩合反应两种。

4.2.1.1 强酸催化下的反应历程

加成反应是苯酚与甲醛作用生成羟甲基酚，该反应对甲醛而言是加成反应，但对苯酚来说则是亲电取代反应。甲醛为具有特殊刺激气味的气体，工业上使用的是甲醛水溶液（又称福尔马林）。具体反应如下：

$$HCHO + H_2O \Longleftrightarrow HOCH_2OH \tag{4-1}$$

$$HOCH_2OH + H^+ \Longleftrightarrow {}^+CH_2OH + H_2O \tag{4-2}$$

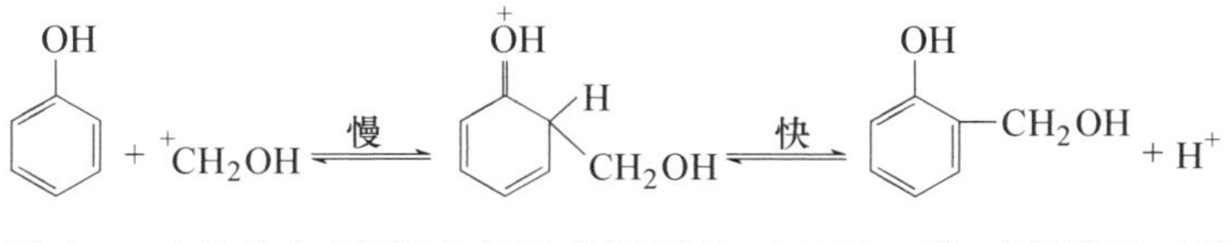

$$\tag{4-3}$$

即在酸性介质中，H^+ 首先与甲醛反应形成羟甲基正离子，从而增强了对苯酚的进攻能力。缩合反应按下式进行：

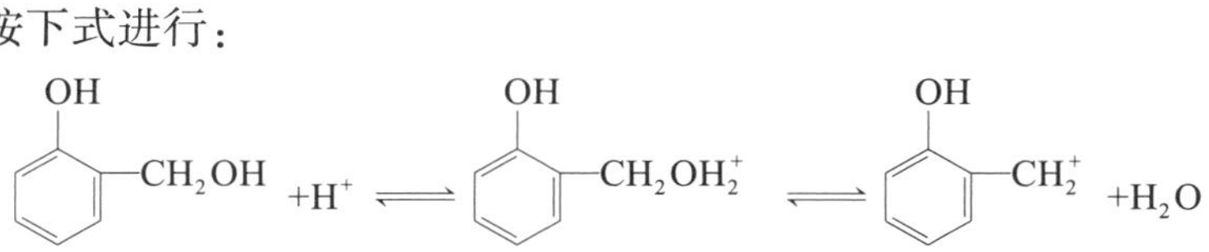

$$\tag{4-4}$$

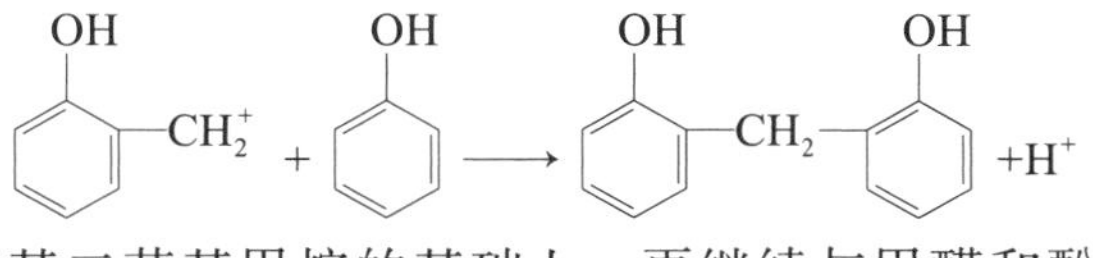

$$\tag{4-5}$$

在以上生成物二羟基二苯基甲烷的基础上，再继续与甲醛和酚核进行加成和缩合反应，生成线型或分支结构的热塑性树脂。

动力学数据表明，缩合反应和加成反应相似，当 pH<4.5 时，反应速率与 H^+ 的浓度成正比。研究发现，在酸性介质中，缩合反应较取代反应的速度快5倍以上，因此在反应

体系中，并不是所有的苯酚与甲醛先进行加成反应生成了羟甲基酚以后再进行缩合反应，而是苯酚通过加成反应形成羟甲基酚之后，马上以更快的速度进行缩合反应，所以在热塑性酚醛树脂的分子结构中，游离的羟甲基实际上是不存在的。

由于缩合反应是放热反应，约为 628kJ/mol，该反应又进行得很快，所以在制造热塑性酚醛树脂时，需要特别注意的是在反应前期要放出大量的热，从而使反应激烈进行，在生产中须严加控制。

生成的热塑性酚醛树脂是由亚甲基键结合的多酚核化合物，酚核数目一般为 2～10个，平均相对分子质量为 600～700，由于分子结构中基本无游离的羟甲基，不会因加热反应而形成交联结构，表现出热塑性树脂的特性。

热塑性酚醛树脂的分子结构与合成条件有关。在强酸性条件下，由于酚羟基的质子化，会对向邻位进攻的羟甲基正离子产生斥力，因此，热塑性酚醛树脂中的酚环主要是通过对位相连接。理想化的树脂分子结构如下：

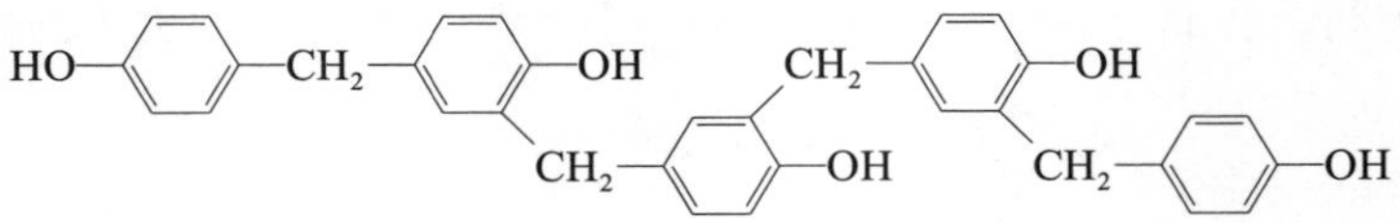

4.2.1.2 高邻位热塑性酚醛树脂的合成

前已述及，在强酸性介质条件下合成的热塑性酚醛树脂，其分子结构中的酚环主要是通过对位连接起来，少量的通过邻位连接。当用二价金属的氧化物、氢氧化物或可溶性盐类作催化剂，反应物的 pH 为 4～7 时，可得到酚环主要通过邻位连接起来的高邻位热塑性酚醛树脂，其分子结构式如下：

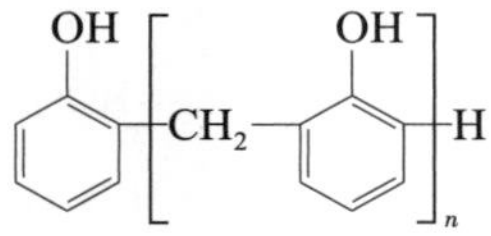

Fraser 等认为相应的反应机理如下：

$$M^{2+} + CH_2 \rightleftharpoons [MOCH_2OH]^+ + H^+ \tag{4-6}$$

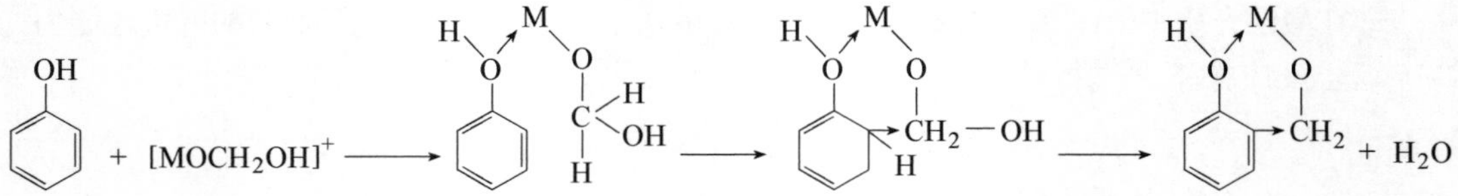

$$\tag{4-7}$$

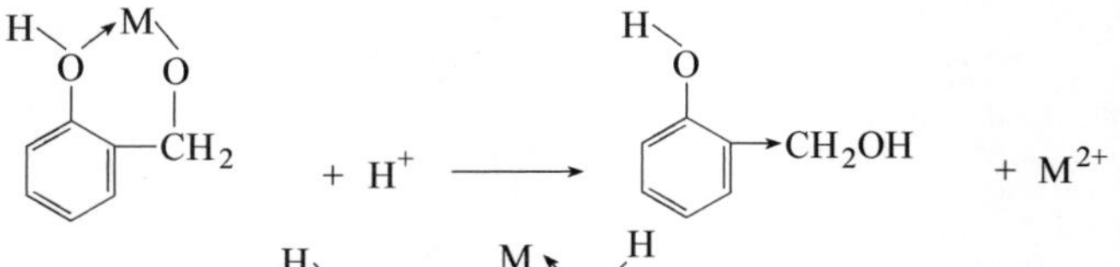

$$\tag{4-8}$$

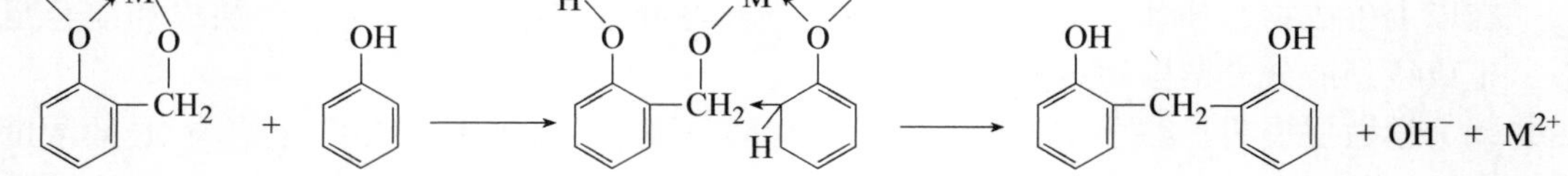

$$\tag{4-9}$$

在二价金属碱盐作催化剂的二价金属离子中，最有效的是锰、镉、锌和钴，其次为镁和铅。过渡金属，例如铜、锰、铬、镍和钴的氢氧化物也很有效，其中锰和钴的氢氧化物是生成 2,2'-二羟甲酚最有效的催化剂。

高邻位热塑性酚醛树脂的最大优点是固化速度比一般的热塑性酚醛树脂快 2~3 倍，例如，二羟基二苯基甲烷的 3 种异构物分别和 15% 的乌洛托品固化剂混合，在 160℃ 时测定各自的凝胶时间，其中 2,2'-异构体凝胶时间为 60s，2,4'-异构体凝胶时间为 240s，4,4'-异构体凝胶时间为 175s。这种快速固化的性质非常有利于热固性树脂的注射成型。同时，用高邻位酚醛树脂制得的模压制品的热刚性也较好。

4.2.2 热固性酚醛树脂的合成

热固性酚醛树脂的缩聚反应一般是在碱性催化剂作用下，甲醛相对苯酚过量时进行的（必须是平均官能度大于 2 的酚类才能和甲醛作用生成热固性树脂）。常用催化剂为氢氧化钠、氨水、氢氧化钡等，甲醛和苯酚的摩尔比一般控制在 1.1~1.5。

4.2.2.1 强碱催化下的合成反应

首先是酚与甲醛通过加成反应生成各种羟甲基酚：

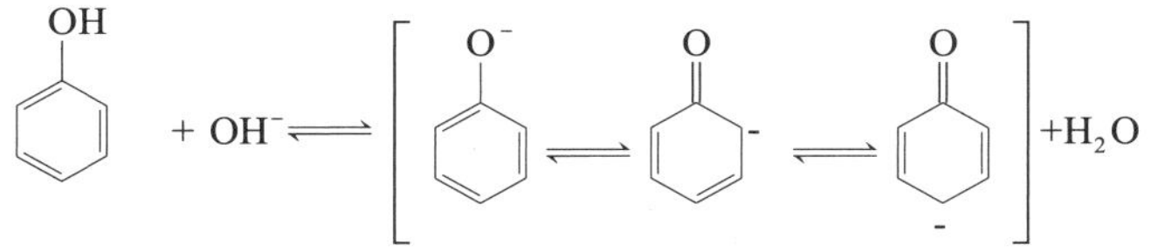

$$(4-10)$$

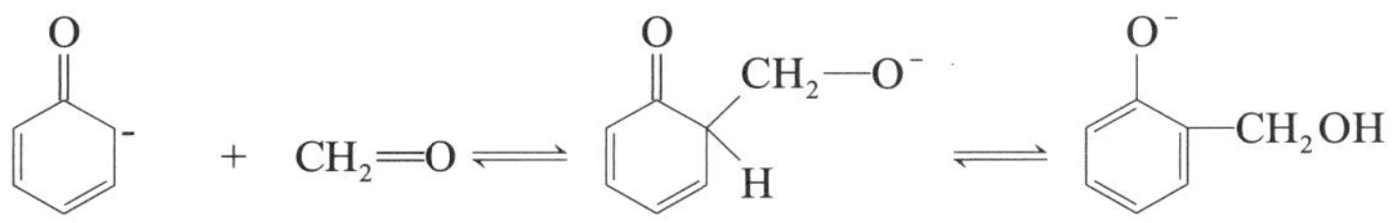

$$(4-11)$$

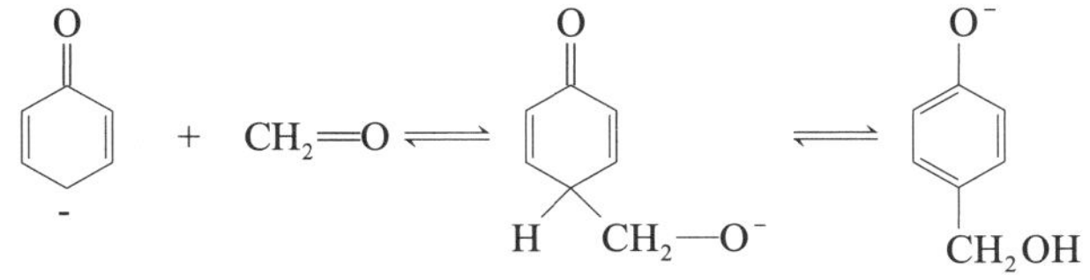

$$(4-12)$$

生成的羟甲基在碱性介质中比较稳定，因此可以继续与甲醛反应，生成不同的二羟甲基酚和三羟甲基酚：

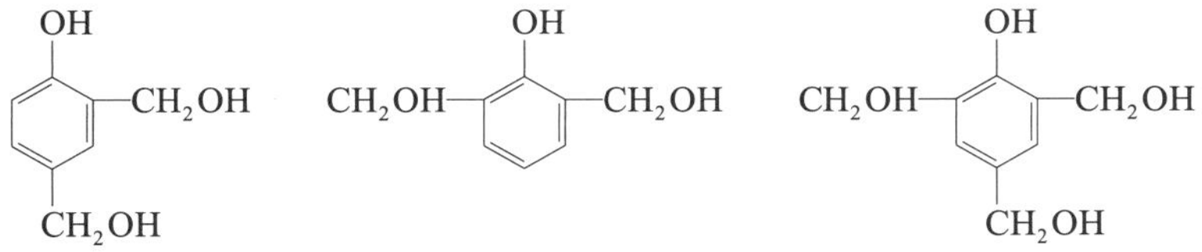

Hultzsch 曾用氢键理论对羟甲基的稳定性进行解释，认为不同的羟甲基酚以不同形式的氢键存在，且分子内氢键相较分子间氢键强：

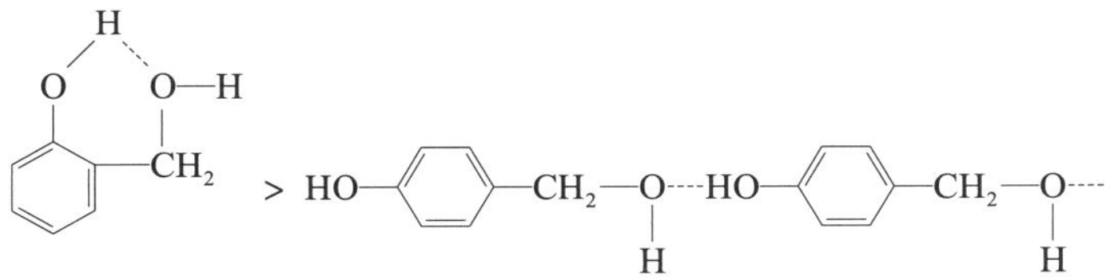

研究表明，温度越低，氢键越稳定；碱性越强，氢键越稳定，随着 H⁺ 浓度的增大，氢键趋于分开。

生成的羟甲基酚可进一步发生缩合反应，生成二酚核和多酚核的低聚物，其主要反应可能有以下两种：

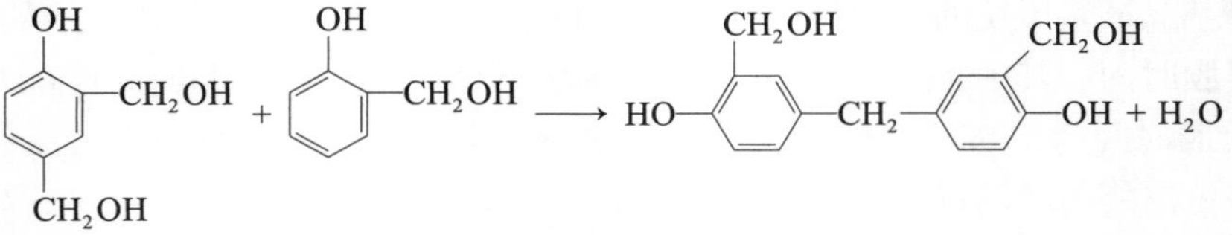

$$\tag{4-13}$$

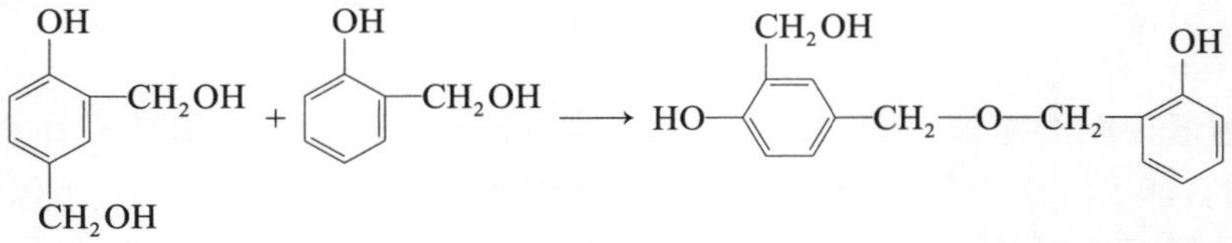

$$\tag{4-14}$$

虽然上述两种反应都有可能发生，但在加热和碱性催化条件下，醚键不稳定，会分解放出甲醛，生成亚甲基，所以缩聚体之间主要以亚甲基键连接。

酚环上的羟甲基位置及活性与发生的反应类型有关。在加成反应中，酚羟基的对位较邻位的活性稍大，若以酚的第一个邻位引入羟甲基的相对速率为 1，则对位的相对速率为 1.07；但由于酚环上有两个邻位，所以在实际反应中，邻羟甲基比对羟甲基的生成速率大得多。在缩合反应中，对羟甲基较邻羟甲基活泼，因此缩聚反应时对位的容易进行，使酚醛树脂分子中主要留下了邻位的羟甲基。

由上述反应形成的一元酚醇、多元酚醇或二聚体等在反应过程中不断进行缩合反应，使树脂相对分子质量不断增大，若反应不加控制，树脂就会形成凝胶。用冷却的方法可使反应在凝胶点前任何阶段处停止，再加热又可使反应继续进行，由此可合成得到适合各种不同用途的树脂，例如控制较低的反应程度，可制得平均相对分子质量很低的、在室温下可溶于水的水溶性酚醛树脂；也可进一步使缩聚反应进行至脱水成半固体的树脂，然后溶于醇类溶剂成为醇溶性酚醛树脂；再进一步反应至脱水后成为固体树脂。显然，上述各种树脂的分子中都含有可以进一步缩聚的羟甲基。因为加成反应速率较缩合反应的速率大得多，所以只要控制好反应条件，就可得到低相对分子质量的多元酚醇的缩聚物。

4.2.2.2 氨水催化下的合成反应

氨水是制备热固性酚醛树脂时另外一种常用的催化剂，氨催化酚醛树脂的生成反应较为复杂，其反应历程尚不十分清楚，在树脂的合成过程中会出现以下特征：

（1）生成的树脂几乎立即失去水溶性

氨水在作为催化剂时，除了起催化作用之外，本身还参加树脂的生成反应，形成羟苄基胺等含氮的生成物，由于二羟苄基胺和三羟苄基胺等不易溶于水，树脂会很快失去水溶性。关于羟苄基胺的生成，有人曾提出如下的反应过程：

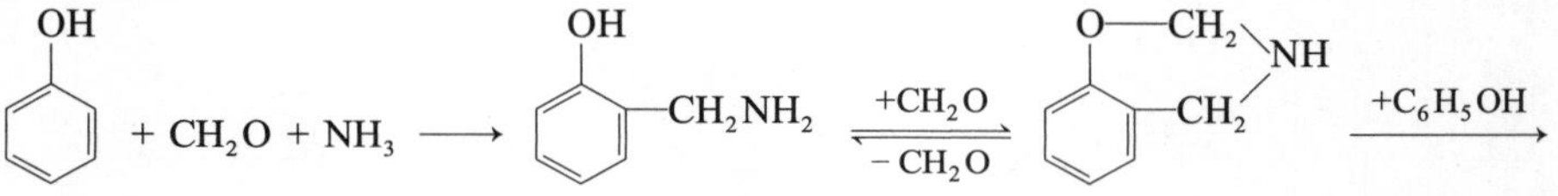

（一羟苄基胺）

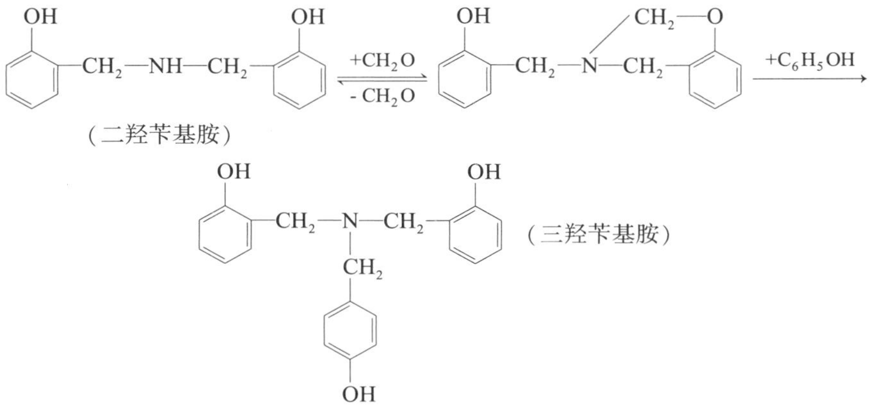

（二羟苄基胺） $\xrightarrow[-CH_2O]{+CH_2O}$ （三羟苄基胺） (4-15)

也有人认为，当氨水加入苯酚和福尔马林的混合物以后，首先是氨水与甲醛以很快的速率反应生成六亚甲基四胺，然后与苯酚作用生成各种羟苄基胺。

（2）树脂中也存在羟甲基结构

和一般碱性催化剂不同的是，用氨水作催化剂时，反应混合物开始并不呈碱性。当浓氨水的用量为苯酚的 5% 左右时，反应体系初期的 pH 为 5~7，其原因可能是与甲醛作用生成六亚甲基四胺而消耗了部分氨水；同时，福尔马林中含有的少量甲酸也会中和掉部分氨水；此外，苯酚也是弱酸性的。这样，在反应前期，在生成羟苄基胺的同时，有人认为苯酚的羟甲基化反应是按以下的方式进行的：

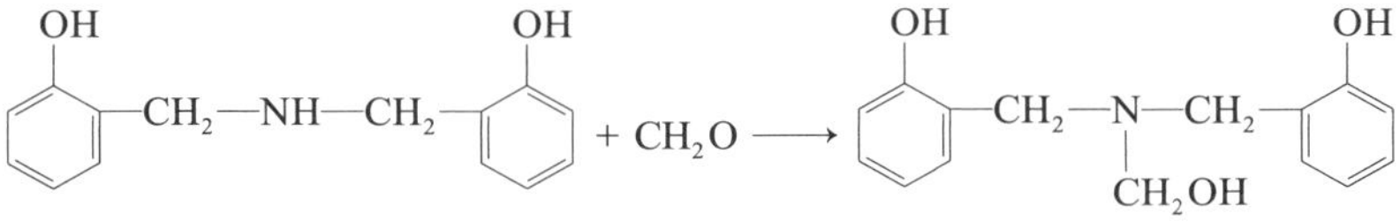

$$+ CH_2O \longrightarrow \qquad (4\text{-}16)$$

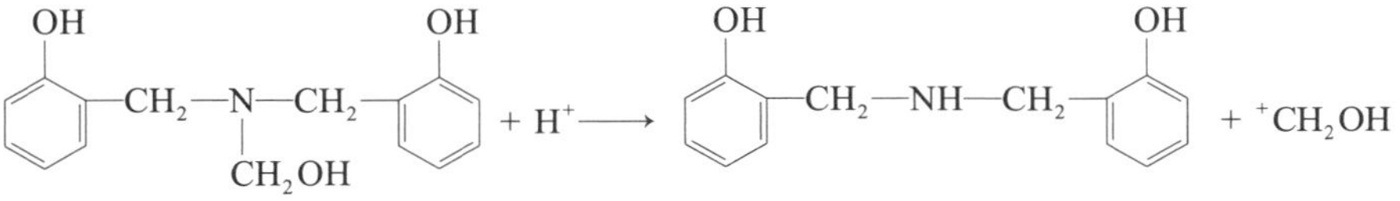

$$+ H^+ \longrightarrow \qquad + {}^+CH_2OH \quad (4\text{-}17)$$

$$+ {}^+CH_2OH \longrightarrow \qquad + H^+ \qquad (4\text{-}18)$$

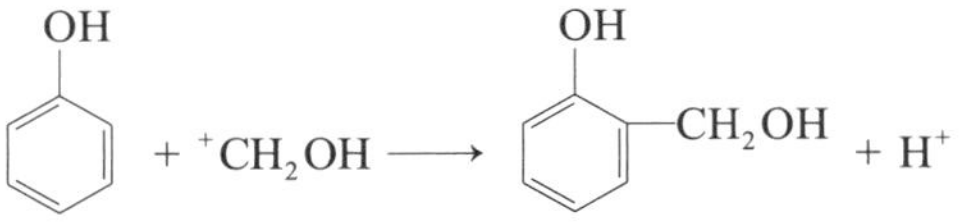

随着反应的进行，反应物的 pH 会逐渐增大，苯酚的羟甲基反应和一般碱性介质中的反应机理相同。

（3）氨催化的酚醛树脂可反应至较大相对分子质量而不会产生凝胶

氨催化的可溶性酚醛树脂与前述的低缩聚的热固性树脂比较，缩聚程度较大，分子量较高。其原因是氨与甲醛作用生成六亚甲基四胺，它与酚可形成一种加成物，此加成物又能分解成二甲氨基取代酚，由二甲氨基取代酚反应的产物的支化程度较酚醇更小，因此氨催化的酚醛树脂有较大相对分子质量而不会发生凝胶。

4.2.3 酚醛树脂合成反应的影响因素

4.2.3.1 单体官能度的影响
由于甲醛是二官能度的单体，因此，二官能度的酚类和甲醛反应只能生成线型结构的热塑性树脂；只有三官能度的酚类（如苯酚）或平均官能度大于 2 的酚类，才有可能与甲醛反应生成热固性树脂。

间甲酚和 3,5-二甲酚也具有三个官能度，而对甲酚和邻甲酚只有两个官能度，在一般情况下难以形成体型高聚物。

4.2.3.2 酚环上取代基的影响

有间位取代基的酚类会增加邻对位的取代活性，有邻位或对位取代基的酚类则会降低邻、对位的取代活性。因此，烷基取代位置不同的酚类的反应速率有很大的差异，如表 4-1 所示。

表 4-1　　　　　　　　酚类烷基取代位置与相对反应速率的关系

取代位置不同的酚	相对反应速率	取代位置不同的酚	相对反应速率
3,5-二甲酚	7.75	2,5-二甲酚	0.71
间甲酚	2.88	对甲酚	0.35
2,3,5-三甲酚	1.49	邻羟甲酚	0.34
苯酚	1.00	邻甲酚	0.26
3,4-二甲酚	0.83	2,6-二甲酚	0.16

从表 4-1 可知，3,5-二甲酚的相对反应速率最大，2,6-二甲酚的相对反应速率最小，二者相差近 50 倍。当酚环上部分邻对位的氢被烷基取代加成后，由于活性点减少，通常只能得到低分子或热塑性树脂；而间位取代加成后，虽可提高树脂固化速度，但树脂的最后固化速度却会因受空间位阻效应的影响而比未取代的树脂还低。

4.2.3.3 单体物质的量之比的影响

当用碱作催化剂时，会因甲醛量超过苯酚量而使初期的加成反应有利于酚醇的生成，最后可得热固性树脂。在工业上，醛与酚的常用摩尔比为 1.1~1.5。如果使用酚的量比醛多，则会因为醛量不足而使酚分子上的活性点没有被完全利用，反应开始时所生成的羟甲基就与过量的苯酚反应，最后只能得到热塑性的树脂。

用酸作催化剂时，工业上制造这种热塑性酚醛树脂的醛与酚的摩尔比为（0.80~0.85）∶1。表 4-2 列出甲醛与苯酚比例对热塑性树脂性能的影响。可见，适当增大甲醛的用量，会使树脂的软化点、黏度、凝胶速率均提高，而游离酚含量降低。

表 4-2　　　　　　　　甲醛与苯酚比例对热塑性酚醛树脂性能的影响

甲醛/苯酚（摩尔比）	树脂产率（以苯酚计）/%	软化点/℃	凝胶时间[*]/s	50%乙醇溶液的黏度/Pa·s	游离酚含量/%
0.75∶1	109	97.5	160	83	8.7
0.81∶1	110	103	80	130	5.9
0.88∶1	112	112	65	370	4.7
0.91∶1	凝胶	—	—	—	—

[*] 加入 10%乌洛托品混合后，150℃ 的凝胶时间。

4.2.3.4 催化剂性质的影响

在酚醛树脂的制造过程中，一般常用的催化剂有三种：

① 碱性催化剂。氢氧化钠最为常用，其催化效果好，用量可小于 1%，反应得到热固

性树脂。但反应结束后，树脂需用酸（如草酸、盐酸、磷酸等）中和，中和生成的盐使得合成树脂的电性能较差。氨水（质量分数常用 25%）的催化性质温和，用量一般为 0.5%~3%，也可制得热固性树脂。氨水在树脂脱水过程中会被除去，故树脂的电性能较好。也有用氢氧化钡作催化剂的，反应结束后通入 CO_2 即可将催化剂除掉，因此树脂的电性能也较好。另外，还有用三乙胺等有机胺作催化剂的，制得的树脂相对分子质量小，电性能好。

② 碱土金属氧化物催化剂。常用的有 BaO、MgO、CaO，催化效果比碱性催化剂弱，主要用来合成高邻位酚醛树脂。

③ 酸性催化剂。常用的是盐酸，催化效果好，当醛与酚的摩尔比小于 1 时（大于 1 时，反应难控制，极易成凝胶），可得热塑性酚醛树脂。也有用碳酸、有机酸（如草酸、柠檬酸等）作催化剂的，但一般用量较大。使用草酸的优点是缩聚过程较易控制，生成的树脂颜色较浅，并有较好的耐光性。

应该指出的是，酸性催化剂的浓度对树脂固化速度非常灵敏，反应速率随 H^+ 浓度的增加而增大；碱性催化剂则不然，当 OH^- 浓度超过一定值后，催化剂浓度的变化对反应速度基本上无明显影响。

4.2.3.5 反应介质 pH 的影响

反应介质的 pH 对产品性质的影响比催化剂性质的影响还大。研究表明，37%（质量分数）甲醛水溶液与等量的苯酚混合，当介质 pH=3.0~3.1 时，加热沸腾数日也无反应；而当 pH<3.0 或 pH>3.0 时，缩聚反应就会立即发生，故称这个 pH 范围（3.0~3.1）为酚醛树脂反应的中性点。

因此，当甲醛与苯酚的摩尔比小于 1 时，在弱酸性催化剂存在下（pH<3.0），反应产物为热塑性树脂；在弱酸性或中性碱土金属催化剂存在下（pH=4~7），得高邻位线型酚醛树脂。当甲醛与苯酚摩尔比大于 1 时，在碱性催化剂存在下（pH=7~11），可得热固性树脂。一般认为，苯酚和甲醛缩聚反应初期，最适当的 pH 应为 6.5~8.5。

4.2.3.6 其他因素的影响

以上在讨论酚类分子结构对树脂的影响时，认为苯酚分子中只有邻对位的 3 个活性点能够参加化学反应。但进一步的研究表明，酚醛树脂的产物中存在有间甲酚等少量间位取代反应物。因此，当甲醛大大过量时，二官能度的邻甲基苯酚或对甲基苯酚与甲醛反应也可得到热固性树脂，这是因为极少数的间位取代反应就已足够引起分子间的交联，从而形成体型结构的树脂。同时，当甲醛过量时，在强酸性催化剂条件下（pH=1~2），树脂分子中的亚甲基之间也会发生如下交联反应：

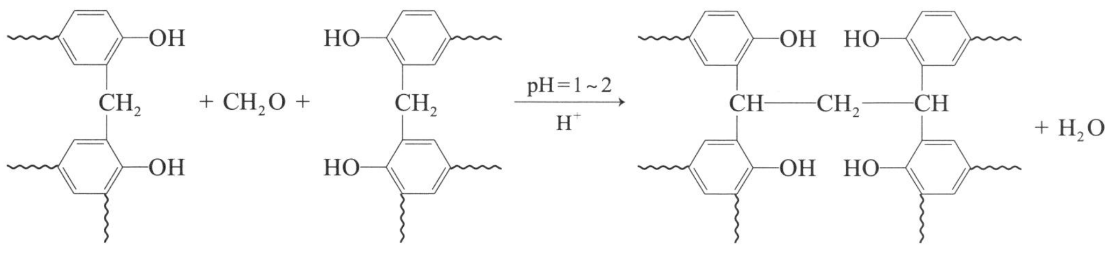

$$(4-19)$$

最后应该指出的是，与不饱和聚酯树脂的缩聚反应不同，酚醛树脂的缩聚反应的平衡常数很大（$K=1000$），反应的可逆性小，反应速率和缩聚程度取决于催化剂浓度、反应温度和反应时间，而受生成物水的影响很小。故即使是在水介质中，树脂的合成反应仍能顺利进行。

4.3 酚醛树脂的固化

酚醛树脂的固化包括两个阶段，第一个阶段是由可溶可熔的 A 阶树脂凝胶化转变为不溶可熔的 B 阶状态，第二个阶段是从 B 阶状态转变为不溶不熔的 C 阶状态。当酚醛树脂处于凝胶点以前时，可以浸渍增强纤维及其织物，并能按照设计要求制成适当几何形状的产品；一旦达到凝胶点以后，复合材料制品基本定型，进一步的固化可使制品的物理和化学性能得到完善。

一阶热固性酚醛树脂是体型缩聚控制在一定程度内的产物，因此在合适的反应条件下可促使体型缩聚继续进行，固化形成体型结构；二阶热塑性酚醛树脂由于在合成过程中甲醛用量不足，分子结构为线型，但由于在树脂分子内存在未反应的活性点，因此只要加入能与活性点继续反应的固化剂，补足甲醛的用量，就能使体型缩聚反应继续进行，固化成三维网状结构。

4.3.1 热固性酚醛树脂的固化

一阶酚醛树脂的固化性能主要取决于制备树脂时醛与酚的比例以及体系合适的官能度。前已述及，甲醛是二官能度的单体，因此，为了制得可以固化的树脂，酚的官能度必须大于 2。在酚醛树脂的合成中，苯酚、间甲酚和间苯二酚是最常用的三官能度酚，三官能度和二官能度酚的混合物同样也可以制得可固化的树脂，而少量单官能度酚的加入会在一定程度上影响固化性能。

酚醛树脂的固化性能不仅会受到酚官能度的影响，还会受到酚的结构的影响，如酚环上有体积很大的负电性取代基，即使三官能度酚的用量很大，也不能得到固化性能很好的树脂；反之，某些具有两个甚至一个官能度的酚也可能得到较好的交联聚合物。

制备一阶树脂的醛/酚的最高比例（摩尔比）可达 1.5∶1，此时固化树脂的物理性能也达到最高值。一阶热固性酚醛树脂既可在加热条件下固化，也可在酸性条件下固化。

4.3.1.1 热固化

（1）热固化机理

在加热条件下，一阶酚醛树脂的固化反应非常复杂，这种复杂性不仅取决于温度、原料酚的结构以及酚羟基邻对位的活性，还取决于合成树脂时所用的碱性催化剂的类型。为了简化问题，一般常用纯的酚醇来研究固化历程。考虑到在强碱（如 NaOH）催化下合成的一阶树脂主要是含有一元酚醇与多元酚醇的混合物，下面讨论热固化机理时主要以这种树脂作为基础。

酚醇的反应与温度有关，在低于 170℃时主要是分子链的增长，此时的主要反应有两类：

① 酚核上的羟甲基与其他酚核上的邻位或对位的活泼氢反应，失去 1 分子水，生成亚甲基键：

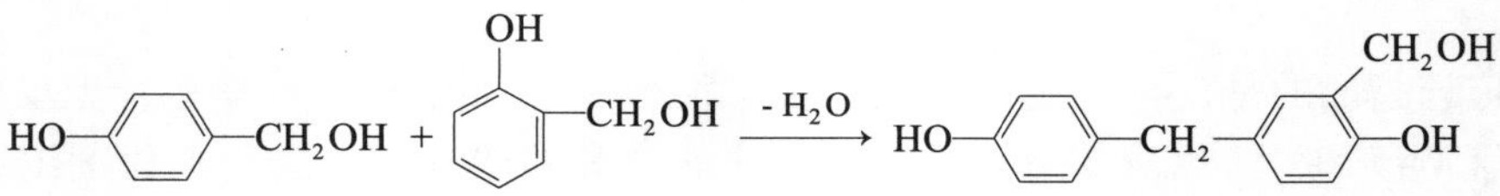

$$HO-\bigcirc-CH_2OH + \bigcirc\!\!\!\!\begin{smallmatrix}OH\\CH_2OH\end{smallmatrix} \xrightarrow{-H_2O} HO-\bigcirc-CH_2-\bigcirc\!\!\!\!\begin{smallmatrix}CH_2OH\\OH\end{smallmatrix} \qquad (4\text{-}20)$$

② 两个酚核上的羟甲基相互反应，失去 1 分子水，生成二苄基醚：

$$HO-\underset{}{\bigcirc}-CH_2OH + HOCH_2-\underset{OH}{\overset{CH_2OH}{\bigcirc}} \xrightarrow{-H_2O} HO-\underset{}{\bigcirc}-CH_2OCH_2-\underset{OH}{\overset{CH_2OH}{\bigcirc}}$$

(4-21)

生成亚甲基键和醚键的活化热分别约为 57.4kJ/mol 和 114.7kJ/mol。

当反应温度从 160~170℃ 开始直至高于 200℃ 时，酚醇的第二阶段反应变得明显，反应极为复杂，主要包括二苄基醚的进一步反应，以及在较低温度下偶尔保留下来的未反应的酚醇的进一步反应。这一阶段的特点是反应过程中很少逸出甲醛，甚至不放出水；固化产物会显示红棕色或深棕色。一般认为，此时主要生成亚甲基苯醌及其聚合物，以及复杂的分子端基的氧化还原产物，这些反应会导致生成结构十分复杂的产物，具体的反应机理还不是很清楚。在该阶段，反应常表现为羟基含量减少和相对分子质量降低，然后相对分子质量升高。

由于在工业上酚醛树脂的热固化温度常控制在 170℃ 左右的条件下进行，第二阶段的反应虽有可能发生，但重要性较小，因此这里主要讨论热固化温度低于 170℃ 时的第一阶段反应。

一阶树脂在低于 170℃ 固化时，酚核间主要形成亚甲基键及醚键，其中亚甲基键是酚醛树脂固化形成的最稳定和最重要的化学键。酸和碱都是形成亚甲基键的有效催化剂，在酸性条件、中等温度下的固化速率和氢离子浓度成正比；强碱条件下，在反应早期，当 pH 超过一定值后，固化速率与碱的浓度无关。

需要特别指出的是，在固化过程中形成的醚键既可以是固化结构中的最终产物，也可以是过渡产物。酚醇在中性条件下加热，在不超过 160℃ 的条件下很易形成二苄基醚，然而超过 160℃ 时，二苄基醚容易分解成亚甲基键，并逸出甲醛：

$$\underset{}{\overset{OH}{\bigcirc}}-CH_2OCH_2-\underset{}{\overset{OH}{\bigcirc}} \xrightarrow{>160℃} \underset{}{\overset{OH}{\bigcirc}}-CH_2-\underset{}{\overset{OH}{\bigcirc}}+CH_2O$$

(4-22)

醚键的形成与体系的酸碱性有很大关系。在碱性条件下，主要生成亚甲基键，在固化物中基本未发现醚键的存在；在酸性条件下，醚键和亚甲基键均可形成，但如果是强酸条件下，主要形成亚甲基键。此外，酚醇分子中取代基的大小与性质对醚键的形成也有很大影响，具体如表 4-3 所示。

表 4-3　　　　　对位取代的二元酚醇的取代基对醚键形成的影响

对位取代基	出水温度/℃	出甲醛温度/℃	温度差/℃
甲基	135	145	10
乙基	130	150	20
丙基	130	155	25
正丁基	130	150	20
叔丁基	110	140	30
苯基	125	170	45
环己基	130	180	50
苄基	125	170	45

从以上分析可知，一阶酚醛树脂在热固化时，通常同时生成亚甲基键和醚键，两者在固化结构中的比例与树脂中羟甲基的数目、体系的酸碱性、固化温度和酚环上活泼氢的多少等因素均有关系。若固化温度低于160℃，对于由取代酚形成的一阶树脂，生成二苄基醚是非常重要的反应；对于三官能度酚合成的树脂，这一反应也可发生，但重要性较小。在温度高于170℃时，二苄基醚键不稳定，可进一步反应；而亚甲基键在低于树脂的完全分解温度时非常稳定，并不断裂。

（2）影响热固化速率的因素

影响一阶树脂热固化速率的因素主要有以下几种：

① 树脂合成时的醛/酚投料比。树脂在固化时的反应速度与合成树脂时的甲醛投料量有关，甲醛投料量增加，树脂的凝胶时间缩短，如图4-1所示。

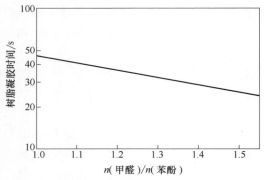

图4-1　在150℃时合成一阶固体树脂时

n（甲醛）/n（苯酚）对反应性的影响

② 固化体系的酸碱性。当固化体系的 pH＝4 时为中性点，固化反应极慢，增加碱性导致快速凝胶，增加酸性导致极快地凝胶。

③ 温度。随着固化温度的升高，树脂的凝胶时间明显缩短，温度每增加10℃，凝胶时间约缩短一半。

（3）热固化工艺

用一阶酚醛树脂制备纤维增强复合材料时常采用加压热固化工艺，在固化过程中所施加的压力与成型工艺过程有关，例如，层压工艺的压力一般为10～12MPa，模压工艺的压力相对较高，可控制在30～50MPa。

在层压工艺过程中施加压力的主要作用为：①克服固化过程中挥发分的压力。对于在热压过程中产生的溶剂、反应生成的水等小分子挥发物，如果没有较大的成型压力，就会在复合材料制品内形成大量的气泡和微孔，从而影响复合材料的质量。一般在热压过程中产生的挥发物越多，温度越高，所需要的成型压力也就越大。②使预浸料层间有较好的接触。③使树脂有合适的流动性，并使增强材料受到一定的压缩。④防止制品在冷却过程中变形。

在模压成型工艺中，施加压力的主要作用是：①克服物料流动时的内摩擦以及物料与模腔内壁之间的外摩擦，使物料能均匀地充满模腔。②克服物料挥发物的抵抗力并压紧制品。所加压力的大小主要取决于模压料的品种、制品结构和模具结构等。

4.3.1.2　酸固化（常温固化）

一阶酚醛树脂的固化成型过程有时需要在较低温度或室温条件下进行，比如在用作胶黏剂和浇注树脂等时。为此，可在树脂中加入合适的无机酸或有机酸等酸类固化剂。常用的酸类固化剂有盐酸或磷酸，也可使用对甲苯磺酸、苯酚磺酸或其他的磺酸等。

一阶酚醛树脂的酸固化反应与二阶酚醛树脂合成过程中的缩合反应非常相似。主要区别在于，在一阶树脂的酸固化过程中，醛相对酚有较高的比例，并且醛已化学结合至树脂的分子结构之中以羟甲基的形式存在，这样在酸的作用下，树脂分子间主要形成亚甲基键。如果酸的用量较少、固化温度较低以及树脂分子中的羟甲基含量较高时，也可形成二苄基醚键。一阶树脂酸固化时的特点是反应剧烈，放出大量的热，这种高度放热对制备自发泡产品极为有用。这是由于树脂缩合出的水分在热的作用下迅速变为水蒸气使树脂发泡，同时放出的热量又使树脂温度升高，加速了固化反应。

一阶酚醛树脂的酸固化反应最好在较低的 pH 下进行。研究发现，一阶树脂在 pH 为 3~5 时非常稳定。对于各种不同类型的一阶树脂，其最稳定的 pH 范围与树脂合成时所用酚的类型和固化温度有关，例如间苯二酚类型的树脂最稳定的 pH 为 3，而苯酚型的树脂最稳定的 pH 为 4。可见，酸固化过程应该在 pH 小于 3 时进行。

一阶酚醛树脂酸固化时的反应活性除了与体系的 pH 有关，还与树脂的分子结构有关。如用间苯二酚代替部分苯酚所制备的酚醛树脂具有较高的活性，在酸作用下，室温下能够快速固化。

另外需要说明的是，由于在固化反应过程中，树脂体系的黏度变得很大，分子运动变得困难，因此无论是热固化还是酸固化，交联反应都不可能完全进行；同时，体系中存在的游离酚、游离醛及水分等杂质也影响了交联的完全程度，加之聚合物分子链会纠缠在一起，导致固化物的分子结构很不均匀，并包含许多薄弱点，因此固化物的分子结构并不像理想中的三维结构那样简单，而是非常复杂，这也就导致了酚醛树脂的实际强度远低于理论值。迄今，关于固化树脂的结构仍然不够清楚。

4.3.2　热塑性酚醛树脂的固化

二阶酚醛树脂是可溶、可熔的热塑性树脂，需要加入固化剂才能使树脂固化。常用的固化剂有六亚甲基四胺（乌洛托品）、多聚甲醛等，热固性酚醛树脂也可以使二阶树脂固化，因为它们分子中的羟甲基也能够与二阶树脂酚环上的活泼氢作用，发生交联反应生成三维网状结构的产物。

六亚甲基四胺是二阶酚醛树脂采用最广泛的固化剂。热塑性酚醛树脂被大量用作酚醛模压料，大约有 80% 的模压料都是用六亚甲基四胺固化的。六亚甲基四胺固化的二阶树脂还可用作胶黏剂和浇注树脂。二阶酚醛模压料普遍采用六亚甲基四胺作为固化剂，主要原因是采用六亚甲基四胺时固化快速，模压件在升高温度后有较好刚度，模压周期短，制件从模具中顶出后翘曲最小，固化时不放出水，制件的电性能较好等，可以制备稳定的、硬的、可研磨塑料。

（1）六亚甲基四胺固化二阶树脂的反应机理

六亚甲基四胺是氨与甲醛的加成物，外观为白色晶体，在 150℃ 时很快升华，分子式为 $(CH_2)_6N_4$。六亚甲基四胺在超过 100℃ 时会发生分解，形成二甲醇胺和甲醛：

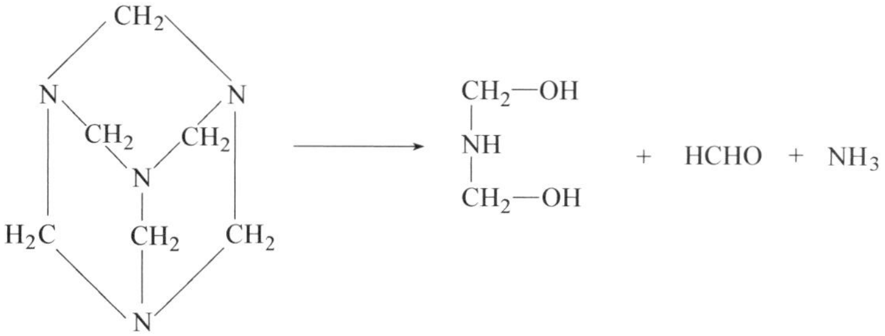

$$\text{六亚甲基四胺结构} \longrightarrow \begin{array}{c} CH_2-OH \\ | \\ NH \\ | \\ CH_2-OH \end{array} + HCHO + NH_3 \tag{4-23}$$

从而与酚醛树脂进行反应，发生交联。

使用六亚甲基四胺作为二阶酚醛树脂固化剂的反应机理目前仍不十分清楚，一般认为可能有下列两种反应使二阶树脂形成体型高聚物。

一种反应是六亚甲基四胺与只有一个邻位活性位置的酚反应生成二（羟基苄）胺：

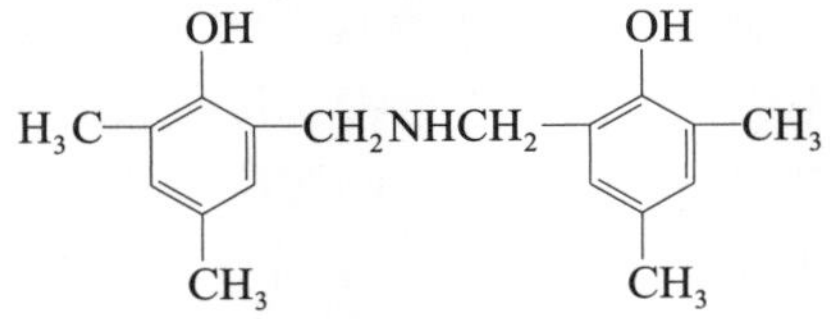

$$H_3C \quad \overset{OH}{\underset{CH_3}{\bigcirc}} \quad CH_2NHCH_2 \quad \overset{OH}{\underset{CH_3}{\bigcirc}} \quad CH_3$$

若只有一个对位活性位置的酚与六亚甲基四胺反应，可生成三（羟基苄）胺：

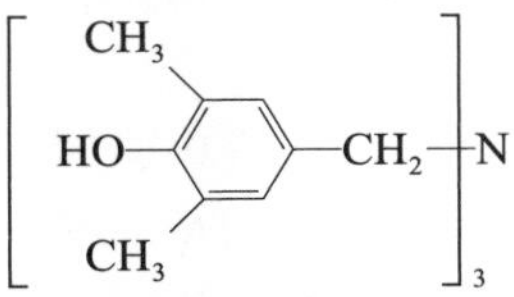

$$\left[HO \overset{CH_3}{\underset{CH_3}{\bigcirc}} CH_2 \right]_3 N$$

用多官能度的酚可得到与上述内容相似的产物。酚与六亚甲基四胺反应时，在 130～140℃或稍低的温度下，二（羟基苄）胺和三（羟基苄）胺是主要产物，这些反应产物可以认为是六亚甲基四胺固化二阶树脂时的中间产物。

在较高温度下（如 180℃时），这类仲胺或叔胺不稳定，会与游离酚发生进一步反应，释放 NH_3，形成亚甲基键。这和一阶树脂中的二苄基醚在较高温度下不稳定，分解释放出甲醛形成亚甲基键的反应有些类似。若体系中无游离酚存在，则可能形成甲亚胺键：

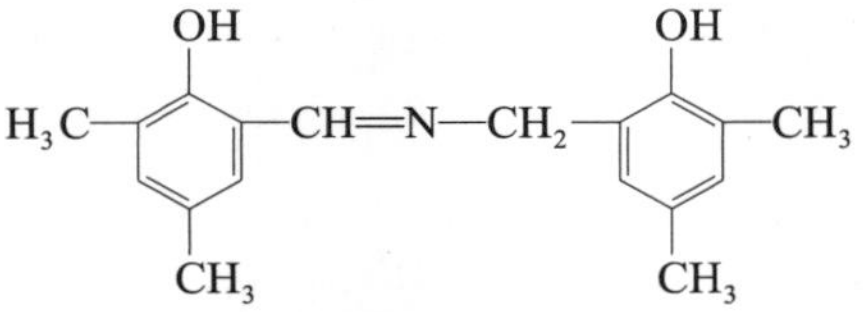

$$H_3C \overset{OH}{\underset{CH_3}{\bigcirc}} CH=N-CH_2 \overset{OH}{\underset{CH_3}{\bigcirc}} CH_3$$

该产物显黄色，这可能就是六亚甲基四胺固化的二阶树脂经常带有黄色的原因。

另一种反应是六亚甲基四胺和含活性点、游离酚（约 5%）和水分少于 1% 的二阶树脂反应，此时在六亚甲基四胺中任何一个氮原子上连接的 3 个化学键可依次打开，与 3 个二阶树脂的分子上活性点反应，生成如下结构的反应产物：

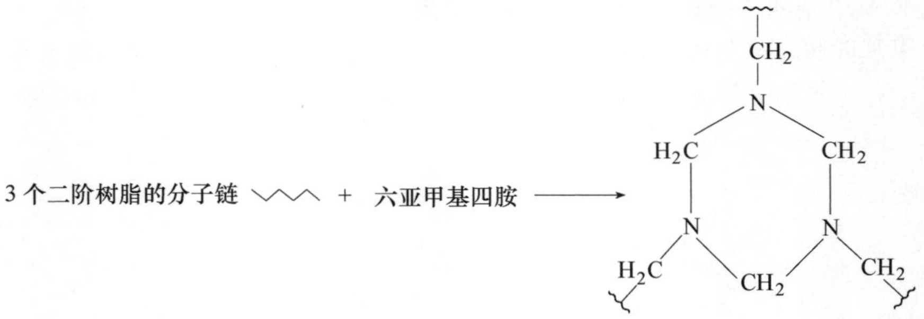

$$3 \text{ 个二阶树脂的分子链} \quad \diagdown\diagup\diagdown \quad + \quad \text{六亚甲基四胺} \longrightarrow \tag{4-24}$$

研究二阶树脂用六亚甲基四胺固化的产物表明，原来存在于六亚甲基四胺中的氮有66%～77%已化学结合于固化产物中，这就意味着每一个六亚甲基四胺分子仅失去一个氮原子。固化时无水放出，仅释放出 NH₃，并且使用最少 1.2% 用量的六亚甲基四胺就可与二阶树脂反应生成凝胶的实验现象，均可佐证上述反应历程。

（2）影响二阶树脂固化速率的因素

影响二阶树脂固化速率的因素主要有以下几种：

① 六亚甲基四胺的用量。六亚甲基四胺的用量对二阶树脂的凝胶时间、固化速率和制品的耐热性能等有很大影响。六亚甲基四胺的用量不足，会延长树脂的凝胶时间，从而增加模压时的压制时间，并降低制品的耐热性；六亚甲基四胺的用量过多，也会使制品的耐热性和电性能下降。一般用量为树脂的 6%~14%，最适宜的用量为 10% 左右。

② 树脂中游离酚和水含量。通常二阶树脂中含有少量的游离酚和微量的水分，它们对凝胶时间有影响。当游离酚和水分的含量增加时，凝胶时间缩短（图 4-2、图 4-3）；当水分含量超过 1.2% 时，影响较小；当游离酚含量超过 7%~8% 时，凝胶时间较短。但如果游离酚含量与水分的含量太高，则会引起制品性能下降。

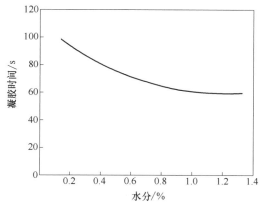
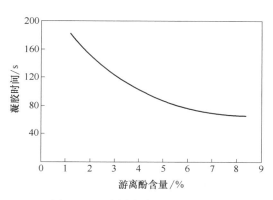

图 4-2 二阶树脂含 10% 六亚甲基四胺，在 150℃ 时水含量对凝胶时间的影响

图 4-3 二阶树脂在 150℃ 时游离酚含量对凝胶时间的影响

③ 温度。温度对二阶树脂的固化速率有显著的影响，随着温度上升，凝胶时间缩短，固化速率增加。需要强调的是，高邻位热塑性酚醛树脂与六亚甲基四胺的固化温度要比一般二阶酚醛树脂的固化温度低约 20℃，在工艺上表现出明显优势。

4.4 酚醛树脂的性能和应用

酚醛树脂作为传统的热固性树脂，具有耐高温性好、机械强度高、耐烧蚀性能好、阻燃以及低发烟性能等诸多优异性能，主要用于清漆、胶黏剂、涂料、复合材料、泡沫塑料、摩擦材料、烧蚀材料以及离子交换树脂等，在国防军工和民用等众多领域中得到了广泛的应用。

4.4.1 酚醛树脂的性能

4.4.1.1 耐热性能及烧蚀性能

表 4-4 列出了酚醛树脂、不饱和聚酯树脂和环氧树脂的耐热温度和玻璃化转变温

度，从中可以看出酚醛树脂的耐热温度、玻璃化转变温度等均比不饱和聚酯和环氧树脂高。

表 4-4   几种热固性材料的耐热温度和玻璃化转变温度

项目	酚醛树脂	不饱和聚酯树脂	环氧树脂
耐热(Martens, DIN 53458)/℃	180	115	170
耐热(ISO/R 75, DIN53461)/℃	210	145	180
玻璃化转变温度/℃	>300	170	200

图 4-4 和图 4-5 分别列出酚醛树脂及其纤维增强复合材料的模量及强度随温度的变化情况。从中可以看出，酚醛树脂及其玻璃纤维增强复合材料的扭变模量在 300℃ 的范围内变化不大，虽然酚醛复合材料的弯曲强度在室温下不及聚酯和环氧树脂复合材料，但在温度大于 150℃ 的较大范围内，酚醛复合材料强度都比它们高，可见酚醛树脂的耐热性是非常好的，即使在非常高的温度下，也能保持其结构的整体性和尺寸的稳定性。

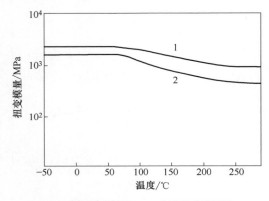

1—GF 增强酚醛树脂；2—非增强酚醛树脂。

图 4-4 酚醛树脂的扭变模量与温度的关系

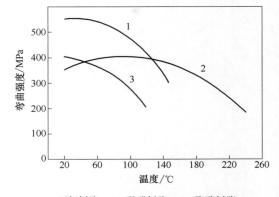

1—环氧树脂；2—酚醛树脂；3—聚酯树脂。

图 4-5 纤维复合材料的弯曲强度与温度的关系

酚醛树脂在 300℃ 以上开始分解，逐渐炭化而成为残留物，酚醛树脂的残留率比较高，为 60% 以上，树脂的残碳率越高，耐烧蚀性能越好。酚醛树脂在 800℃ 以上的高温下发生热降解时可以吸收大量的热能，同时在材料表面形成具有隔热作用的强度较高的炭化层，从而使内部材料得到保护。因此，酚醛树脂常用作耐高温抗烧蚀材料，其与高硅氧纤维、碳纤维等各种纤维复合构成的各种烧蚀材料广泛应用于火箭、导弹、飞机、宇宙飞船等高速飞行器的热防护中。

目前对烧蚀材料的要求是残碳率高、比热容大、热导率小、密度小、炭化层强度高、热分解温度高。材料的烧蚀率与残碳率成反比关系，树脂的残碳率越高，其耐烧蚀性能越好。材料的残碳率高低由其化学结构决定，传统的酚醛树脂残碳率相对较低，且碳化产物难以石墨化，同时在高温烧蚀过程中存在着固化收缩率高、小分子副产物多、降解严重、容易产生孔洞和脱粘等问题，致使材料难以满足更高的使用要求。通过对酚醛树脂进行改性，可以有效解决这些问题。

4.4.1.2 阻燃性能和发烟性能

阻燃材料的使用可使火灾发生的概率大大降低，阻燃性对于建筑材料、装饰材料和交通运输工具的结构材料等都是极其重要的性能，然而大多数聚合物材料都是易燃的，需要加入阻燃剂才能达到阻燃效果。但酚醛树脂是少有的例外，它具有良好的阻燃性，不必添加阻燃剂也可达到较高的阻燃水平。这是由于酚醛燃烧时易形成高碳泡沫结构，成为优良的热绝缘体，从而制止内部的继续燃烧。

材料阻燃性能的常用测试方法有垂直燃烧法（火焰蔓延法的一种，除此还有水平法、45°倾斜法等）和氧指数法。垂直燃烧法通过测试试样有焰、无焰燃烧持续的时间，被烧毁或损伤的长度，是否熔滴颗粒，燃烧后和冷却时的即时变形和物理强度来描述材料的阻燃性。有限氧指数（LOI）是指垂直安装的试样（棒）通过外界气体火焰点燃试样的上端后，能维持燃烧的氮氧混合物中的氧含量。LOI 指数越高，材料的阻燃性越好，一般 LOI 值大于 27 的材料为阻燃性材料。

氧指数法作为判断材料在空气中与火焰接触时燃烧的难易程度的方法非常有效，可以用来给材料的燃烧难易程度分级。但仅凭极限氧指数值的高低尚不足以说明该样品阻燃性的好坏。垂直燃烧法可以客观地描述材料的阻燃性，但氧指数法较垂直燃烧法测得的数据更准确，重现性好。因此，氧指数法更适合用于工艺过程实验，而垂直燃烧法则可以用来评价材料的最终阻燃性能。

表 4-5 列出了各种泡沫材料的氧指数，其中酚醛树脂的氧指数达到了 32~36，这表明该材料具有很好的阻燃性能。酚醛树脂的氧指数还与残碳率有关，氧指数越高，残碳率也越高，它们之间存在线性关系。

表 4-5 各种泡沫材料的氧指数

材料	氧指数	材料	氧指数
聚苯乙烯	19.5	聚异氰酸酯	29.0
聚氨酯	21.7	酚醛树脂	32~36
聚氨酯（阻燃剂）	25.0		

研究表明，火灾中产生的烟雾和毒气是造成人员伤亡的一个主要因素，酚醛树脂复合材料具有低发烟率、少（或无）毒性气体放出的优势。由于低相对分子质量酚醛分子容易分解和挥发，因此使用交联密度高的树脂，有利于减少燃烧时毒性产物的放出。

4.4.1.3 耐辐射性能

当高能辐射（γ 射线、X 射线、中子、电子、质子和氘核）通过聚合物材料时，会在聚合物材料内形成离子和自由基，从而破坏化学键，同时伴随着新键的形成，紧接着，聚合物会以不同的速率发生交联或降解。显然，破坏键和形成键的相应速率常数决定着材料的耐高能辐射性。

含有芳环的聚合物的降解速率通常较低（因为瞬时活性种的共振稳定）；通常刚性高的热固性材料要比柔性热塑性和弹性体结构更耐辐射。材料的耐辐射性可通过加入矿物填料来改善，而电磁波敏感剂的加入可加速材料的损坏，如在酚醛树脂中添加纤维素可加快其辐射破坏速度。

无填充酚醛树脂的耐辐射性能相对较低，但经玻璃纤维、石棉等增强的酚醛树脂的耐辐射性能非常好。由于酚醛树脂复合材料具有良好的耐辐射性能、耐热性能，因此，酚醛树脂模塑料被广泛用于制造核电设备和高压加速器的电子元件和防护涂料、处理辐射材料的装备元件、空间飞行器的电子和结构组件等。

4.4.2 酚醛树脂的应用

酚醛树脂固化后，机械强度高，性能稳定，坚硬耐磨，耐热、电绝缘性能优良，阻燃、耐烧蚀，耐大多数化学试剂，尺寸稳定且成本低，初始应用主要是在电气工业方面，用作绝缘材料，故酚醛塑料又俗称"电木"。由于其综合性能优良，酚醛树脂陆续被用作清漆、胶黏剂、涂料、模塑料、层压塑料、泡沫塑料、烧蚀材料以及离子交换树脂等，在航空航天、电子电气、交通运输及建筑装饰等诸多领域中应用广泛。

4.4.2.1 模塑料和层压塑料

热塑性酚醛树脂的一个最主要的用途就是制造模塑料，将二阶树脂、填料、固化剂、脱模剂和其他化学助剂混合，经塑炼、滚压成片，再粉碎成模塑粉，在一定的加工成型工艺下获得塑件制品。其中填料是酚醛模塑料的重要组分，它决定产品的性能和用途，80%左右的模塑料采用木粉作为填料，但在制造高绝缘性和耐热性构件时，也采用云母粉、石棉粉、石英粉等无机填料。

层压塑料是指将棉布、纸、玻璃布、石棉布、木材片等片状填料用酚醛树脂浸渍并干燥后，经热压成型制得的各种规格的板材、管材、棒材等。层压塑料主要用作电绝缘材料和机械用材料，如棉布、玻璃布层压塑料具有优良的力学性能、耐油性能和一定的介电性能，可用于制造齿轮、轴瓦、轴承及电工结构材料和电气绝缘材料；石棉布层压塑料可用作高温下工作的零件。

4.4.2.2 泡沫材料

酚醛树脂泡沫塑料具有质轻、防火、隔热、隔音等优异性能，其热尺寸稳定，并有一定的机械强度。酚醛泡沫很难燃烧，即使在燃烧时，酚醛泡沫也不像普通的高聚物那样熔融有滴落物，它低发烟且不产生有毒气体，是一种优良的绝热阻燃材料，可广泛应用于房屋建筑、化工管道、车船等场所的保温领域。但酚醛泡沫材料的脆性较大，一般需要加入其他的聚合物（如聚氨酯等）进行增韧改性。由于增韧用的聚合物大多数易燃，在增韧的同时还要对其进行阻燃处理。

酚醛泡沫产品的特点是保温、隔热、节能、防火、质轻，因其导热系数低、保温性能好，被誉为保温之王。除此之外，酚醛泡沫还具有热稳定性好、机械强度高、隔音、抗化学腐蚀能力强、耐候性好、价格低廉、生产工艺简单等多项优点，产品用途非常广泛。

4.4.2.3 涂料、胶黏剂

酚醛树脂的分子结构中含有酚羟基、苄羟基、醚键等多种极性基团，这些极性基团的存在赋予了酚醛树脂良好的黏结力。例如，用聚乙烯醇改性后的醇溶性酚醛树脂含有大量的羟基等极性基团，主要用作木材用涂料、防腐漆和绝缘漆，有时也用作层压板的黏合剂；利用化学结构与苯酚相似的木质素替代部分苯酚生产的木质素改性酚醛树脂经济环保，在木材胶黏剂中具有很好的应用前景；丁腈橡胶增韧改性的酚醛树脂使用温度较高，在飞机制造工业中可用于胶接各种材料，在汽车制造工业中可用于胶接摩擦片衬垫等；以酚醛树脂和碳化硼为原料制备的超高温粘接剂可对石墨材料进行高温粘接，在经过1200℃高温处理后仍保持较高的粘接强度。

4.4.2.4 耐高温烧蚀结构材料

前已述及，酚醛树脂耐烧蚀性能良好，尤其具有突出的瞬时耐高温烧蚀性能和较好的耐冲刷性能，因而在航空航天领域中长期作为耐高温抗烧蚀复合材料的基体材料。

酚醛树脂交联固化后理论上有很高的残碳率，接近80%。但传统的酚醛树脂由于分子结构的限制，残碳率相对较低，炭化产物通常是各向同性的玻璃炭，经高温处理后难以石墨化，使其耐烧蚀性受到一定程度的限制。目前烧蚀复合材料多采用改性的酚醛树脂作为基体树脂，改性方法包括无机元素改性、分子结构改性以及与纳米材料共混等，在高温下，纤维增强的改性酚醛复合材料会快速分解升华，吸收大量的热量，表面形成炭化层而起到隔热防护的作用。

4.5 酚醛树脂的改性

固化后的酚醛树脂的分子结构是由芳核和亚甲基相间组成的，这种结构使得树脂分子中的刚性基团堆砌密度过大，分子链的运动受到限制，导致固化物的韧性变差，呈现出明显的脆性；同时，酚醛树脂结构中含有的酚羟基和亚甲基容易被氧化，又使其耐热性受到限制。因此，增韧和提高耐热性是酚醛树脂改性的主要研究方向。此外，酚醛树脂的改性还包括提高其对增强纤维的黏结性、改善成型工艺条件等。

酚醛树脂的改性一般通过以下两个途径进行：

① 封锁酚羟基。在树脂合成中，酚羟基并不参加化学反应，因此在树脂分子结构中会留有酚羟基。由于酚羟基是一个强极性基团，容易吸水，会使制品的介电性能和力学性能下降；并且，酚羟基在热或紫外线作用下容易生成醌等物质，造成制品的颜色变化。封锁端羟基可克服上述缺点，并调节树脂的固化速率。

② 引入其他组分。引入能与酚醛树脂反应或与其具有良好相容性的组分，以达到对酚醛树脂改性的目的。

4.5.1 硼改性酚醛树脂

硼改性酚醛树脂是先用硼酸和苯酚反应，生成不同反应程度的硼酸苯酯混合物，再与甲醛水溶液或多聚甲醛反应，反应式如下：

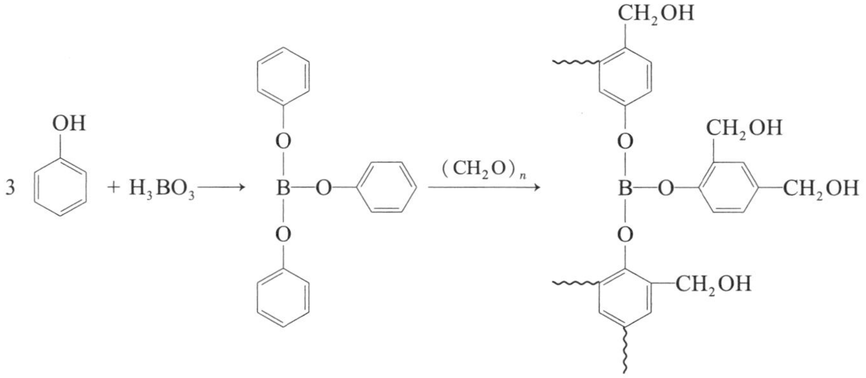

$$3 \text{ PhOH} + H_3BO_3 \longrightarrow B(OPh)_3 \xrightarrow{(CH_2O)_n} \qquad (4\text{-}25)$$

由于在酚醛树脂的分子结构中引入了无机硼元素，B—O 键能远大于 C—C 键能，且酚羟基的含量大大减少，因此硼改性酚醛树脂较通常的酚醛树脂有更好的耐热性、瞬时耐高温性能和力学性能，热分解温度可提高 $100\sim140℃$；同时，树脂分子中引进的 B—O 键具有较高的柔性，所以树脂的韧性也得到改善。另外，固化物的分子结构中含有硼的三维交联结构，因此，产品的耐烧蚀性能和耐中子性能也比一般的酚醛树脂好。但硼改性酚醛树脂的湿态性能下降较多，可用双酚 A 代替或部分代替苯酚以克服该缺点。

硼改性酚醛树脂也具有热固性酚醛树脂的性质，固化过程也具有明显的三个阶段，但由于酚羟基中强极性的氢原子被硼原子取代，所以邻、对位的反应活性降低，固化速度比酚醛树脂慢，可以适应低压成型的要求。

硼酚醛玻璃纤维复合材料的机械强度和介电性能比一般酚醛树脂和环氧改性的酚醛树脂产品好，且具有优良的耐高温性能及耐烧蚀性能，在火箭、导弹和其他空间飞行器中广泛用作耐烧蚀材料。

4.5.2　钼改性酚醛树脂

钼改性酚醛树脂是指通过化学反应的方法，将过渡金属元素钼以化学键的形式，结合于酚醛树脂的分子主链中。

以钼酸、甲醛、苯酚为主要原料，合成钼酚醛树脂的反应主要分为两步，第一步使钼酸与苯酚在催化剂作用下发生酯化反应，生成钼酸苯酯；第二步将钼酸苯酯与甲醛进行加成及缩聚反应，得到钼改性的酚醛树脂，具体反应如下：

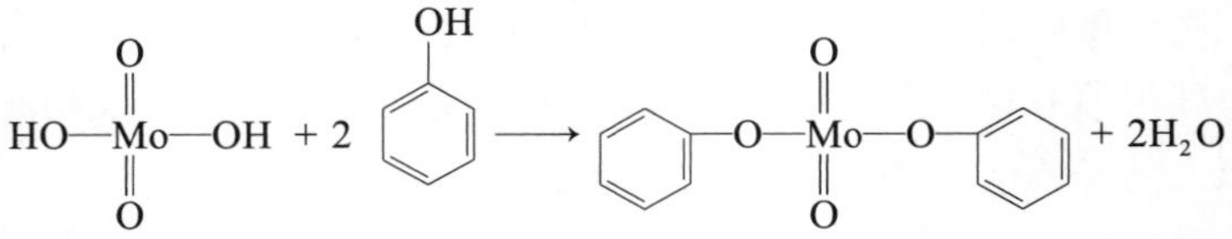

$$(4\text{-}26)$$

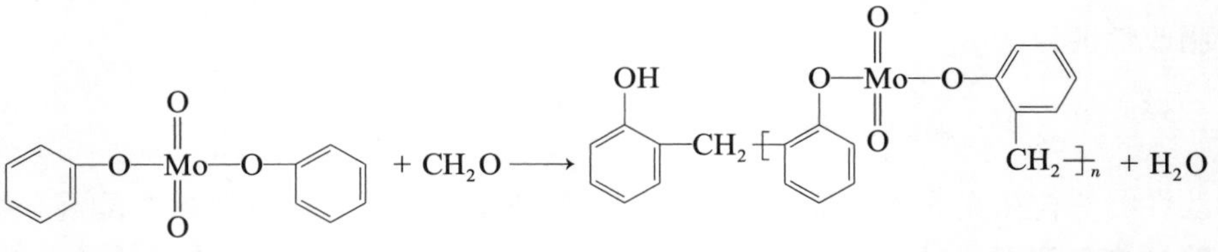

$$(4\text{-}27)$$

从钼酚醛树脂的分子结构式可以看出，苯环之间以 O—Mo—O 键相连接，该键键能大，因此钼酚醛树脂具有较高的热分解温度和耐热性。钼酚醛树脂是一种新型的耐烧蚀性树脂，其热分解温度为 $460\sim560℃$，在 $700℃$ 下热失重为 40% 左右；而一般的酚醛树脂在 $700℃$ 下失重 100%，硼改性酚醛树脂在 $700℃$ 下失重也在 50% 以上。用钼酚醛树脂制得的复合材料具有耐烧蚀、耐冲刷、机械强度高等优点，可用作火箭、导弹等的耐烧蚀和热防护材料。

4.5.3　磷改性酚醛树脂

磷改性酚醛树脂具有优异的阻燃性、耐热性和抗火焰性，可用作火箭发动机的喷管材料。磷改性酚醛树脂可由磷酸、磷酸酯或氧氯化磷等磷化合物与酚醛树脂反应制得。氧氯化磷与酚醛树脂的反应是在 $20\sim60℃$ 下，于二噁烷中进行，其反应式如下：

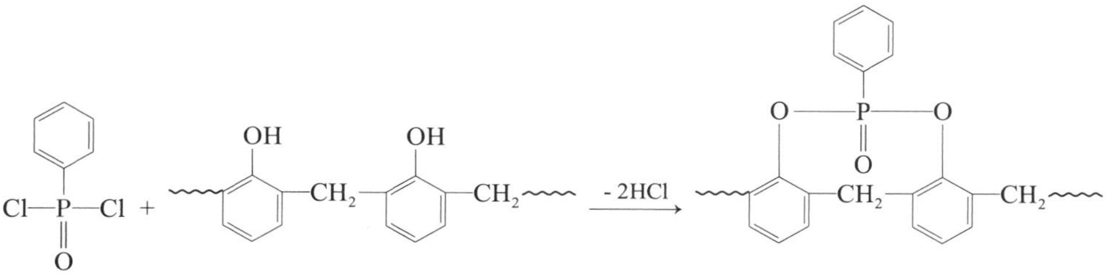

$$(4-28)$$

4.5.4　有机硅改性酚醛树脂

有机硅树脂具有优良的耐热性和耐潮性，在高温下表现出优良的物理稳定性。通过有机硅单体与酚醛树脂中的酚羟基或羟甲基反应，放出小分子产物，可有效改善酚醛的耐热性和耐水性，是制备耐高温酚醛树脂的一种重要方法。

选择不同的有机硅单体或混合单体与酚醛树脂进行反应，可得到不同性能的改性酚醛树脂，常用于改性的有机硅单体有 $CH_3Si(OR)_3$、$CH_3Si(OR)_2$、$C_2H_5Si(OR)_3$、$(C_2H_5)_2Si(OR)_2$ 等。其改性方法通常是先制成有机硅单体和酚醛树脂的混合物，然后在烘干及压制成型过程中完成交联反应，具体反应举例如下：

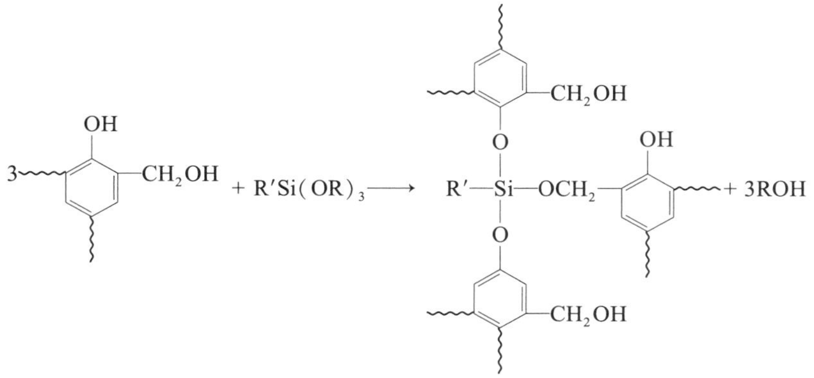

$$(4-29)$$

有机硅改性的酚醛树脂复合材料可在 200~260℃ 下工作相当长时间，并可作为瞬时耐高温材料，用于火箭、导弹的耐烧蚀结构材料。

4.5.5　聚乙烯醇缩醛改性酚醛树脂

利用聚乙烯醇缩醛对酚醛树脂进行改性，可提高酚醛树脂的黏结力，增加韧性，降低固化速率，从而降低成型压力，是工业上应用得较多的一种改性方法。

用聚乙烯醇缩醛作改性剂时，要求其分子中含有相当量的活性羟基，其目的一方面是提高其在乙醇中的溶解性，增加与酚醛树脂的相容性；另一方面是与酚醛树脂中的羟甲基进行反应，并增加改性树脂的黏着力。具体反应如下：

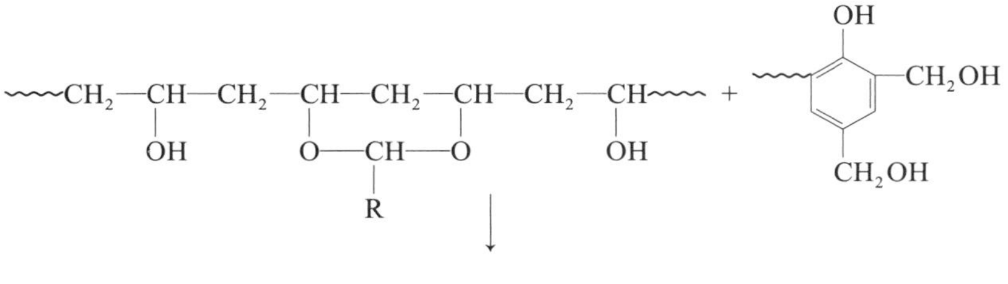

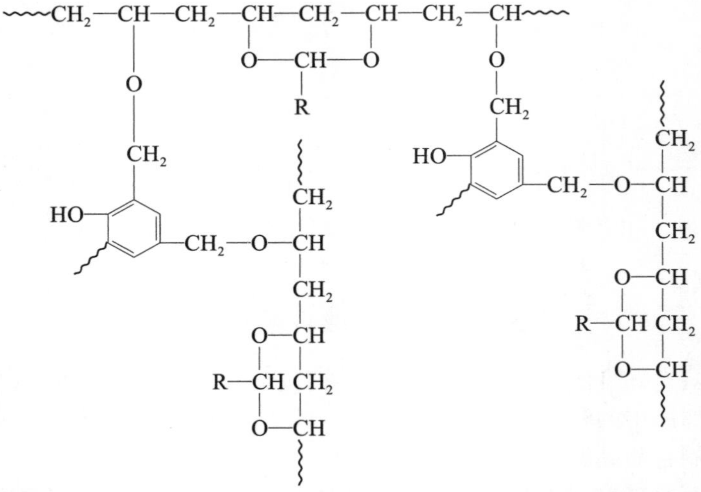

$$(4\text{-}30)$$

在选用聚乙烯醇缩醛时，由于醛的种类对于聚乙烯醇缩醛的性质有很大影响，若采用长碳链的脂肪醛，其玻璃化转变温度和耐热性就降低，但弹性提高，因此常用耐热性较好的聚乙烯醇缩甲醛或缩乙醛来代替缩丁醛，也有选用缩甲醛和缩丁醛混合物的。为了提高聚乙烯醇缩醛改性酚醛树脂的耐热性和耐水性，可加入一定量的正硅酸乙酯，正硅酸乙酯能够与聚乙烯醇缩醛分子中的羟基以及酚醛树脂中的羟甲基反应，从而进入树脂的交联结构，提高制品的耐热性。

4.5.6 环氧树脂改性酚醛树脂

利用双酚 A 型的环氧树脂对酚醛树脂进行改性时，酚醛树脂分子中的酚羟基和羟甲基能够与环氧树脂中的环氧基及羟基发生反应，形成交联的复杂体型结构。环氧树脂的引入，增加了交联点之间的分子链长度，使得固化产物的交联密度降低，韧性增加；此外，环氧树脂分子中存在的大量极性基团还使得酚醛树脂的黏结性得到有效改善。

酚醛树脂与环氧树脂之间发生的主要反应如下：

（1）酚醛树脂中的酚羟基与环氧基的反应：

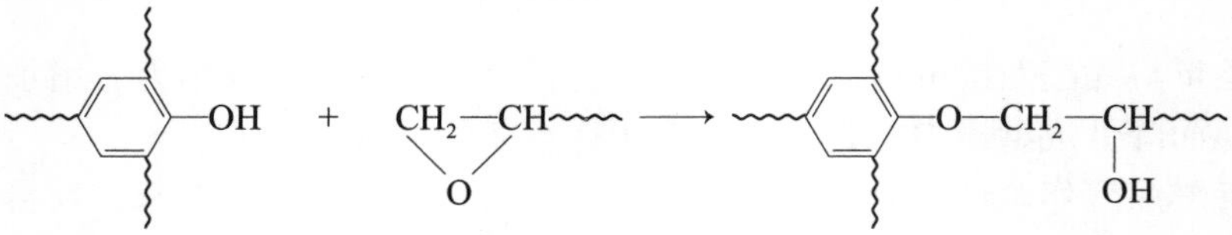

$$(4\text{-}31)$$

（2）酚醛树脂中的羟甲基与环氧树脂中的羟基、环氧基的反应：

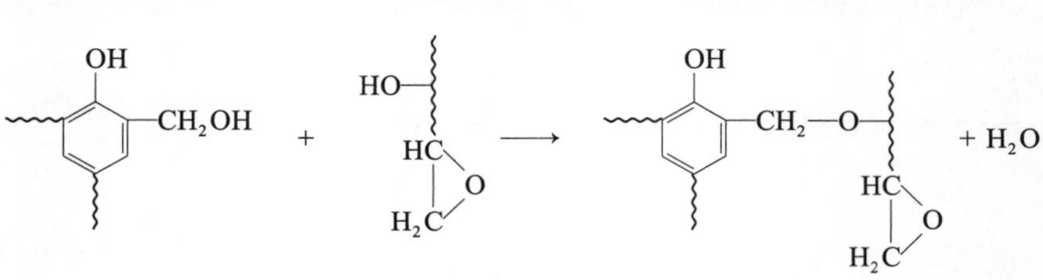

$$(4\text{-}32)$$

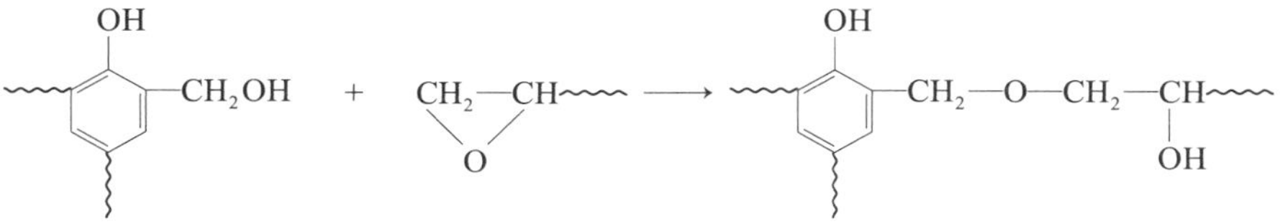

$$(4-33)$$

环氧树脂改性的酚醛树脂，其玻璃纤维复合材料的抗拉强度可提高 100MPa，抗冲击强度可提高 3.5 倍。环氧改性酚醛树脂主要用于复合材料的层压和模压制品、涂层、结构黏合剂、浇注等方面。

4.5.7 二甲苯改性酚醛树脂

二甲苯为疏水性的分子，将其引进酚醛树脂的分子结构中，可以降低酚醛树脂结构中酚羟基的含量，不仅使改性后的酚醛树脂的耐水性和耐碱性得到改善，同时还可满足低压成型工艺的要求。

二甲苯改性酚醛树脂的合成过程分为两步，首先将二甲苯和甲醛在酸性催化剂下合成二甲苯甲醛树脂，它是一种热塑性树脂；然后再将合成的二甲苯甲醛树脂和苯酚、甲醛进行反应制得热固性树脂。

在二甲苯甲醛树脂的合成过程中，二甲苯的三个异构体的反应速率相差很大，其中，间二甲苯的反应速率最大，间二甲苯与甲醛在硫酸催化下的反应如下：

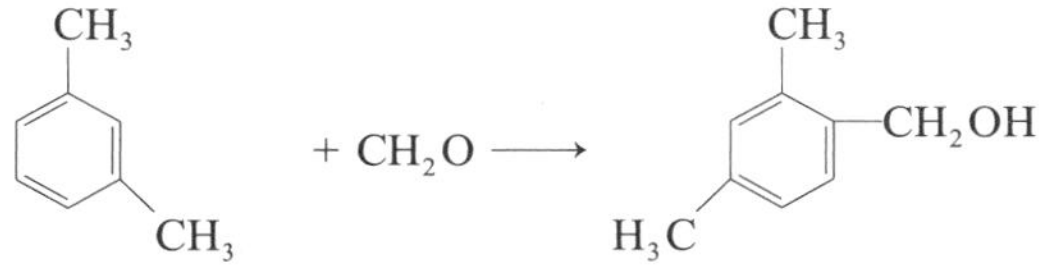

$$(4-34)$$

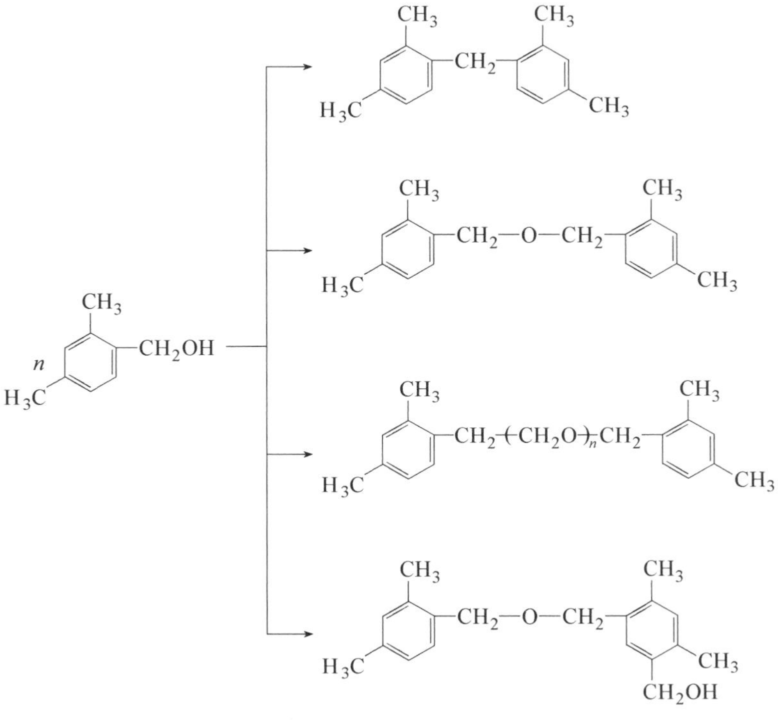

$$(4-35)$$

二甲苯甲醛树脂的相对分子质量一般为 350~700，即含有 3~6 个二甲苯环的上述反应物的混合体。二甲苯甲醛树脂可溶于丙酮、乙醚、甲苯和二甲苯中，微溶于醇类，不溶于水。二甲苯甲醛树脂中羟甲基含量约为 5%，氧含量为 10%~12%，这是评价树脂活性的主要指标。

二甲苯甲醛树脂在形式上虽类似热塑性酚醛树脂，但加入六亚甲基四胺固化剂不能使其固化，仅能使树脂的相对分子质量进一步增加。将其与苯酚和甲醛进一步反应，可制得热固性树脂。具体反应如下：

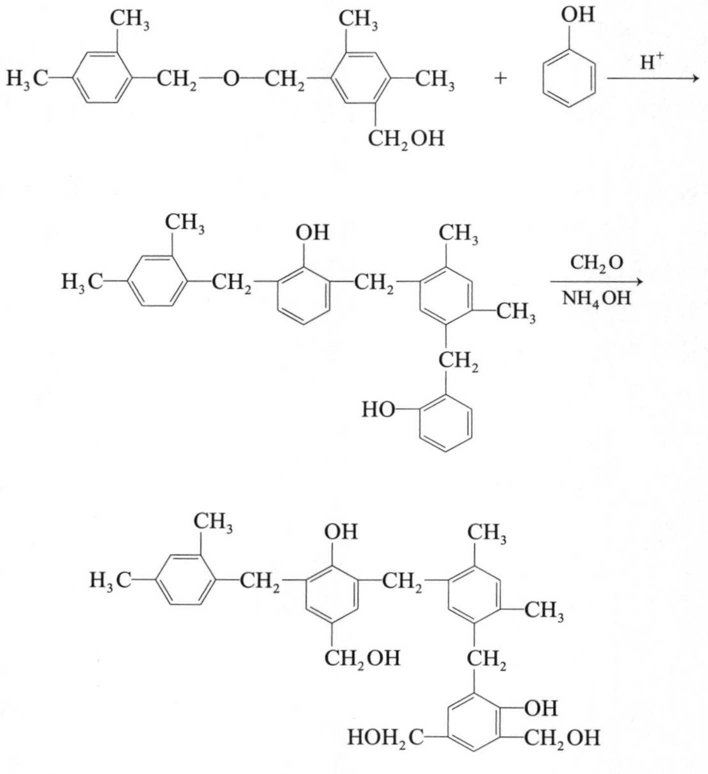

（4-36）

二甲苯改性酚醛树脂较一般一阶酚醛树脂稳定，在 3~6 个月内始终处于均匀状态，不会发生结块或局部凝胶现象。它也具有明显的 A、B、C 三个固化阶段，而且 B 阶时间较长，加工过程易于控制。

4.5.8　苯胺改性酚醛树脂

苯胺改性酚醛树脂的制备通常是先让苯酚与福尔马林在 60~65℃下反应形成较多的二羟甲基酚或三羟甲基酚，然后加入苯胺一起反应，其中所进行的反应可能如下：

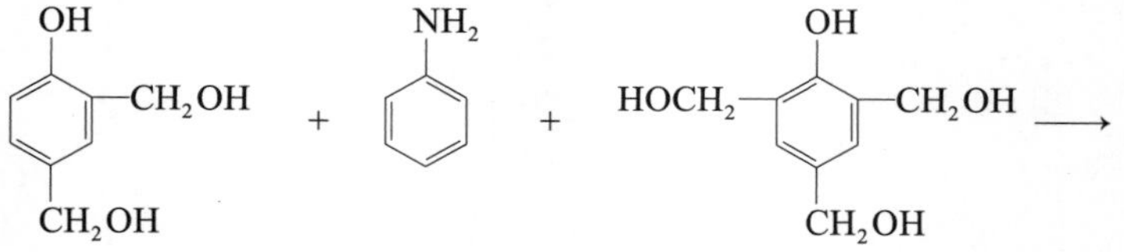

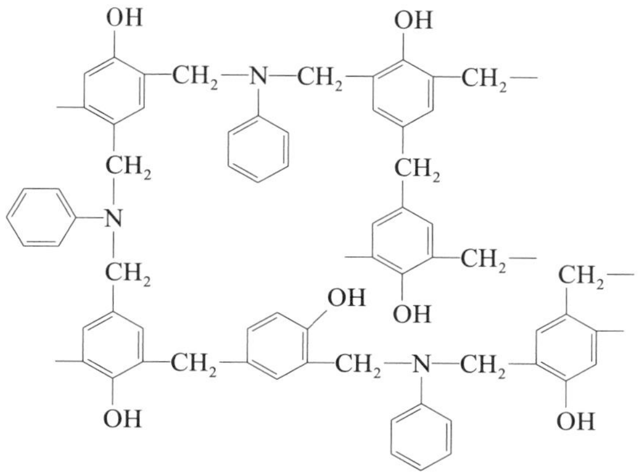

(4-37)

苯胺改性的酚醛树脂可用来制造塑料和层压制品。由于其主键上除 C—C 键外，还有 C—N 键，从而具有耐电弧性。此外，苯胺改性的酚醛树脂耐水性、耐碱性、抗霉及耐紫外线等性能也有提高，并且由于改性后极性降低，树脂的介电性能也得到改善。其缺点是固化时间长，耐热性稍低，耐酸性也较差。

复习思考题

1. 酚醛树脂是热固性高分子，为什么还有热塑性酚醛树脂和热固性酚醛树脂之分？

2. 简述热塑性酚醛树脂和热固性酚醛树脂的生成条件。在热塑性酚醛树脂和热固性酚醛树脂的分子结构当中，游离的羟甲基是否存在？请解释原因。

3. 高邻位热塑性酚醛树脂的主要优点是什么？如何得到高邻位热塑性酚醛树脂？

4. 写出热固性酚醛树脂在低于 170℃ 时发生的热固化反应式，同时指出其固化过程中生成的主要化学键是什么。

5. 氨催化的酚醛树脂在合成过程中会出现哪些特征？

6. 在酚醛树脂固化过程中，施加压力的主要作用是什么？

7. 热塑性酚醛树脂固化时通常加入的固化剂是什么？影响二阶树脂固化速率的因素都有哪些？

8. 聚苯乙烯和酚醛树脂的有限氧指数分别为 19.5 和 32，试从有限氧指数的定义出发，比较二者阻燃性能的优劣。

9. 酚醛树脂适宜作烧蚀材料的原因是什么？

10. 酚醛树脂改性的主要目的是什么？主要通过哪几种途径实施？了解并熟悉改性酚醛树脂的种类和性能特点。

第五章　加聚型聚酰亚胺树脂

5.1　概　　述

聚酰亚胺（Polyimide，PI）是指主链上含有酰亚胺环的一类高分子化合物。由于聚酰亚胺主链结构中含有芳环和杂环，作为复合材料所用的树脂基体时具有突出的耐温性能和力学性能，是目前树脂基复合材料中耐温性最好的材料之一。

早期开发的聚酰亚胺树脂主要是由芳香二酐和芳香二胺通过缩聚反应形成的，也称作缩聚型聚酰亚胺，其合成一般分两步进行：首先，二酐和二胺于室温下在极性溶剂中反应，生成可溶性的高相对分子质量聚酰胺酸；然后，通过加热或化学处理完成环化。具体反应如下：

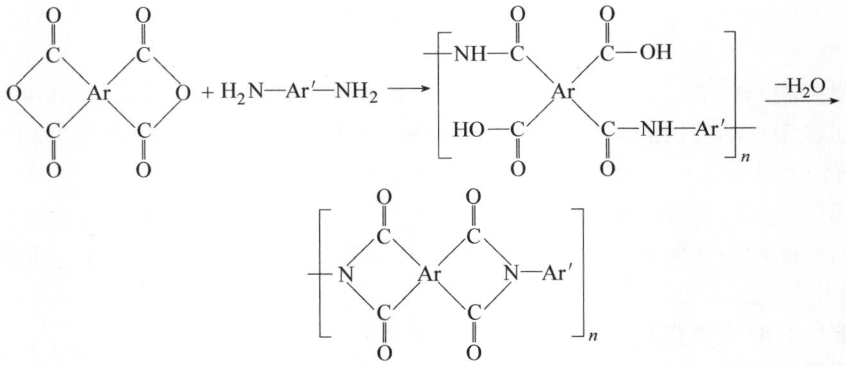

$$\text{(5-1)}$$

由于缩聚型聚酰亚胺树脂的成型温度高，且有小分子挥发物放出，因此其作为复合材料基体的应用并不广泛，主要用于制备耐高温的薄膜、黏结剂和绝缘漆等。而加聚型聚酰亚胺则不同，它以带有可交联端基的低相对分子质量、低黏度单体或其预聚体为初始物，固化时发生加聚反应，不产生低分子物，这就从根本上改善了工艺，非常有利于复合材料的成型加工，加之其固化产物同样具有优异的耐热性和力学性能，使得加聚型聚酰亚胺树脂自问世以来便获得了人们的广泛关注，得到了迅速发展，以其为基体的复合材料现已广泛应用于航空航天等尖端高科技领域。

根据其所带端基的不同，加聚型聚酰亚胺主要分为三种类型，即双马来酰亚胺型、PMR 型（主要指用纳迪克酸酐封端的一类聚酰亚胺）和乙炔端基型。

5.2　双马来酰亚胺树脂

双马来酰亚胺（Bismaleimide，BMI）是一种以马来酰亚胺为活性端基的双官能团化合物，其一般结构如下：

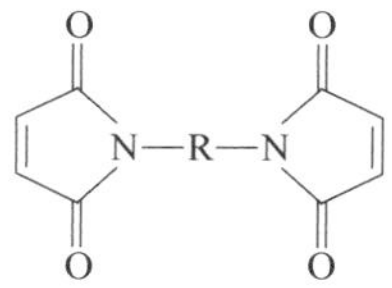

20 世纪 60 年代末期，法国罗纳-普朗克公司首先研制出牌号为 M-33 的 BMI 树脂及其复合材料，并且很快实现了商品化。BMI 树脂具有与典型的热固性树脂相似的流动性和可模塑性，加工性能与环氧树脂类似，耐热性和耐辐射性优于环氧树脂，同时，又克服了缩聚型聚酰亚胺树脂成型温度高、压力大的缺点，可以方便地制成各种复合材料制品。

我国对 BMI 的研究工作是在 20 世纪 70 年代初开始的，当时主要针对的是电气绝缘材料。20 世纪 80 年代后，才开始进行以 BMI 作为先进复合材料基体的应用研究，目前已经商品化的 BMI 树脂主要有 QY8911 系列、4501A 和 5405 等，这些树脂主要用在航空航天等高新技术领域。

5.2.1 双马来酰亚胺的合成与性能

5.2.1.1 双马来酰亚胺的合成

1948 年，美国人 Searle 首次获得了 BMI 单体的合成专利，此后，在其合成方法基础上，又经过改进合成了各种不同结构和性能的 BMI 单体。BMI 单体的基本合成路线为：

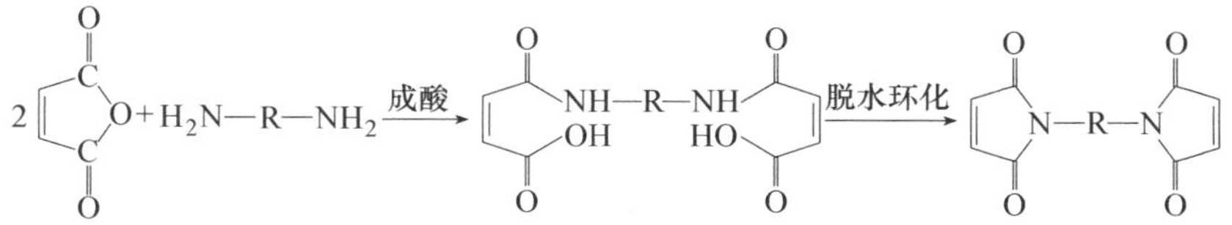

$$\tag{5-2}$$

即 2mol 马来酸酐与 1mol 二元胺反应生成双马来酰胺酸，然后双马来酰胺酸脱水环化生成 BMI 单体。选用不同结构的二元胺和马来酸酐均可制得 BMI 单体，二元胺的结构不同，合成 BMI 单体的反应条件、工艺配方、提纯及分离方法等也不相同，所制得的 BMI 单体的结构和性能自然也不相同。

芳香族 BMI 较脂肪族 BMI 的合成工艺简单、合成产率高、具有优良的耐热性，因而应用较多。目前国内大量应用的商品化 BMI 为 4,4'-双马来酰亚氨基二苯甲烷（BDM），并且 BMI 树脂的改性研究大多也是针对它而进行的，其结构式如下：

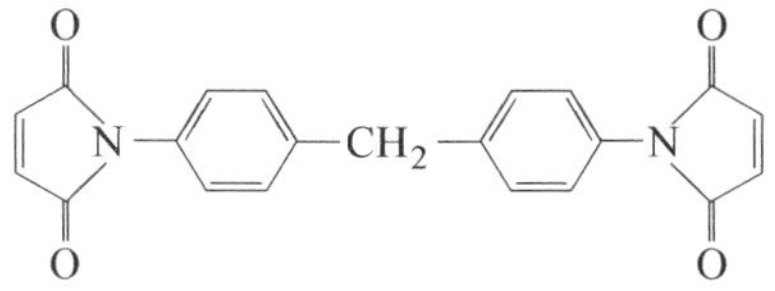

BDM 的相对分子质量为 358，其外观为浅黄色粉末，熔程为 153～157℃，酸值≤10mgKOH/g，挥发分≤1%。

5.2.1.2 双马来酰亚胺的性能

（1）BMI 单体的性能

BMI 单体多为结晶固体，一般而言，脂肪族 BMI 的熔点较低，而芳香族 BMI 的熔点相对较高。BMI 的熔点受自身结构的影响较大，当其分子结构中存在不对称因素时（如取代基的引入），晶体的完善程度下降，使熔点降低。

从 BMI 树脂的工艺性能角度出发，在保证 BMI 固化物性能满足要求的条件下，希望 BMI 单体有较低的熔点。表 5-1 列出了几种常见 BMI 单体的熔点。

表 5-1　　　　　　　　　　　　　几种常见 BMI 单体的熔点

R	熔点/℃	R	熔点/℃
—CH₂—	156~158	—⟨⟩—SO₂—⟨⟩—	251~253
—(CH₂)₂—	190~192		198~201
—(CH₂)₄—	171		>340
—(CH₂)₆—	137~138		307~309
—(CH₂)₈—	113~118		
—(CH₂)₁₀—	111~113		
—(CH₂)₁₂—	110~112	—CH₃	172~174
—CH₂—C(CH₃)₂—CH₂—	70~130		
—⟨⟩—CH₂—⟨⟩—	154~156	—⟨⟩—⟨⟩—	307~309
—⟨⟩—O—⟨⟩—	180~181		

常用的 BMI 单体一般不溶于普通有机溶剂，如丙酮、乙醇等，只能溶于强极性溶剂，如二甲基甲酰胺（DMF）、二甲基亚砜（DMSO）、N-甲基吡咯烷酮（NMP）等。因此，改善其溶解性能也是 BMI 改性的一个主要研究内容。

BMI 单体中的端基 C=C 双键具有高活性，原因是其受邻位两个羰基的吸电子作用而成为高度缺电子键，因而易与二元胺、酰肼、酰胺、硫氢基、氰尿酸和羟基等含活泼氢的化合物进行加成反应，同时也可以与环氧树脂、含不饱和键化合物及其他 BMI 单体发生共聚反应，还能在催化剂或热作用下发生自聚反应。

BMI 的固化及后固化温度等条件与其结构有很大的关系，一般情况下，BMI 及其改性树脂的固化温度为 200~220℃，后处理温度为 230~250℃。

（2）BMI 固化物的性能

BMI 树脂的固化反应属于加成型聚合反应，成型过程中无低分子副产物放出，且容易控制。除脂肪族外，BMI 的固化物都含有酰亚胺五元杂环和芳环结构，有的还含有稠环结构，加之交联密度高，使得 BMI 固化物具有优异的耐热性，其 T_g 一般大于 250℃，使用温度一般在 177~230℃，短期使用温度可达到 250~300℃。芳香族 BMI 的分解温度（T_d）高于脂肪族 BMI，同时 T_d 与交联密度等也有较密切的关系，在一定范围内，T_d 随交联密度的增大而升高。

BMI 树脂固化后结构致密、缺陷少，因而纯的 BMI 固化物具有较高的强度和模量。但同时由于固化物的交联密度高、分子链刚性大，呈现出较大的脆性，具体表现为抗冲击性差、断裂伸长率小和断裂韧性低，即纯树脂的综合力学性能差。因此，纯 BMI 树脂的实用价值低，这也是纯 BMI 树脂力学性能数据难以找到的主要原因。实际中使用的均为改性 BMI。改性后的 BMI 抗冲击强度大为提高，基本上满足了目前需要。

5.2.2　双马来酰亚胺的改性

前已述及，未改性的 BMI 树脂存在熔点高、溶解性差、成型温度高、固化物脆性大等缺点，其中韧性差是阻碍 BMI 树脂应用和发展的关键。目前，BMI 树脂的改性主要集中在提高韧性、改善工艺性和降低成本等方面上，其中绝大多数的 BMI 改性研究是围绕着树脂韧性的提高展开的，通过采取各种增韧改性技术，BMI 树脂的断裂韧性可大幅度提高。下面针对几种主要改性方法进行简要叙述。

5.2.2.1　与烯丙基化合物共聚改性

用于 BMI 树脂改性的烯类化合物有许多，其中烯丙基化合物是目前应用较为成功的一类。烯丙基化合物与 BMI 单体的固化反应机理比较复杂，一般认为是马来酰亚胺环的 C=C 不饱和双键首先与烯丙基进行双烯加成反应，生成 1:1 的中间体，然后在较高温度下，中间体再与酰亚胺环中的双键进行 Diels-Alder 反应和阴离子酰亚胺低聚反应，生成高交联密度的韧性树脂：

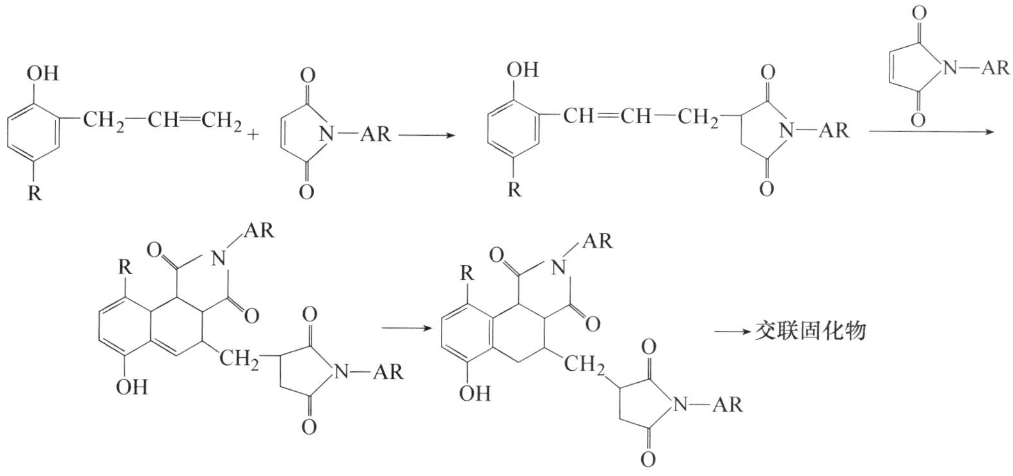

$$(5\text{-}3)$$

（1）烯丙基双酚 A 改性 BMI

在 BMI 改性体系中应用最多最广泛的是 O,O'-二烯丙基双酚 A（DABPA），DABPA 在常温下是棕红色液体，黏度为 12~20Pa·s，其分子结构式如下所示：

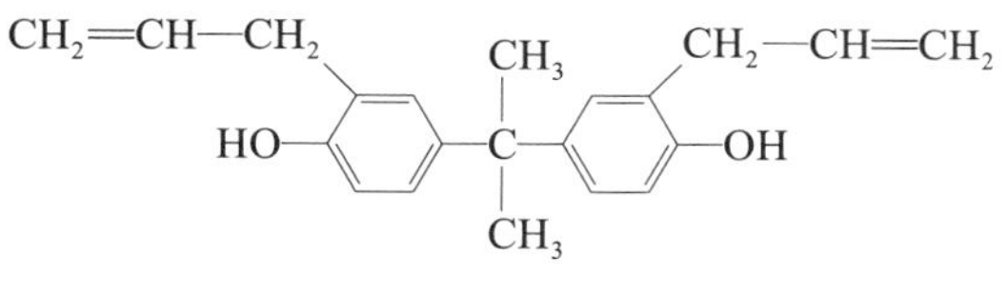

二烯丙基双酚 A 改性 BMI 最具代表性的是 Ciba-Ceigy 公司于 1984 年研制的牌号为 XU292 的树脂体系。XU292 体系主要由 4,4'-双马来酰亚胺基二苯甲烷（BDM）与 DABPA 共聚而成，预聚体可溶于丙酮，制得的预浸料具有良好的黏附性。

图 5-1 为 BDM/DABPA 树脂的凝胶固化曲线，从中可以看到有 2 个反应转变峰，其中低温峰对应的是加成反应，高温峰对应的是成环反应。

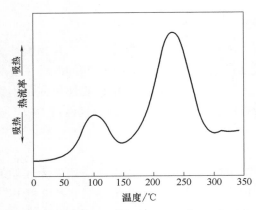

图 5-1　BDM/DABPA 树脂的凝胶固化曲线

调节 BDM 和 DABPA 的配比，可获得不同性能的多种树脂体系。表 5-2 为 XU292 几种体系（其中体系 I、II 和 III 中 BDM 与 DABPA 的摩尔比分别为 1∶1、1∶0.87 和 1∶1.12）固化物的基本性能。

在我国，蓝立文等于 1988 年首次合成了 O,O'-二烯丙基双酚 A 并使之实现了商品化。目前，我国广泛使用的商品化树脂 4501A、QY8911-I 和 5405 都是以 O,O'-二烯丙基双酚 A 为改性剂的 BMI 树脂。

用 DABPBA 改性 BMI 虽能较显著地提高树脂的韧性，但仍不能达到高韧性树脂水平，此外，这种树脂体系的后处理温度太高。尽管如此，BDM/DABPA 体系可作为进一步增韧改性的树脂基体。国内外学者为此做了大量的研究工作，其中，鉴于无机纳米粒子的独特作用，利用其对聚合物基体进行改性的研究引起了普遍关注。研究结果证实，纳米粒子对聚合物的改性效果主要受其分散程度的影响，然而由于无机纳米粒子比表面积大、表面能高，在聚合物基体中非常容易团聚。因此，解决纳米粒子的团聚问题就成为关键所在。

表 5-2　　　　　　　　　　　　　　XU292 不同体系固化物的性能

性能	体系 I	体系 II	体系 III	性能	体系 I	体系 II	体系 III
拉伸强度/MPa				弯曲强度/MPa	166	184	154
25℃	81.6	93.3	76.3	弯曲模量/GPa	4.0	3.98	3.95
204℃	39.8	71.3	—	压缩强度/MPa	205	209	—
拉伸模量/GPa				压缩模量/GPa	2.38	2.47	—
25℃	4.3	3.9	4.1	热变形温度/℃	273	285	295
204℃	2	2.7	—	T_g(TMA)/℃	273	282	287
断裂伸长率/%				T_g(DMA)/℃			
25℃	2.3	3.0	2.3	干态	295	310	—
204℃	2.3	4.6	—	湿态	305	297	—

注：固化工艺为 180℃/2h+200℃/2h+250℃/6h；湿态为 30℃、100%湿度下 2 周。

作者曾利用所制备的马来酸酐修饰的氧化石墨烯（MAH-f-GO）等纳米组分对国产原料 DABPA/BDM 树脂进行进一步改性，结果表明，MAH-f-GO 通过表面官能团和树脂分子之间的化学键合作用，提高了在树脂中的分散程度。同时，部分分子链键接在氧化石墨烯的表面，形成交联点，对树脂基体起到了较好的拉扯锚固作用，使大分子链的运动和变形受到限制，显著改善了树脂基体包括冲击强度在内的力学性能指标（图 5-2）。相较未改性的 BMI 树脂，MAH-f-GO 改性 BMI 树脂的冲击强度提高了 77.3%，弯曲强度、拉伸强度和弹性模量分别提高了 37.5%、29.3% 和 39.2%，树脂的玻璃化转变温度也由 302.4℃提高至 310.4℃。

图 5-3 为 BMI 改性前后的冲击断口形貌，可以看出，未改性 BMI 树脂的冲击断面平整光滑，具有明显的河流花样，这是裂纹沿着裂纹源方向扩展造成的，为材料脆性断裂的

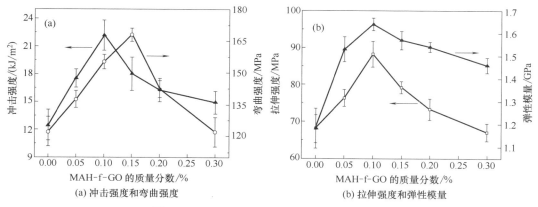

(a) 冲击强度和弯曲强度　　　　　(b) 拉伸强度和弹性模量

图 5-2　MAH-f-GO 改性 BMI 树脂的力学性能

形貌特征；加入 MAH-f-GO 后，试样的断面变得丰富，存在大量的褶皱和凸起，断裂方向趋于分散，呈现出明显的肋状形态，其原因是 MAH-f-GO 对裂纹的阻隔使其不能一次断裂，从而产生新的裂纹，重新扩展，试样表现为典型的韧性断裂特征。进一步研究表明，MAH-f-GO 改性的 BMI 树脂和 T700 碳纤维制备的复合材料，层间剪切强度、弯曲强度分别由改性前的 84MPa、1.36GPa 提高至 104.6MPa 和 1.75GPa。此外，硅烷偶联剂修饰的氧化石墨烯对该 BMI 树脂体系也造成了较好的改性效果。

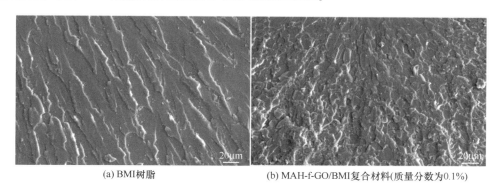

(a) BMI树脂　　　　(b) MAH-f-GO/BMI复合材料(质量分数为0.1%)

图 5-3　BMI 树脂改性前后的冲击断口形貌

（2）烯丙基酚氧改性 BMI

为改善 BMI 树脂对纤维的浸润性和黏结能力，可采用含有较多羟基的烯丙基酚氧（AE）树脂对 BMI 进行改性。AE 的合成反应如下：

$$\tag{5-4}$$

采用不同结构的环氧树脂和烯丙基化合物，可得到不同结构和性质的烯丙基酚氧树脂。张宝艳等利用烯丙基双酚 A、双酚 A 和环氧 E51 等合成的 AE 树脂，对 BMI/PEK-C 树脂进行进一步的增韧改性，其中 PEK-C 为热塑性含酚酞侧基的聚芳醚酮树脂（中科院长春应用化学所研制）。表 5-3 和表 5-4 分别列出了该树脂体系及复合材料的主要性能。

AE 改性前后 BMI/PEK-C 树脂体系的 T_g 分别为 245℃和 246℃，热分解初始温度 T_d 分别为 376℃和 374℃，这表明改性剂 AE 对 BMI/PEK-C 体系的耐热性能影响很小。

表 5-3　　　　　　　　　　AE 改性 BMI/PEK-C 纯树脂性能

树脂体系	冲击强度/（kJ/m²）	T_g/℃	T_d/℃
无 AE	17.0	245	376
有 AE	19.0	246	374

注：固化工艺为 150℃/2h+180℃/2h+230℃/4h。

表 5-4　　　　　　　　　　AE 改性 BMI/PEK-C/T300 复合材料性能

性能	无 AE	有 AE	性能	无 AE	有 AE
CAL/MPa	185	202	150℃弯曲强度（湿）/MPa	1100	1050
损伤分层面积/mm²	700	550	150℃弯曲模量（湿）/GPa	112	110
短梁剪切强度/MPa	93	116	T_g/℃	280	273
室温弯曲强度/MPa	1720	1750	吸水率/%	0.6~0.8	0.6~0.8
室温弯曲模量/GPa	114	112			

注：纤维体积分数为 60%~63%；固化工艺为 150℃/1h+180℃/1h+200℃/4~6h。

由表 5-4 可知，单纯 PEK-C 改性的 BMI/T300 复合材料的短梁剪切强度为 93MPa，加入 AE 进一步改性后，该指标提高到 116MPa。另外，从 CAI（冲击后压缩强度）试样累计损伤分层的面积看，AE 改性前后的损伤分层面积分别为 700mm² 和 550mm²。以上结果说明，AE 的加入可明显改善 BMI 树脂基体与纤维之间的界面黏结，提高复合材料体系的抗冲击分层能力，进而较大幅度地提高复合材料的 CAI 值。

此外，还有许多其他烯丙基化合物，如烯丙基双酚 S、烯丙基芳烷基酚、N-烯丙基芳胺等也可用于 BMI 的改性。其中，烯丙基双酚 S 与二苯甲烷 BMI 共聚所得树脂体系的软化点为 60℃左右，110℃的黏度为 1.2Pa·s，该树脂体系有较好的储存稳定性；烯丙基芳烷基酚与 BMI 共聚后，形成软化点低（60℃）、可溶于丙酮的预聚物，所得到的固化物具有优异的力学性能和耐热性能，热变形温度为 309℃，T_g 为 325℃，T_d 为 490℃，耐湿热性能良好，水煮 100h 后热变形温度和吸水率分别为 282℃和 2.3%，由该改性树脂制备的玻璃纤维模压料具有优异的介电性能和湿热力学性能。

5.2.2.2　二元胺扩链改性 BMI

利用二元胺扩链改性 BMI 树脂是改善其脆性较早使用的一种方法。二元胺可与 BMI 单体发生共聚反应，生成聚胺酰亚胺，使链延长：

$$\quad(5\text{-}5)$$

BMI 与二元胺首先进行 Michael 加成反应生成线型嵌段聚合物，然后马来酰亚胺环的双键打开进行自由基加成固化反应，并形成交联网络，同时 Michael 加成反应后形成的线型聚合物中的仲氨基团还可与聚合物上其余的双键进行进一步的加成反应。

由于二元胺扩链改性 BMI 树脂是通过降低树脂交联密度来提高韧性的，必然会在某种程度上降低材料的刚性和耐热性，因此，二元胺扩链改性 BMI 树脂还需进一步改性才能作为高性能的基体树脂。

二元胺扩链改性 BMI 树脂的典型代表是法国 Rhone-Pulence 公司研制的 Kerimid 601 树脂。该树脂由 BMI 和 4,4′-二氨基二苯甲烷（DDM）制备而成，其熔点为 40~110℃，固化温度范围为 150~250℃，成型工艺性良好。

Kerimid 601 树脂体系具有良好的耐热性、力学性能和电性能等，但制成的预浸料几乎没有黏性，复合材料的韧性较低，加之二元胺与 BMI 扩链反应后形成的仲氨基往往会引起热氧稳定性的降低，可在二元胺扩链改性的基础上引入环氧树脂，提高 BMI 体系的黏性，同时，由于环氧基团可和上述形成的仲氨基团发生反应形成交联固化网络，体系的热氧稳定性也得到了改善。

$$R_1—NH—R_2 \ + \ \triangle\!\!\!\!O—CH_2—R \ \xrightarrow{\triangle} \ R_1—\underset{R_2}{N}—CH_2—\overset{OH}{CH}—CH_2—R \tag{5-6}$$

需要指出的是，环氧树脂的加入在改善树脂体系工艺性的同时，往往也降低了 BMI 树脂的耐热性，其热变形温度通常为 200℃ 左右。因此，这种改性方法的关键是如何调整组分的配比和聚合工艺，以求得韧性、耐热性和工艺性的平衡。

5.2.2.3 橡胶增韧改性 BMI

橡胶通常带有羧基、羟基、氨基等活性基团，能与 BMI 树脂中的活性基团反应形成嵌段结构。在树脂固化过程中，这些橡胶段一般从基体中析出，形成两相结构。在橡胶增韧 BMI 树脂的固化物中，橡胶相作为应力集中点（体）诱发基体剪切屈服和银纹化，在材料受到外力作用时可消耗大量能量，提高其韧性。

银纹和剪切带是材料在外力作用下消耗能量的两种方式。当受到外力作用时，分散在聚合物基体中的橡胶颗粒起到应力集中的作用，引发银纹。银纹一般产生在橡胶粒子的赤道附近，然后沿最大主应变平面向外增长，从而吸收大量能量；银纹的终止可能是由于大量银纹之间的应力场相互干扰，使银纹尖端的应力集中降至银纹增长的临界值以下，或是由于银纹前端遇到一个大的橡胶粒子。橡胶粒子既能引发银纹的生成又能阻止银纹的发展，银纹生成得越多，吸收的能量越多。基体的剪切屈服也是由橡胶粒子的应力集中引起的。剪切屈服是一种没有明显体积变化的形状扭转。无论产生银纹或剪切带，都需要消耗大量能量。

目前研究较多的是采用带活性端羧基的液体丁腈橡胶（CTBN）作为第二相对 BMI 树脂进行增韧改性。结果表明，改性 BMI 树脂的断裂能、冲击强度、剪切强度和断裂伸长率等都有较大的提高。一般认为，橡胶增韧 BMI 在固化过程中逐渐改变网链结构的同时，橡胶从基体中析出，产生相分离，形成了物理上的两相结构形态。橡胶相诱发基体的耗能过程，提高基体的屈服变形能力，从而达到增韧的目的。例如，Shaw 和 Kinloch 利用 CTBN 橡胶对 BMI 树脂进行改性，明显提高了 BMI 树脂的断裂能；雷勇等在 DABPA 改性 BMI 树脂体系的基础上引入了活性稀释剂和增韧剂 CTBN，优化后的改性树脂体系表现出优良的综合力学性能。

用液体橡胶增韧 BMI 树脂虽然可以使其韧性成倍提高，但常常是以牺牲耐热性为代价的。因此，这类橡胶增韧的 BMI 树脂多用作韧性塑料和胶黏剂，用作先进复合材料基体的则很少。其他橡胶，如1,2-聚丁二烯、端烯基丁腈、端氨基丁腈以及有机硅烷等也可用于对BMI的增韧改性。

5.2.2.4 热塑性树脂改性BMI

采用耐热性较高的热塑性树脂（TP）来改性BMI树脂，可以在基本上不降低基体树脂耐热性和力学性能的前提下实现增韧。其改性机理是TP的加入改变了BMI树脂的聚集态结构，形成了宏观上均匀而微观上两相的微观结构，这种结构也可有效地引发银纹及剪切带，使材料发生较大的形变。由于银纹和剪切带的协同效应以及TP树脂颗粒对裂纹的阻碍作用可阻止裂纹的进一步发展，使材料在破坏前消耗更多的能量，从而可以达到增韧改性的目的。

目前常用的热塑性树脂主要有聚苯并咪唑（PBI）、聚醚砜（PES）、聚醚酰亚胺（PEI）、聚海因（PH）、PEK-C和含酚酞侧基的聚芳醚砜（PES-C）等。影响增韧效果的主要因素有TP的主链结构、相对分子质量、颗粒大小、端基结构、含量及所用溶剂的种类和成型工艺等。

张宝艳等选用PEK-C对典型的DABPA/BMI体系进行改性，改性后BMI树脂的性能如表5-5所示。

表5-5 不同含量PEK-C改性BMI/树脂的性能

PEK-C质量分数/%	0	5	10	20	30	40
冲击强度/(kJ/m²)	7.1	8.2	8.9	18.9	13.0	13
T_g/℃	310	231	231	238	225	228

注：固化工艺为150℃/2h+180℃/2h+230℃/4h。

表中显示，PEK-C的加入明显提高了树脂的冲击强度，随着PEK-C含量的增加，树脂的冲击强度呈现出先增加然后下降的趋势，在质量分数为20%时，树脂的冲击强度达到最大值。究其原因，起初，随着PEK-C的含量增大，体系中热塑性树脂颗粒增多，粒径分布变大，粒子间的距离变短，裂纹与粒子间的距离变短，裂纹与粒子相遇的机会增多，裂纹容易被终止，而终止裂纹能力的增强有利于韧性提高，因此在初始阶段，随着PEK-C的含量增加，增韧效果越来越明显，冲击强度随之提高。当PEK-C的含量达到一定值以后，一方面，热塑性树脂增多，易造成分布不均匀，并形成一些较大的颗粒，造成应力集中；另一方面，热塑性树脂含量太高时，其颗粒过多，相同粒子靠得太近，此时产生的裂纹将超过临界值，树脂的韧性反而随着热塑性树脂含量的增加而降低。

从表5-5还可以看出，经PEK-C改性的BMI体系的T_g降低了70~80℃，主要是PEK-C的T_g（约230℃）不高引起的。采用PES、PEI和PH10增韧BMI时的研究结果同样表明，TP的T_g低时会对改性树脂的高温性能产生不利影响，且树脂的韧性随TP含量的增加而提高，而模量则随着TP含量的增加和T_g的降低而下降。

QY8911-Ⅱ是采用端羟基低相对分子质量聚醚砜为主改性剂对BDM进行改性。聚醚砜链段中有柔性的醚键基团，含有的苯环、砜基使其具有良好的耐热性和抗氧化性，因而QY8911-Ⅱ树脂能在230℃下工作，韧性良好，可满足结构承载需要和适应于结构件修边、连接、装配、开孔等机械加工各工序，并且能溶于丙酮形成均匀溶液。

赵渠森等制备了聚醚酰亚胺增韧改性的QY9511双马来酰亚胺树脂，由此得到的

T300/QY9511、T700S/QY9511 和 T800H/QY9511 三种碳纤维复合材料的 CAI 值分别为 279.2MPa、202.8MPa 和 285.9MPa。复合材料的 CAI 能充分验证树脂体系对外来低速冲击的抵抗能力，外来物的冲击对复合材料造成的破坏主要为复合材料的层间分层和基体树脂破裂；高韧性树脂能够有效减少冲击破坏分层的面积、降低树脂破损，并在压缩过程中有力地抵抗分层的扩展。QY9511 树脂的 T_g 为 265℃，复合材料在 177℃水煮 48h 的弯曲强度和模量保持率超过 50%，说明该树脂体系在达到高韧性的同时，保持了优良的耐热和耐湿热性能，同时还具有优良的综合力学性能。

5.2.2.5　环氧树脂改性 BMI

用环氧树脂对 BMI 进行改性也是一种开发较早且比较成熟的一种方法，主要是用来改善 BMI 体系的工艺性以及树脂与增强材料之间的界面黏结性，也可用于改善 BMI 树脂体系的韧性。但前已述及，环氧树脂的加入往往会引起 BMI 树脂体系耐热性的降低。

环氧树脂和 BMI 树脂均为热固性树脂，可在热和催化剂的作用下形成体型交联网络。在单体状态下，二者完全相容，利用透射电子显微镜（TEM）观察环氧改性 BMI 在固化过程中聚集态结构的变化，发现环氧和 BMI 形成了互穿网络结构。但由于环氧树脂本身很难与 BMI 单体反应，因此可以在其他改性方法基础上，通过加入环氧树脂改性或是与其他物质一起合成改性剂来改性 BMI，具体的途径主要如下：

① 在二氨基二苯甲烷（DDM）、二氨基二苯砜（DDS）等二元胺改性的基础上，添加环氧树脂改性。在该类体系中，BMI 和环氧树脂通过与二元胺的加成反应而发生共聚反应，除形成交联网络外，BMI 也被部分二元胺和环氧扩链，BMI 体系的韧性得到提高。用环氧/二元胺改性 BMI 树脂具有良好的工艺性，如预聚物可溶于丙酮、预浸料具有良好的黏结性和铺覆性。

② 合成含环氧基的 BMI 树脂。含环氧基的 BMI 是通过使用过量的环氧树脂与 BMI 及二元胺预聚，得到端基为环氧基团的树脂。此树脂用胺固化时可得到较佳性能。含环氧基的 BMI 和普通的 BMI 一样，经适当工艺固化后，具有良好的耐热性，且此类改性 BMI 树脂体系的固化温度一般较低。

③ 合成含有环氧结构的改性剂。环氧与烯丙基类化合物反应可形成烯丙基酚氧树脂改性剂，如前面叙述的烯丙基酚氧树脂 AE 等。这类改性剂有助于改善树脂基体与碳纤维增强体之间的界面效果，具有良好的改性效果。

5.2.2.6　氰酸酯改性 BMI

对于前面所提及的各种改性方法，无论是用二元胺扩链改性还是用烯丙基类化合物改性，基本上是通过降低树脂的交联密度来提高韧性，往往都是以不同程度地损失材料的刚性和耐热性为代价；利用环氧树脂改善 BMI 的工艺性，是以牺牲 BMI 树脂的耐热性为代价；橡胶改性虽能成倍提高 BMI 树脂的韧性，但同时也使改性树脂的耐热性和弹性模量大幅下降，该方法目前已不太采用；而采用热塑性树脂增韧 BMI，虽能较大幅度地提高体系的韧性，但改性树脂体系的黏度大幅度地增加，所制备的碳纤维预浸料黏性下降，树脂体系的工艺性变差。而采用氰酸酯（CE）改性 BMI 树脂体系可克服上述缺点。

氰酸酯树脂的性能介于环氧树脂和 BMI 树脂体系之间，氰酸酯和 BMI 树脂进行共聚反应所得到的树脂具有优异的成型工艺性，可在保持 BMI 体系良好耐热性的基础上，提高树脂体系的韧性，同时改善其介电性能、降低吸水率等。由于氰酸酯和 BMI 之间的固化过程极其复杂，因此目前关于氰酸酯对 BMI 的改性机理也有不同观点，一般认为有两种：一种机理认为是氰酸酯树脂的三嗪环化聚合与 BMI 树脂的双烯加成及 Diels-Alder 反应互不干扰，反应生成互穿网络而达到增韧改性效果；另一种机理则认为是 BMI 和氰酸酯发生如下的共聚反应：

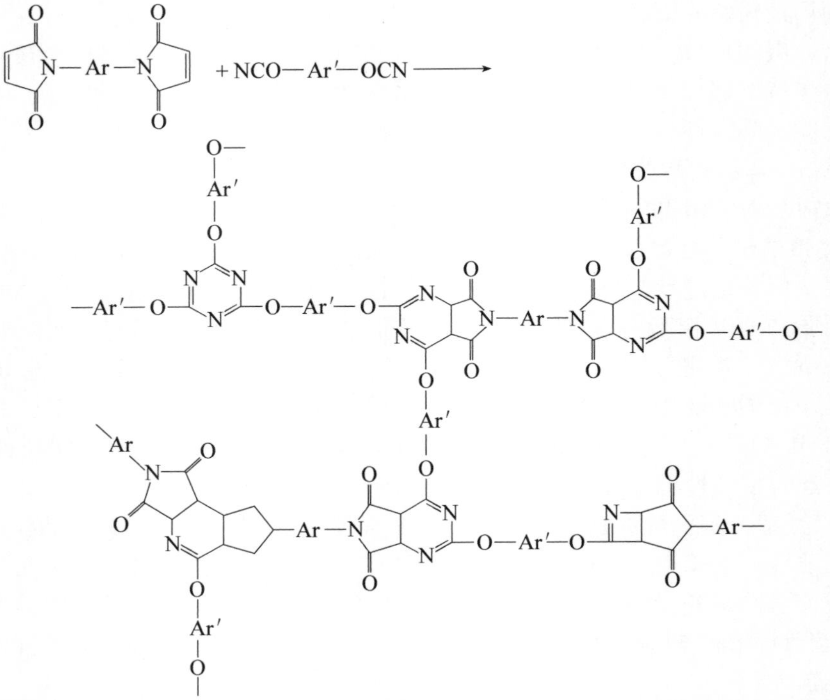

$$(5-7)$$

氰酸酯改性 BMI 树脂体系具有较高的韧性、耐热性、介电性能、耐潮湿性、耐磨性、良好的尺寸稳定性和很好的综合力学性能。日本三菱公司的商品化 BT 系列树脂主要就是以 B（Bismaleimide）和 T（Triazine）聚合而成，其最基本的成分就是双酚 A 型二氰酸酯和二苯甲烷双马来酰亚胺。BT 系列树脂固化物的耐热性介于 BMI 和氰酸酯树脂之间。

5.2.2.7　内扩链方法改性

未改性的 BMI 树脂韧性差是其分子链刚性大，两个官能团（马来酰亚胺基团）之间的间距短（桥基是二苯甲烷）以及固化物交联密度高导致的。为此，可采用内扩链的方法合成链延长型 BMI，即在尽量保持原有 BMI 高耐热性的前提下，设法延长两个马来酰亚胺基团之间的距离，并适当增大链的自旋性与柔顺性，减少单位体积中反应基团的数目，降低交联密度，从而达到改善 BMI 韧性的目的。

目前已经研发的链延长型 BMI 主要包括含酰胺键、亚脲键、醚键、氨酯键和芳酯键等，一些链延长型 BMI 的分子结构式示例如下：

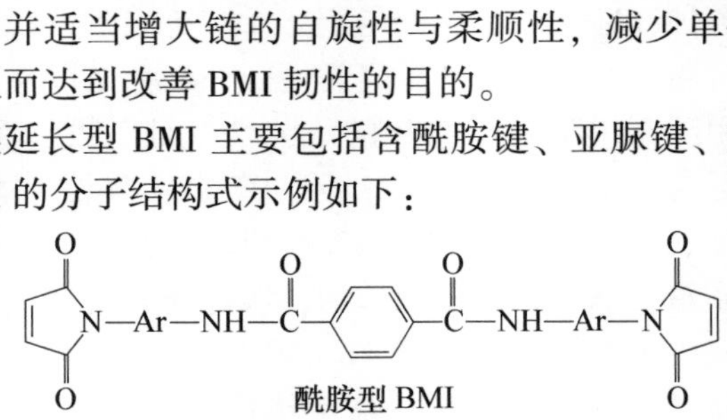

酰胺型 BMI

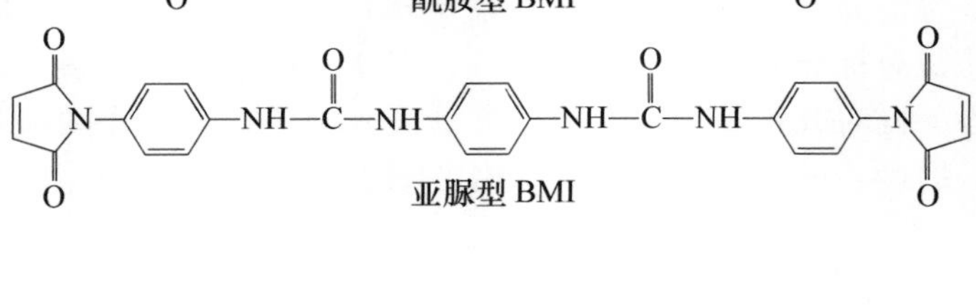

亚脲型 BMI

醚键型 BMI

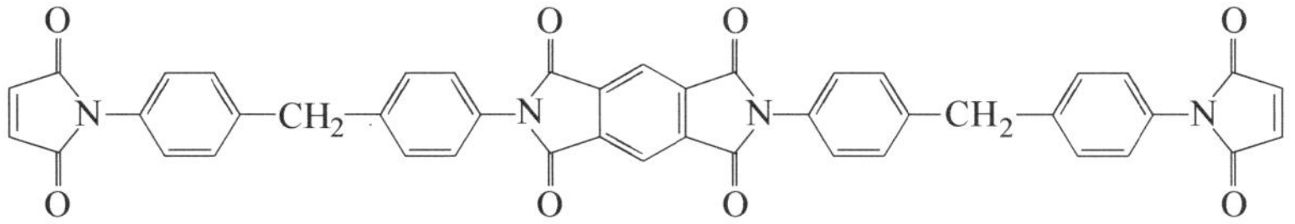

酰亚胺型 BMI

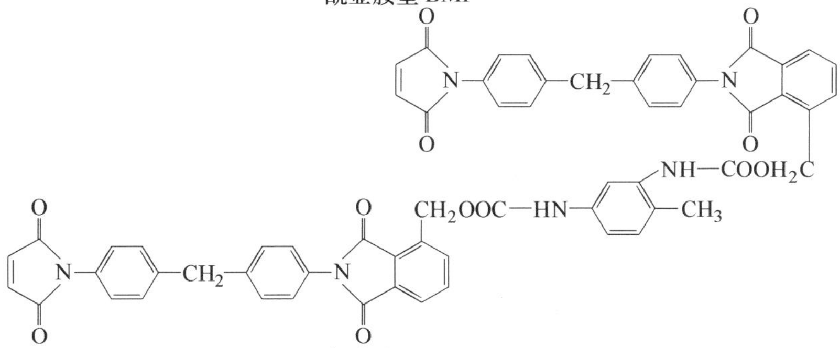

氨酯键型 BMI

芳酯键型 BMI

QY8911-Ⅲ树脂也是采用内扩链方法合成的链延长型 BMI 树脂，即砜基二苯醚 BMI 和异丙基二苯醚 BMI：

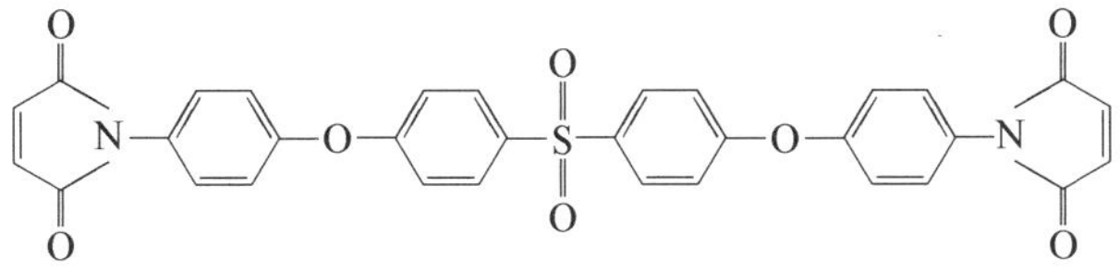

砜基二苯醚 BMI

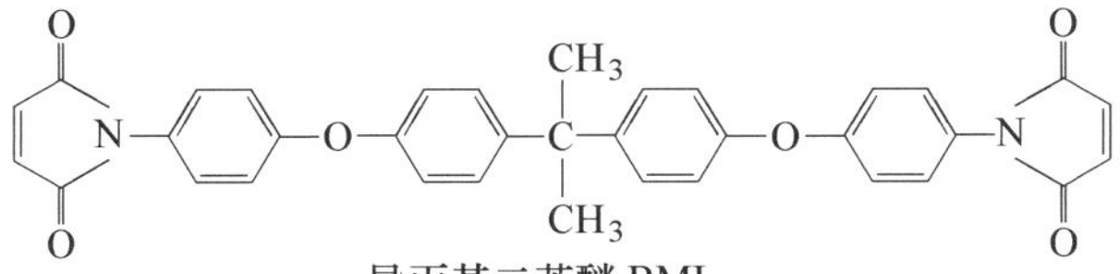

异丙基二苯醚 BMI

此外，在 BMI 分子主链中引入键能高且柔顺性大的有机硅结构单元（—Si—O—），也可获得工艺性较好、柔韧性和热稳定性高的固化物。近年来，含芳杂环结构的内扩链型 BMI 引起了普遍关注，研究者们期望这类树脂在具有良好耐热性的同时克服原有 BMI 单体熔点高、溶解性差、韧性低等不足，现已合成出含有萘环、联苯、酞（苏）Cardo 环、1,3,4-噁二唑、杂萘联苯结构以及脂肪环等结构的新型 BMI 单体，并取得了良好效果。

5.2.2.8　降低后处理温度工艺改性

目前，经改性的 BMI 树脂体系已达几十个，它们集耐高温、高强度、高韧性于一身，

109

并且具有良好的溶解性和黏性等。但是这些树脂体系一般需在 220~250℃高温后处理。高温处理要求成型设备、模具等具有更高的耐热性，使制品成本升高、生产效益降低。另外，高温固化易引起制品内应力集中、开裂及固化物综合性能的降低。

降低固化及后处理温度的主要方法有：①提高 BMI 单体反应活性，主要是选择具有较高活性的亲核单体与 BMI 单体共聚；②加入催化剂或促进剂，对于不同的改性 BMI 树脂体系，其合适的催化剂或引发剂的类型也不同。

5.2.3 双马来酰亚胺树脂的应用

由于 BMI 树脂具有优良的耐热性、耐湿热性和力学性能，改性后的 BMI 树脂工艺性与环氧相当，因此，BMI 树脂及其先进复合材料已广泛地应用于航空航天、电气电子、交通运输等行业领域。

BMI 树脂与碳纤维、芳纶纤维、玻璃纤维复合所制备的先进复合材料，可用作军机、民机或宇航器件的承力（或非承力）结构与功能部件，大幅减轻了装备质量，如机载或舰载雷达罩、机翼蒙皮、尾翼、垂尾、飞机机身和骨架等。BMI 树脂在航空工业中的最初应用之一为 Rolls-Royce 公司制造的 RB-162 发动机，其压缩机壳、转子翼片及定子翼轮都由玻璃纤维增强的 BMI 制造，这些部件可以在 240℃下使用。美国 F-22 战斗机和 RAH-66 武装直升机均大量使用了 BMI 复合材料，F-22 的机翼，机身，尾翼，各种肋、梁及水平安定面都是采用 BMI 复合材料制备的。

BMI 树脂还常用来制作高温浸渍漆、层压板、模压塑料等，用于电器的绝缘；此外，BMI 树脂还可用作金刚石砂轮、重负荷砂轮、刹车片等耐摩擦和耐磨损材料的高温胶黏剂，以及防热涂料等。

5.3 PMR 型聚酰亚胺树脂

20 世纪 70 年代初，美国国家航空航天局（NASA）的科学家最先研制成功了 PMR（in situ polymerization of monomer reactants）型聚酰亚胺。在我国，中科院化学研究所几乎在同期也开始了 PMR 树脂的研制，并成功开发出 KH-304 树脂。

PMR 型树脂是芳香二胺、芳香四酸的二烷基酯和纳狄克二酸的单烷基酯的甲醇或乙醇溶液，其特点是：①是一种低相对分子质量单体的醇溶液，黏度低、浓度高，可直接用于浸渍纤维和织物，并进行复合材料的成型固化，聚合和交联反应在加工过程中进行；②使用低沸点的溶剂，溶剂在树脂交联成型之前几乎全部除去；③亚胺化在固化之前完成，固化时仅有极少的挥发物产生，有利于得到孔隙率低的复合材料。

5.3.1 PMR-15 聚酰亚胺树脂

5.3.1.1 PMR-15 聚酰亚胺树脂的合成及固化

合成 PMR 型聚酰亚胺的单体通常有芳香二胺、芳香二酐和降冰片烯酸酐（又称纳迪克酸酐，NA）。PMR-15 聚酰亚胺树脂是第一代 PMR 型树脂的代表产品，其合成方法如下：

首先将 3,3′,4,4′-二苯甲酮四羧酸二酐（BTDA）和纳迪克酸酐（NA，又称降冰片烯酸酐）在低沸点的甲醇溶剂中分别制成 3,3′,4,4′-二苯甲酮四羧酸二甲酯（BTDE）和纳迪克二酸单甲酯（NE）溶液，然后再和 4,4′-二氨基二苯基甲烷（MDA）的甲醇溶液按一定的配比反应制备树脂溶液。反应物的摩尔比不同，所得到的预聚体的相对分子质量也不同，通过控制树脂的相对分子质量以得到黏度小的树脂溶液，当反应物之间的摩尔比 $n(NE):n(MDA):n(BTDE)=2.000:3.087:2.087$ 时，得到的预聚体相对分子质量为 1500，故称之为 PMR-15。其合成和固化反应式如下：

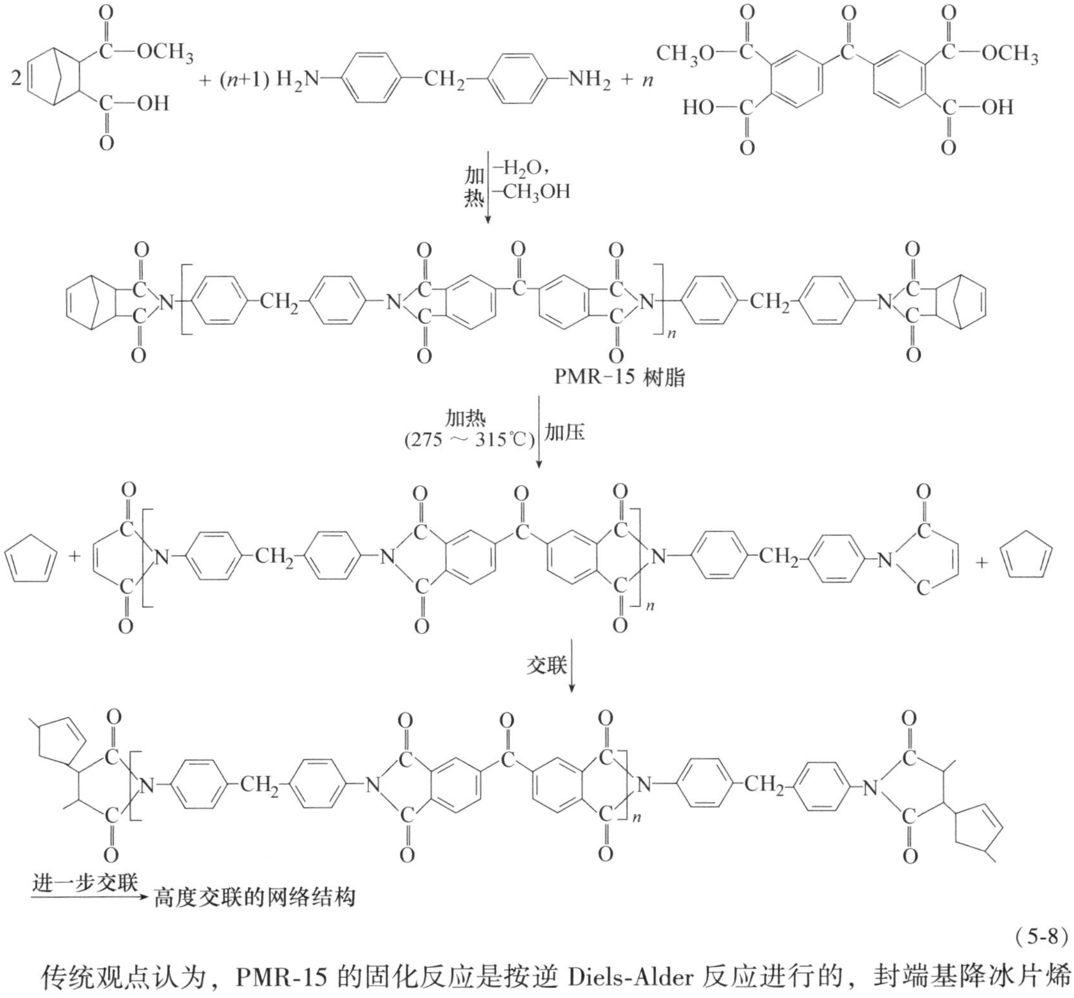

PMR-15 树脂

高度交联的网络结构

(5-8)

　　传统观点认为，PMR-15 的固化反应是按逆 Diels-Alder 反应进行的，封端基降冰片烯产生双马来酰亚胺和环戊二烯，双马来酰亚胺基团在一定程度上和环戊二烯的双键及未反应的降冰片烯基团生成共聚物，形成交联结构。但最终的加成固化反应非常复杂，目前仍然未能全面了解。

　　由于纳迪克酸酐封端酰胺酸的亚胺化温度远低于它的交联固化温度，可在固化前使亚胺化反应完全，这就防止了在最后固化时产生挥发分，从而可制备密实的复合材料，然而亚胺化的 PMR 树脂却不能溶于低沸点溶剂。

　　中科院化学研究所生产的 KH-304 是国内同类产品的代表，非常适合于热压罐成型。KH-304 树脂采用乙醇作为反应溶剂，对环境无毒，有利于大规模生产和使用。另外，KH-304 树脂具有比 PMR-15 树脂更好的储存稳定性，更易于浸渍增强材料进行预浸料的制备。

5.3.1.2　PMR-15 聚酰亚胺树脂的性能

由于聚合物在高温下会发生交联、氧化降解等化学反应，使其性能变坏，同时也会使物理状态发生变化，如密度增加、脆性增加。因此，聚合物的热氧化稳定性是衡量其耐热性好坏的重要性能指标。

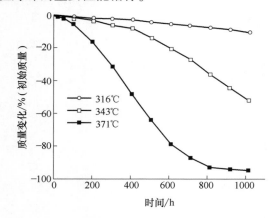

图 5-4　PMR-15/G30-500 复合材料在不同温度下老化时的质量变化

图 5-4 是 PMR-15 聚酰亚胺复合材料在不同温度下热老化后的质量损失百分率。结果表明，在 316℃下热老化 1000h 后，PMR-15 聚酰亚胺复合材料的质量损失率仍小于 10%，但在 371℃下热老化 200h 后，其质量损失率已达 20%。这就意味着，PMR-15 聚酰亚胺复合材料的长期使用温度不应高于 316℃。

尽管如此，PMR 聚酰亚胺交联固化后形成高交联密度的热固性聚合物，具有较 BMI 和环氧树脂更优异的高温力学性能。表 5-6 中列出了 PMR-15 聚酰亚胺复合材料在不同温度下的力学性能及其保持率，从中可以看出，在 260℃下，PMR-15 复合材料的弯曲强度、弯曲模量和层间剪切强度的保持率均在 90% 以上；在 300℃的高温条件下，其弯曲强度保持率仍然高于 50%，而弯曲模量和层间剪切强度的保持率更高，分别为 88% 和 66%。

表 5-6　　　　PMR-15/AS-4 复合材料的力学性能及其在高温下的保持率

性能	测试温度			
	室温	260℃	280℃	300℃
弯曲强度/MPa	1850	1690(91%)	1200(65%)	930(50%)
弯曲模量/GPa	118	119(101%)	115(97%)	104(88%)
层间剪切强度/MPa	98	92(94%)	69(70%)	65(66%)

注：括号内的值为保持率。

表 5-7 是我国研制的同类产品 KH-304 树脂和不同型号碳纤维制备的复合材料在高温下的力学性能及其保持率。可以看出，碳纤维/KH-304 复合材料不但具有优异的室温力学性能，而且其在高温下的力学性能也非常突出。以 Thornel/KH-304 为例，在 300℃的高温下，材料的弯曲强度保持率可高达 73%，模量没有任何降低，剪切强度保持率为 54%。

表 5-7　　KH-304 树脂和不同碳纤维制备的复合材料在高温下的力学性能及其保持率

性能	温度/℃	弯曲强度/MPa	弯曲模量/GPa	剪切强度/MPa
HTA-7/KH-304	室温(RT)	1730	112	107
	300	820(47%)	94(84%)	59.5(55%)
Z-3R/KH-304	RT	1750	92.9	94.3
	300	860(63%)	85.1(92%)	54.3(58%)
Thornel/KH-304	RT	1790	108	109
	300	1300(73%)	113(101%)	59(54%)

续表

性能	温度/℃	弯曲强度/MPa	弯曲模量/GPa	剪切强度/MPa
HoHo6/KH-304	RT	1660	122	104
	300	980(59%)	128(101%)	55.2(53%)

注：括号内的值为保持率。实验数据为 5 个试样的平均值。高温试验的温度实测为（296±4）℃，其中 HoHo6/KH-304 的高温项实测为 316℃。

5.3.2　PMR 型聚酰亚胺树脂的发展

5.3.2.1　耐 371℃高温的 PMR 型聚酰亚胺树脂

PMR-15 聚酰亚胺树脂具有良好的工艺性和综合力学性能，作为复合材料树脂基体已得到广泛应用。它的主要缺点是交联固化温度高，长期使用温度低于 316℃，不能满足在更高温度下长期使用的需求。为了进一步提高 PMR 型聚酰亚胺树脂的抗热氧化稳定性，发展了耐温等级更高的第二代 PMR 聚酰亚胺树脂并使其商品化，主要包括 PMR-Ⅱ、V-CAP、AFR-700 以及 LaRC-RP-46 等，这些树脂可耐 371℃的高温。

PMR-Ⅱ聚酰亚胺树脂采用耐热性更高的 4,4′-六氟代异丙撑二邻苯基二甲酯（6FDE）替代 PMR-15 中的 BTDE，以对苯二胺替代 MDA，其分子结构式如下：

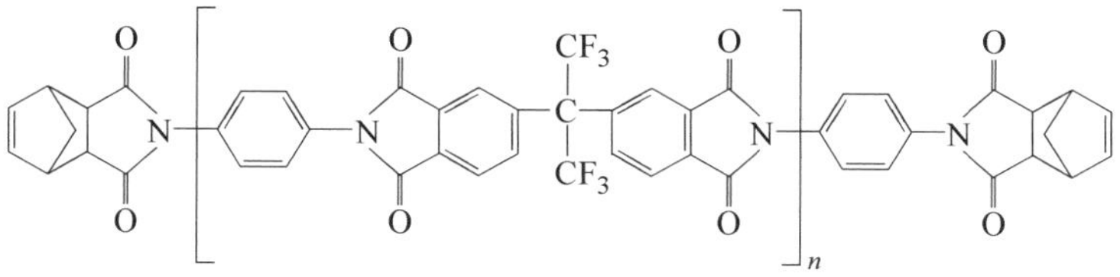

其中，当 n 为 5 和 8.9 时，预聚物的相对分子质量为 3000 和 5000，分别称之为 PMR-Ⅱ-30 和 PMR-Ⅱ-50。与 BTDE 相比，6FDE 不仅具有更好的化学稳定性，而且能使高分子链的柔顺性增大，因此可采用刚性大、化学稳定性好的对苯二胺与之配合形成聚酰亚胺预聚体。6FDE 的使用还可使材料在具有良好加工性能的条件下具有较大的相对分子质量，分子链的增长使树脂结构中较弱的封端基含量相对减少，这也会使得 PMR-Ⅱ的耐热氧化稳定性增加。

V-CAP 树脂同样采用 6FDE 和对苯二胺作为反应单体，但封端剂选择的是对氨基苯乙烯（p-AS）用来代替 NE。这样会使树脂的流动性更好，可改善复合材料的成型工艺性，且使树脂具有更好的抗热氧化稳定性。不过和使用 NA 封端剂的树脂相比，其固化产物的玻璃化转变温度要低一些。V-CAP 树脂的分子结构式如下：

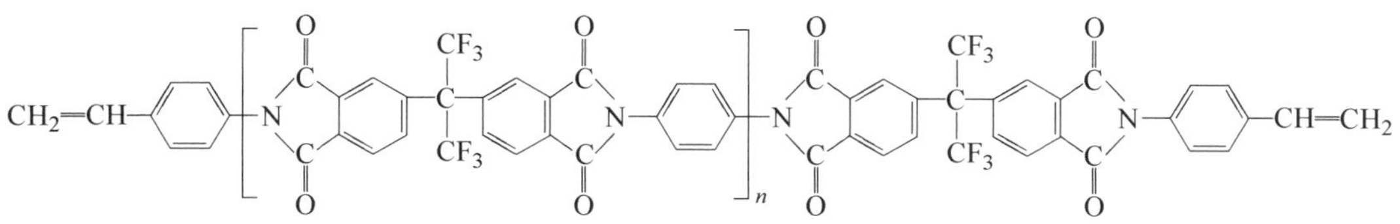

AFR-700 聚酰亚胺树脂和 PMR-Ⅱ一样，也是采用 6FDE、对苯二胺和封端剂 NE，但与 PMR-Ⅱ分子结构不同的是，它采用 NA 单封端，分子链的另一端是胺（AFR-700B）或者酸酐（AFR-700A），其分子结构式分别如下所示：

AFR-700B

AFR-700A

由于 AFR-700 树脂在高温交联过程中生成共轭化学键，提升了聚酰亚胺分子链的刚性，这种共轭结构的存在可使得 AFR-700 树脂的玻璃化转变温度达到 400℃以上，与 PMR-15 相比有大幅度提高，并且在 371℃下热氧化稳定性良好。不过该树脂的固化工艺周期与 PMR-Ⅱ相比要长一些，但是熔体流动性更好，力学性能更优。例如，371℃下，AFR-700 聚酰亚胺树脂剪切强度保持率可以达到 88%。

LaRC-RP-46 型聚酰亚胺树脂采用含有醚键柔性结构的 3,4-二氨基二苯醚（3,4-ODA）替代 MDA，固化后树脂的玻璃化转变温度可以达到 394℃，其分子结构式示意如下：

在上述第二代 PMR 聚酰亚胺树脂中，由于 PMR-Ⅱ、AFR-700 和 V-CAP 树脂使用了价格昂贵的含氟单体，因此它们的价格远高于第一代的 PMR-15 型聚酰亚胺树脂。但作为耐温等级更高的 PMR 聚酰亚胺，如 PMR-Ⅱ，其耐热氧化稳定性明显优于 PMR-15 聚酰亚胺树脂（图 5-5）。

表 5-8 列出了一些第二代 PMR 聚酰亚胺树脂复合材料的力学性能，从中可以看出，这些材料在室温下的力学性能和碳纤维 PMR-15 复合材料的力学性能大致相当，但在 371℃高温下，第二代 PMR 聚酰亚胺树脂复合材料的力学性能可以保持在较高水平。

中国科学院化学研究所自 20 世纪 80 年代后期起也开始了耐 371℃聚酰亚胺材料的研究，先后研制出牌号分别为 KH-305、KH-306 和 KH-307 的第二代 PMR 型树脂。其中 KH-305 和 KH-307 树脂具有良好的熔

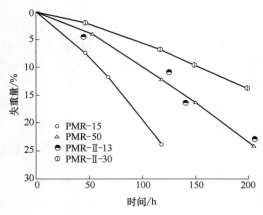

图 5-5　不同 PMR 聚酰亚胺/Celion 6K
复合材料在 371℃老化时的失重率

体流动性和优良的综合性能，可充分浸渍多种碳纤维从而制成高质量的预浸料，以 KH-305 树脂为基体制得的复合材料室温弯曲强度超过 1500MPa、弯曲模量超过 120GPa。

表 5-8　　　　　　　耐 371℃PMR 型聚酰亚胺复合材料的力学性能

复合材料种类	弯曲强度/MPa		层间剪切强度/MPa	
	室温	371℃	室温	371℃
Celion 6K/PMR-15	1750	317	120	21.4
Quartz/AFR-700B	848	420	59	52
Celion 6K/PMR-Ⅱ-50	1840	324	112	23
T650/PMR-Ⅱ-50	1434	666	77.5	32
Celion 6K/LaRC-RP-46	1724	793	131	32.4

5.3.2.2　低毒环保的 PMR 型聚酰亚胺树脂

PMR-15 聚酰亚胺树脂的另一缺点是使用了有致癌作用的 MDA，从而对安全使用和人身健康造成了不良影响。为了改善 PMR 聚酰亚胺树脂的使用安全性，采用其他芳香二胺替代有害的 MDA，合成低毒环保非 MDA 的 PMR 聚酰亚胺树脂，主要品种包括前面已经提及的 LaRC-RP-46，以及采用 4,4′-二苯醚二胺或 2,2′-二甲基-4,4′-二氨基联苯胺（DMBZ）分别替代 MDA 的 LP-15 和 DMBZ-15 等。下面为 LP-15 聚酰亚胺的分子结构式：

这些非 MDA 的聚酰亚胺树脂体系除对环境低毒绿色以外，大多具有良好的工艺性和力学性能，例如，以 DMBZ-15 树脂为基体、T650-35 碳纤维为增强体制备的复合材料，玻璃化转变温度可高达 418℃，并且具有良好的热氧化稳定性能和耐热性能；LaRC-RP-46 复合材料的冲击后压缩强度、断裂韧性和 PMR-15 相比都有所提高。

5.3.3　PMR 型聚酰亚胺树脂的应用

PMR 型聚酰亚胺基复合材料由于很好地解决了该类材料的成型工艺问题，最大程度地保持了聚酰亚胺材料的多种优异性能，同时显著提高了材料的玻璃化转变温度，使之能够在 300℃以上的高温下长期使用，已经成为航空航天、国防等尖端技术领域的关键材料。

目前，PMR 型聚酰亚胺树脂基复合材料主要应用于制造航天航空飞行器中各种耐高温结构部件，包括小型的模压件以及大型的真空热压罐成型结构件等。例如，在航空发动机上使用 PMR 型聚酰亚胺树脂基复合材料，可明显减轻其质量，提高发动机推重比。这些制品包括 F404 外涵道、CF6 芯帽、YF-120 风扇静止叶片、PLT-210 压气机机匣等，其中 F404 外涵道是第一个使用 T300 织物/PMR-15 复合材料制造的发动机零件，和以往使用的钛合金外涵道相比，质量减轻 15%~20%，制造成本下降 30%~50%。

聚酰亚胺复合材料在军用和民用飞机上也得到了一定的应用，如 B747 的热防冰气压管道系统和 F-15 的襟翼等。B747 飞机所用的全机防冰气压管道的最高使用温度为 232℃，使用期为 50000h，一般的树脂基复合材料很难满足要求，在采用碳纤维增强 PMR-15 复合材料管道替代原来的钛合金管道后，全机防冰气压管道系统质量下降到约 125kg，减重效率达 35% 以上。

高速飞行的巡航导弹对弹体表面材料的使用温度提出了更严苛的要求。在这种情况下，除采用高温高强钛合金外，也可采用耐 371℃ 高温的 PMR 聚酰亚胺复合材料。如美国战斧巡航导弹的进气道和整流罩就采用了石墨纤维增强聚酰亚胺复合材料。耐高温 PMR 复合材料不但具有优异的耐高温性能和力学性能，通过选择适当的增强材料，也可使其具有优良的介电性能和透波性能等，因此，PMR 复合材料又可用作高速巡航导弹的雷达天线罩材料。

航天领域中耐高温树脂基复合材料的应用范围也相当广泛。如 PMR Ⅱ-50 与碳纤维复合用作空间推进器夹层结构的面板；美国航天飞机轨道器采用石墨纤维/聚酰亚胺复合材料替代目前所用的 2219 铝合金，结构承温能力从 177℃ 提高到 316℃，且结构和热防护系统的质量明显降低，该类复合材料用来制造航天飞机的方向舵、机翼前襟、副翼和襟翼等主结构件，可减重 26%。

5.4 乙炔端基型聚酰亚胺树脂

乙炔端基型聚酰亚胺树脂最早是由美国于 20 世纪 60 年代开始研究的，但直至 20 世纪 70 年代才公开发表，所开发出的以 3-氨基苯乙炔封端的聚酰亚胺低聚物系列产品，其商品名为 Thermid 600（包括 Thermid AL-600、Thermid LR-600、Thermid IP-600 和 Thermid MC-600 四种）。这类树脂在高温下通过乙炔端基进行交联，整个过程没有挥发性的副产物放出，所得到的树脂产品显示出优异的耐热和物理性能。

5.4.1 乙炔端基聚酰亚胺树脂的合成和固化

Thermid MC-600 是最早商品化的 Thermid 系列聚酰亚胺树脂，它是通过 3,3′,4,4′-二苯甲酮四羧酸二甲酯、1,3-二（间氨基苯氧基）苯胺（简称 APB）和 3-乙炔苯胺（简称 APA）反应得到对应的乙炔封端酰胺酸，然后加热使其亚胺化，不断除去缩合水，从而获得的乙炔封端的聚酰亚胺预聚体，其反应式如下：

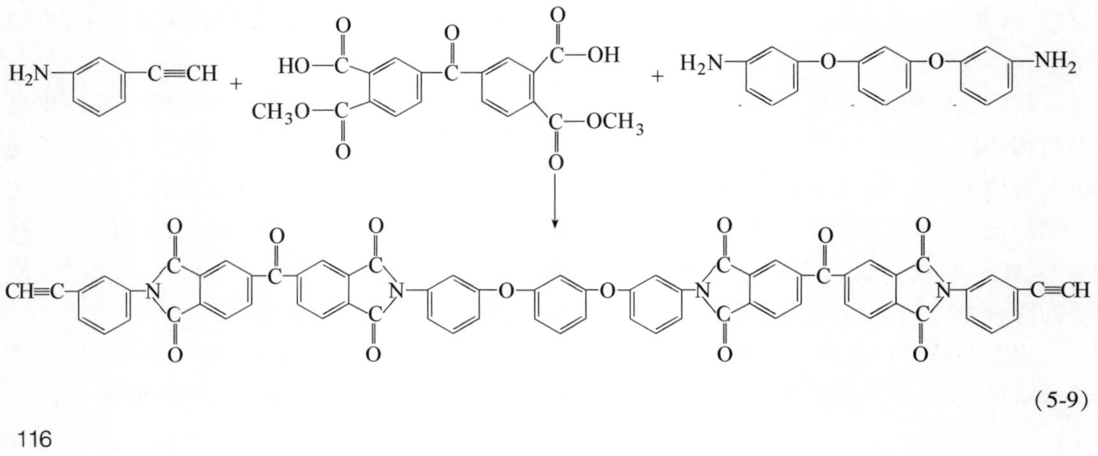

$$(5-9)$$

Thermid MC-600 是棕黄色固体，软化温度为 157~210℃，在没有催化剂存在的情况下在软化温度以上进行固化，可溶于 N-甲基吡咯烷酮、N,N-二甲基甲酰胺和 Me₂SO₃ 等极性溶剂。

Thermid AL-600 和 Thermid LR-600 分别是 3,3′,4,4′-二苯甲酮四羧酸二酐、APB 和 APA 三种反应单体的乙醇混合溶液以及通过反应获得的乙炔封端酰胺酸。使用 Thermid AL-600 和 Thermid LR-600 的目的是改善树脂的溶解性和成形工艺性。但由于在固化过程中，Thermid AL-600 的胺和酯的缩合反应、亚胺化反应以及 Thermid LR-600 的亚胺化反应会产生乙醇、缩合水等挥发分，这些小分子挥发分都会使固化产物产生孔隙。

此外，乙炔基封端的聚酰亚胺在加工过程中还存在一个严重问题，具体表现为树脂低聚物的熔点较高，且在熔融后立即开始聚合，即材料的加工窗口（固化温度与流动温度之差）很窄，在 195℃下的凝胶时间只有几分钟，这样在制备大型和复杂部件时的工艺难度很高，限制了其使用。为改善其加工性能，科学家们进行了大量研究，发现使用异酰亚胺中间体可以有效地改善乙炔基封端聚酰亚胺材料的加工性能，这是由于异酰亚胺在高温下会经历一个热重排反应转化为聚酰亚胺，与酰亚胺相比，异酰亚胺具有较好的流动性和溶解性，从而改善了树脂的可加工性，使其凝胶时间延长、工艺窗口变宽，代表性树脂品种为 Thermid IP-600。然而采用该方法制备得到的树脂基复合材料的力学性能却并不理想。Thermid IP-600 的分子结构式如下所示：

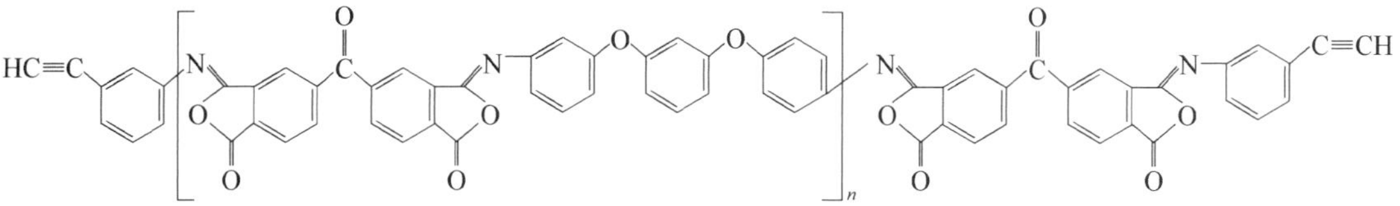

经过进一步的研究，证实采用苯乙炔基封端可以有效地改善材料的加工性能，其加工窗口超过 80℃，原因是苯乙炔基的引入使树脂的交联温度升高至 350~370℃。其中具有代表性的树脂包括 NASA 开发的 PET Ⅰ-1、PET Ⅰ-5 以及日本合成的非对称芳香族无定形 TriA-PI 系列聚酰亚胺树脂，这些树脂的加工性能与乙炔基封端的聚酰亚胺相比得到了不同程度的改善，同时也保持了优异的热性能。

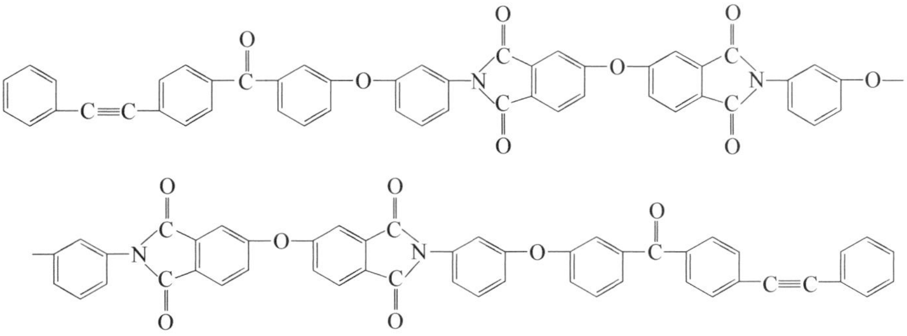

PET Ⅰ-1

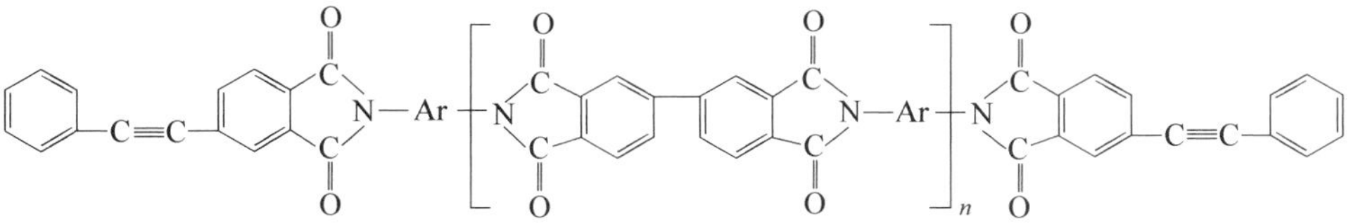

PET Ⅰ-5

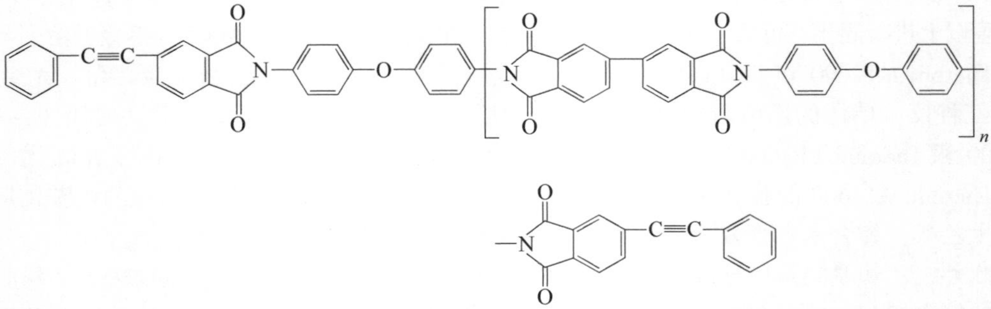

TriA–PI

苯乙炔基封端的聚酰亚胺树脂具有优良的耐热氧化性，并耐各种溶剂如喷气机燃料、液压油及酮类溶剂。据报道，美国高速客机就是采用苯乙炔封端的聚酰亚胺作为黏合剂。

此外，还有一些其他类型的乙炔端基的聚酰亚胺树脂，例如，用 3-(3-氨基苯氧基) 苯基乙炔与二苯酮四羧酸二酐反应生成的树脂，其反应式如下：

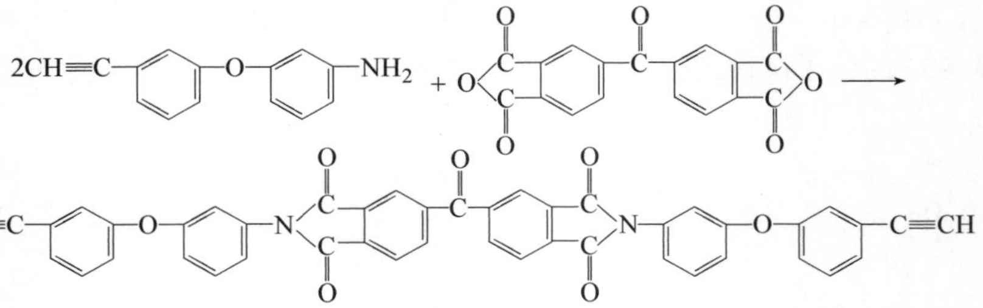

$$\tag{5-10}$$

乙炔端基酰亚胺经加热后，会通过乙炔端基进行聚合和固化，其固化反应包括乙炔基的芳环化反应。但研究表明，并不是所有的乙炔端基都参与芳环化反应，只有不到 30% 的乙炔端基三聚成环；乙炔端基也能够发生自由基聚合反应，还可能通过其他反应途径最终形成交联结构。一般认为，在高温下，树脂主要的固化反应是乙炔端基的线型聚合，在交联材料中形成反式-多烯结构；而在聚合初期，则是乙炔端基的三聚反应占优势。总体来说，乙炔端基酰亚胺的固化反应是比较复杂的，由于交联后树脂的难处理性，其反应机理难以得到充分的证实。

5.4.2　乙炔端基聚酰亚胺树脂的性能

引入炔基后，聚酰亚胺树脂的耐热性能得到了明显的改善，以 Thermid 系列树脂为代表的乙炔基封端聚酰亚胺树脂具有突出的热氧化稳定性和优异的高温耐湿性，其性能如表 5-9 所示。

Thermid MC-600 的熔融温度为 195~205℃，固化起始温度为 221℃，峰值温度为 251℃。在 246℃、15MPa 下模压试样的 T_g 为 255℃，经 371℃ 下后处理，T_g 可逐渐提高到 349℃。Thermid MC-600 树脂的热分解温度在 500℃ 以上。Thermid MC-600 树脂的缺点是熔融温度高，凝胶时间短，不能溶于低沸点溶剂，因而预浸和成形工艺性较差。

Thermid IP-600 由于使用异构酰亚胺链替代 Thermid MC-600 中的酰亚胺链，使熔融温度从 200℃ 左右降低到 160℃；同时溶解性能提高，可溶于四氢呋喃、甘醇二甲醚、4∶1 甲乙基酮/甲苯混合溶剂、N-甲基吡咯烷酮、N,N-二甲基甲酰胺等多种溶剂；树脂的凝胶时间增加，190℃ 下凝胶时间提高到 15min 以上；反应放热峰更宽（190~320℃），这意味着 Thermid IP-600 的反应更加平缓，有较宽的工艺窗口。工艺性的改善使得 Thermid IP-600 能采用传统的预浸和热压罐成形技术制备大尺寸的结构复合材料件。

表 5-9　　　　　　　　　　　　Thermid 系列聚酰亚胺树脂的性能

性　能	Thermid MC-600	Thermid IP-600	性　能	Thermid MC-600	Thermid IP-600
密度/(g/cm³)	1.37	1.34	弯曲强度/MPa		
T_g/℃	349	354	室温	146.6	106
热膨胀系数/℃⁻¹	$(3.5~5.0)×10^5$	—	316℃	29	44
吸水率/%	1.24	1.18	弯曲模量/GPa	4.6	—
拉伸强度/MPa	82.8	58.6	开口冲击强度/(J/m)	80	—
拉伸模量/GPa	4.1	5.03	316℃热老化下失重/%		
断裂伸长率/%	1.5	1.2	500h	2.89	
压缩强度/MPa	172	—	1000h	4.04	

Thermid IP-600 树脂作为复合材料基体使用，可在较低温度下成型，然后制件可在自由状态进行后处理。经过 370℃ 下 8h 后处理，Thermid IP-600 的 T_g 达 350℃，基本上和 Thermid MC-600 相同；若在 400℃ 下进行 8h 后处理，T_g 可提升至 354℃。

5.4.3　乙炔端基聚酰亚胺树脂的应用

实现树脂工艺性与材料性能的统一将是今后耐高温聚酰亚胺树脂领域的发展方向。乙炔基封端的聚酰亚胺具有优异的性能和良好的加工性能，是当前耐高温聚酰亚胺材研究的热点之一。耐高温聚酰亚胺树脂基复合材料目前主要应用于制造航天航空飞行器中各种高温结构部件，从小型的热模压件（如轴承）到大型的真空热压罐成型结构件（如发动机外罩和导管等）。现在，除发达国家外，我国也加大了对乙炔基封端聚酰亚胺材料的研究力度。随着研究工作的深入和发展，乙炔端基聚酰亚胺必将在航空、航天、电子等领域得到越来越广泛的应用。

复习思考题

1. 加聚型聚酰亚胺和缩聚型聚酰亚胺相比有什么特点？主要包括哪几类？

2. 双马来酰亚胺在使用前为什么需要进行增韧改性？其增韧改性方法主要有哪几种？并指出这些改性方法的优缺点。

3. 简述热塑性树脂改性 BMI 树脂的增韧机理，影响热塑性树脂增韧效果的主要因素是什么？

4. 除增韧改性之外，BMI 树脂的改性还主要集中在哪些方面？

5. 简述 PMR 型聚酰亚胺树脂的主要特点。

6. 第二代 PMR 型聚酰亚胺树脂的代表性品种有哪些？明确它们各自的分子结构及其

对性能的影响。

7. 低毒环保的 PMR 型聚酰亚胺树脂有哪些品种？

8. Thermid MC-600 的凝胶时间短、加工窗口窄，而 Thermid IP-600 却具有较宽的工艺窗口，其中的原因是什么？苯乙炔封端的聚酰亚胺具有良好加工性的原因又是什么？

9. 查阅文献资料，了解当前耐高温加聚型聚酰亚胺树脂的发展现状及动态。

第六章　氰酸酯树脂

6.1　概　　述

氰酸酯树脂（Cyanate Ester，CE）通常是指含有两个或者两个以上的氰酸酯官能团的酚衍生物，它在热和催化剂的作用下发生三元环化反应，生成含有三嗪环的高交联密度网络结构的大分子。

氰酸酯单体的合成研究最早可追溯到 19 世纪下半叶，但直到 20 世纪 50 年代初，才首次取得成功。1963 年，德国拜耳公司的化学家 E. Grigat 等人首先发现了采用酚类化合物与卤化氰合成氰酸酯的简单方法，并对此进行了大量的研究工作，然而由于初期对氰酸酯的合成反应影响因素及其聚合反应机理掌握得不够深入，影响了氰酸酯树脂的加工性能和使用性能，氰酸酯树脂的推广应用也受到了极大的限制。在 20 世纪 80 年代，欧美等国家和地区的公司才具备稳定的生产条件，并终于开发出真正具有商品实用价值的氰酸酯树脂产品。尽管氰酸酯树脂的出现相对较晚，但其作为高性能树脂已在复合材料领域中得到了成功应用。

氰酸酯树脂的加工工艺性与环氧树脂相似，可在 177℃ 下固化，在固化过程中无挥发性小分子产生，其固化物具有低介电系数（2.8~3.2）和极小的介电损耗正切值（0.002~0.008）、高玻璃化转变温度（240~290℃）、低收缩率、低吸湿率（<1.5%）以及优良的力学性能和粘接性能等特点。

总体而言，氰酸酯树脂具有与环氧树脂相近的加工性能，具有与双马来酰亚胺树脂相当的耐高温性能，具有比聚酰亚胺更优异的介电性能，具有与酚醛树脂相当的耐燃烧性能。目前已经开发的氰酸酯树脂主要用作高速数字及高频用印刷电路板、高性能透波结构材料和航空航天复合材料用高性能树脂基体等。

6.2　氰酸酯树脂单体的合成

氰酸酯树脂单体有多种合成方法，许多文献对此都有相关报道。但是，真正实现商业化并能制备出耐高温热固性树脂的方法只有一种，即在碱存在的条件下，卤化氰与酚类化合物反应制备氰酸酯单体：

$$ArOH + XCN \longrightarrow ArOCN + HX \tag{6-1}$$

式（6-1）中的 X 可以是 Cl、Br、I 等卤素，但通常采用在常温下是固体、稳定性好、反应活性适中且毒性相对较小的溴化氰；ArOH 可以是单酚、多元酚，也可以是脂肪族羟基化合物。反应介质中的碱通常采用能接受质子酸的有机碱，如三乙胺等。该反应通常在有机溶剂中进行，反应温度根据所用酚的结构不同各有差异，但需要在低温条件下，如双酚 A 与溴化氰的反应温度通常控制在−5~5℃。

在采用该方法合成氰酸酯树脂单体的过程中，主要有两类副反应发生，一种是少量的氰酸酯单体在碱的催化下发生三聚反应生成非晶态的半固体状的氰酸酯齐聚物；另一种是在碱性条件下，体系中含有的少量水分或合成原料酚本身与反应生成的氰酸酯继续反应生成氨基甲酸酯或亚氨基碳酸酯等，这些少量杂质的存在会影响合成产物的储存稳定性和最终产品的使用性能（如耐热性和耐水解性等）。氰酸酯树脂单体的这种制备方法非常适合用于工业化生产，工艺路线简单，合成产率和产品纯度高，而且生产的芳香族氰酸酯的稳定性极好，由它们所制造的最终产品使用性能优异。

另外一种制备氰酸酯的方法是，将单质溴加入氰化钠或氰化钾的水溶液中，然后在叔胺（TA）存在下，将它分散入酚类化合物的四氯化碳溶液中进行反应：

$$Br_2 + NaCN + ArOH + TA \longrightarrow ArOCN + NaBr + TA \cdot HBr \tag{6-2}$$

这种合成方法的好处是可以省去制备易于挥发或升华、有剧毒的卤化氰，使总体工艺一步化、简单化，但这样的做法又大大增加了产物氰酸酯的提纯难度。

其他合成方法还包括对含氮和硫的噻三唑化合物进行热分解来制备氰酸酯：

$$\tag{6-3}$$

$$\tag{6-4}$$

采用上述方法不仅可以制备芳香族氰酸酯，也可以得到产率和纯度都较高的脂肪族氰酸酯。但由于脂肪族氰酸酯的热稳定性差，一般合成较少；而制备的芳香族氰酸酯虽然纯度较高，但产率低且制备工艺复杂，故极少采用噻三唑热分解的方法来制备氰酸酯。

6.3　氰酸酯树脂的固化

6.3.1　氰酸酯树脂的固化反应机理

在氰酸酯官能团中，由于氧原子和氮原子的电负性较大，使其相邻碳原子表现出较强的亲电性，因此，在亲核试剂的作用下，氰酸酯官能团的反应既能被酸催化，也能被碱催化。如氰酸酯和水、胺的反应如下：

$$R\text{—OCN} + H_2O \longrightarrow RO\text{—}\overset{\overset{\text{NH}}{\|}}{C}\text{—OH} \longrightarrow RO\text{—}\overset{\overset{\text{O}}{\|}}{C}\text{—}NH_2 \tag{6-5}$$

$$R\text{—OCN} + R'NH_2 \longrightarrow R\text{—O}\text{—}\overset{\overset{\text{NH}}{\|}}{C}\text{—NHR'} \xrightarrow{\text{R—OCN}} R\text{—O}\text{—}\overset{\overset{\text{NH}}{\|}}{C}\text{—}\underset{\underset{R'}{|}}{N}\text{—}\overset{\overset{\text{NH}}{\|}}{C}\text{—O—R} \tag{6-6}$$

研究表明，绝对纯的芳香氰酸酯即使在加热条件下也不会发生聚合反应。通过不同方法合成的氰酸酯，有的不含有残余酚，有的含有微量的残留酚，但即使是含有残留酚的氰酸酯的固化反应也非常缓慢。

此外，单官能氰酸酯模型化合物在添加含活泼氢的水或者酸的条件下也很难发生反应。有研究显示，模型化合物对叔丁基苯氰酸酯（PTBPCN）在无催化条件下，在丁酮和丙酮溶液中经 100℃ 加热 5h 反应后，将蒸去溶剂的反应混合物做 ^{15}N-NMR 分析，证明体系并未发生任何反应；而相同的体系在加入 200×10^{-6} 辛酸锌催化剂后，在 100℃ 下加热 1h 即发生明显的三聚反应，并有少量的氰酸酯发生了水解反应。

显然，要使高纯度的氰酸酯单体发生聚合反应，必须加入催化剂提高固化反应速率。常见的催化剂有两类，一是带有活泼氢的化合物，如单酚、水（2%~6%）等；二是金属催化剂，如路易斯酸、有机金属盐等。氰酸酯官能团含有孤对电子和给电子 π 键，因此它易与金属化合物形成配合物。所以，像金属羧酸盐、$ZnCl_2$、$AlCl_3$ 这样的化合物可以作为催化剂催化氰酸酯官能团的三聚反应，但是这些金属盐在氰酸酯树脂中的溶解性很差，作为催化剂时的催化效率很低。加入能溶于氰酸酯树脂的有机金属化合物可有效地提高氰酸酯固化反应的催化效率。

式（6-7）为氰酸酯在金属盐和酚催化下的固化反应机理。在反应过程中，在氰酸酯分子流动性较大的情况下，金属离子首先将氰酸酯分子聚集在其周围，然后酚羟基与金属离子周围的氰酸酯进行亲核加成反应生成亚胺碳酸酯，接着继续与两个氰酸酯分子进行加成并闭环脱去一分子酚形成三嗪环。反应过程中金属盐是主催化剂，酚是协同催化剂，酚的作用是通过质子的转移促进闭环反应。

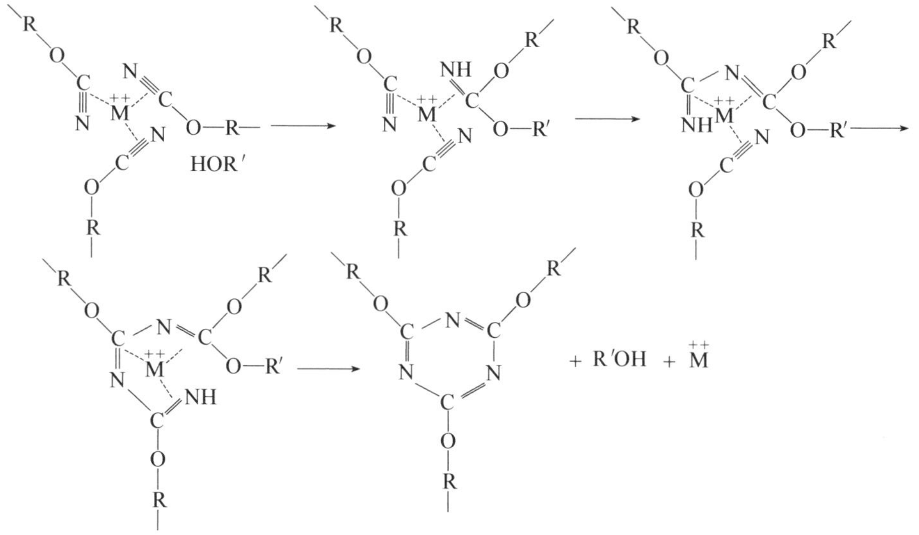

$$(6-7)$$

6.3.2　催化剂对氰酸酯固化反应的影响

在氰酸酯固化过程中，主催化剂的金属离子和有机酸根离子的种类、浓度以及协同催化剂的浓度、类型对反应均有重要影响。

6.3.2.1　主催化剂对固化反应的影响

图 6-1 是乙酰丙酮钴、环烷酸钴和辛酸钴在不同用量下催化双酚 A 型氰酸酯（BPA-Cy）反应的凝胶时间曲线。由图可见，对于相同用量、不同阴离子的钴盐，其凝胶时间有较大的差异，其中羧酸盐的催化效率远远高于乙酰丙酮盐。实际上可以认为乙酰丙酮盐

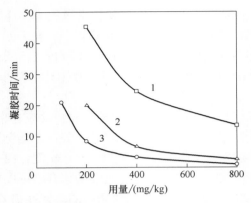

1—乙酰丙酮钴；2—环烷酸钴；3—辛酸钴。

图 6-1　BPACy 树脂凝胶时间
与钴盐种类及用量的关系

是一种潜伏性催化剂，而且由它们催化所得到的固化树脂的耐水解性能优于其他类型的催化剂。

不同类型的金属离子对氰酸酯固化反应和力学性能的影响更为重要。表 6-1 列出了乙酰丙酮金属盐催化剂对 BPACy（双酚 A 型氰酸酯）树脂固化反应和力学性能的影响，由表 6-1 可以看出各种金属离子对氰酸酯固化反应的影响存在着巨大差异。例如，同样是在 104℃ 的反应温度，Mn^{2+}、Mn^{3+} 和 Zn^{2+} 盐催化的 BPACy 树脂的凝胶时间只有 20min，而 Co^{3+} 则需要 240min；而且由这些金属盐分别催化所得固化物的力学性能也存在较大的差异，固化物的弯曲强度从 119MPa 至 178MPa 不等，弯曲应变高的达到 7.7%，而低的只有 4.6%。

表 6-1　　　　　　　乙酰丙酮金属盐对 BPACy 树脂固化反应的影响

项目	催化剂用量/（mg/kg）								
	Cu^{2+}	Co^{2+}	Co^{3+}	Al^{3+}	Fe^{3+}	Mn^{2+}	Mn^{3+}	Ni^{2+}	Zn^{2+}
	360	160	116	249	64	434	312	570	174
104℃凝胶时间/min	60	190	240	210	35	20	20	80	20
177℃凝胶时间/min	2.0	4.0	4.0	4.0	1.5	0.83	1.17	3.5	0.83
固化度/%	96.6	95.7	95.8	96.8	96.5	93.8	95.0	96.0	95.8
热变形温度（干态）/℃	244	243	248	238	239	242	241	241	243
弯曲强度/MPa	173.6	178.5	126.8	124.7	142.6	156.4	158.5	119.2	119.2
弯曲模量/MPa	2.96	3.1	3.1	2.9	2.96	2.96	2.9	3.1	3.03
弯曲应变/%	7.7	6.7	5.5	4.6	5.3	6.0	6.3	4.8	6.0

此外，主催化剂中金属离子的种类、用量对氰酸酯固化物交联网络的热稳定性也有不同的影响。例如，当壬基酚浓度为 4%，在 177℃/1h+250℃/1h 的固化工艺条件下，考察金属催化剂的种类、浓度与 BPACy 固化物 T_g 之间的关系（图 6-2）。

图中显示，当金属催化剂用量为 100mg/kg 时，树脂固化物的 T_g 为 250~260℃；但是，对锌盐催化剂来说，树脂固化物的 T_g 随催化剂用量增加而降低，当其用量为 750mg/kg 时，树脂的 T_g 降至 190℃；而以锰盐和钴盐为催化剂时，固化物的 T_g 则基本不随催化剂的用量变化而变化。

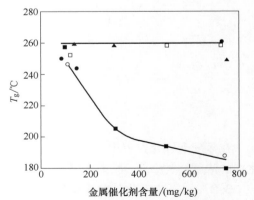

■—辛酸锌；○—环烷酸锌；▲—辛酸锰；
□—环烷酸锰；●—乙酰丙酮钴

图 6-2　玻璃化温度随催化剂种类和用量的变化

为此，继续考察采用不同用量、种类的金属盐和 4% 壬基酚的催化条件下，BPACy 固化物的热失重情况（图 6-3）。从图中可知，用量为 750mg/kg 的 Mn 盐催化时，固化物的起始热分解温度在 450℃以上；而用量为 100mg/kg 的 Zn 盐催化时，固化物在 600℃左右出现第二个失重台阶，当 Zn 盐用量为 750mg/kg 时，固化物分别在 500℃和 600℃左右呈现第二、三两个失重台阶。凝胶渗透色谱（GPC）对单官能模型化合物的催化研究表明，在高浓度 Zn 盐催化的条件下会产生一定量的氰酸酯二聚体，二聚体的产生可能就是固化物的 T_g 和热分解温度较低的原因。

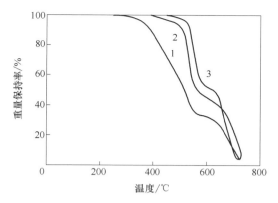

1—750mg/kg Zn 盐；2—100mg/kg Zn 盐；
3—750mg/kg Mn 盐。
图 6-3　M^{n+} 和 4% 壬基酚催化的
BPACy 固化合物的热失重曲线

6.3.2.2　协同催化剂对固化反应的影响

作为协同催化剂，活性氢化合物的种类对固化反应以及固化物的性能也有重要影响。表 6-2 列出了几种不同类型的酚对氰酸酯固化反应及其固化物性能的影响。

表 6-2　　　　　　　不同类型的酚对氰酸酯固化反应及其固化物性能的影响

固化工艺	性能	壬基酚	邻甲酚	邻苯二酚
177℃/3h	凝胶时间（104.4℃）/min	40	35	40
	热变形温度（干态）/℃	162	169	188
	热变形温度（湿态）/℃	133	134	156
	吸湿率/%	1.5	1.6	1.7
	拉伸强度/MPa	83.4	79.9	57.9
	拉伸断裂延伸率/%	2.6	2.4	1.7
177℃/3h+ 232℃/1h	热变形温度（干态）/℃	209	205	211
	热变形温度（湿态）/℃	156	151	168
	吸湿率/%	1.5	1.7	1.6
	弯曲强度/MPa	135.7	131.6	94.4
	弯曲延伸率/%	4.5	4.0	3.0

注：催化剂均为 0.025% 环烷酸铜，活泼氢的摩尔分数为 3.2%（相对于氰酸酯官能团）。

从表 6-2 中可知，酚的类型除影响氰酸酯树脂的固化反应速率外，也影响其力学性能，对于含邻苯二酚的催化剂而言，所得固化物的耐湿热性能较好，但其机械强度比采用其他酚类催化剂时低得多，而且韧性也较差。

协同催化剂的含量对氰酸酯的固化同样有重要影响。图 6-4 为壬基酚含量对环烷酸铜催化的 BPACy 树脂固化物的热变形温度影响。壬基酚含量<2%（OH/OCN 的摩尔比为 0.013）的树脂体系在 177℃/3h 条件下不能充分固化，固化度只有 70%~75%；当酚含量增至 6%（OH/OCN 的摩尔比为 0.038）时，固化度可达 91%，热变形温度为 186℃。这是由于在树脂凝胶化后，反应速率为壬基酚的含量所控制，因此高浓度的壬基酚更有利于

氰酸酯在凝胶化后的固化反应。树脂再经过 250℃/1h 的后固化，壬基酚浓度为 2% 和 6% 时，其固化物的热变形温度分别为 260℃ （—OCN 的转化率为 97%） 和 220℃ （—OCN 的转化率>98%）。这是因为适量的壬基酚既能充分地使—OCN 环化成三嗪环，又不致使酚与其反应生成亚胺碳酸酯 （降低了树脂的交联密度），因而其热变形温度很高；而高浓度 （6%） 的酚虽能使—OCN 充分转化，但酚与—OCN 的反应会使固化树脂的交联密度降低，热变形温度反而较低。另外，壬基酚的浓度还严重影响到固化树脂的力学、耐热和耐化学性能，如表 6-3 所示。从表 6-3 中可以看出，在较高温度下进行后固化对提高树脂的性能是很有必要的，与使用高浓度的壬基酚相比，在固化过程中使用适量浓度的壬基酚所得到的固化物的力学性能较好。

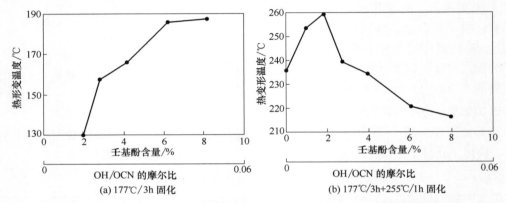

图 6-4　壬基酚含量对环烷酸铜催化的 BPACy 固化物的热变形温度影响

表 6-3　　　　　　　　壬基酚浓度对双酚 A 氰酸酯树脂固化物性能的影响

项目	壬基酚含量 1.7%		壬基酚含量 6.0%	
	177℃ 固化	250℃ 固化	177℃ 固化	250℃ 固化
氰酸酯官能团转化率/%	72	97	91	>98
热变形温度（干态）/℃	108	260	186	222
热变形温度[1]（湿态）/℃	失败	172	161	174
吸湿率[1]/%	失败	1.9	1.1	1.4
拉伸强度/MPa	脆	82.7	70.3	78.5
拉伸模量/GPa	脆	3.24	3.24	2.96
拉伸应变/%	脆	3.6	2.5	2.8
MeCl$_2$ 吸收率[2]/%	失败	5.8	15.5	7.6

注：① 湿态条件：92℃、95%状态下处理64h。② 室温3h。

6.4　氰酸酯树脂的性能

6.4.1　氰酸酯树脂单体的结构与性能

氰酸酯树脂单体种类繁多，各种单体的结构不同，使得它们的性质也有很大的差异。表 6-4 列出了一些商品化的氰酸酯树脂单体的结构与性质。

由表 6-4 可知，氰酸酯单体的结构不同，物理状态也不相同，有些单体如 Arocy B-10、Arocy M-10 等呈晶体状态；有些如 Arocy L-10、RTX-366 等则以低黏度液体的形式存在，其中 RTX-366 在存放过程中会由浅黄色液体结晶成熔点为 68℃ 的晶体；另外，Xu-71787 是含有少量低聚物的半固体状物质。因此，为了改善结晶性氰酸酯单体的工艺性，常常将其部分均聚成无定形态的预聚物（转化率控制在 30%～50%），物理状态呈现为从黏性半固体状到脆性固体状。

表 6-4　一些商品化氰酸酯树脂的结构与性质

商品名及结构式	状态	熔点/℃	黏度/Pa·s	氰酸酯当量[①]/g
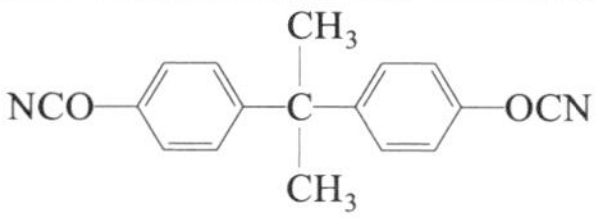 Arocy B-10	晶体	79	0.015（90℃）	139
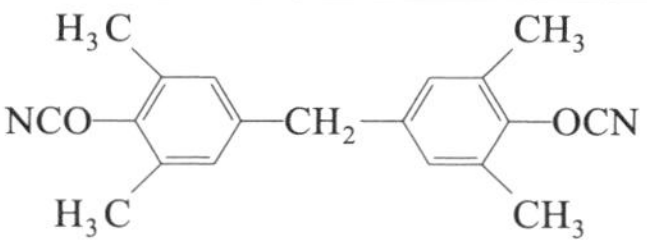 Arocy M-10	晶体	106	0.02（110℃）	153
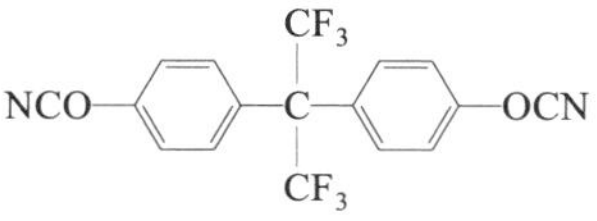 Arocy F-10	晶体	87	0.02（90℃）	193
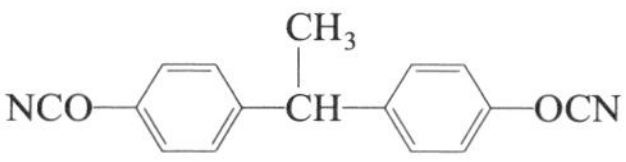 Arocy L-10	液体	—	0.14（25℃）	132
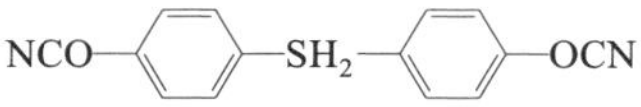 Arocy T-10	晶体	94	—	134
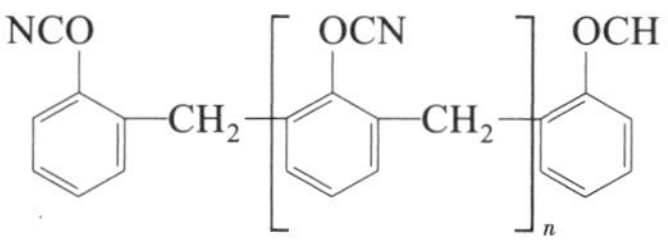 PT-30	半固体	—	25（25℃）	—
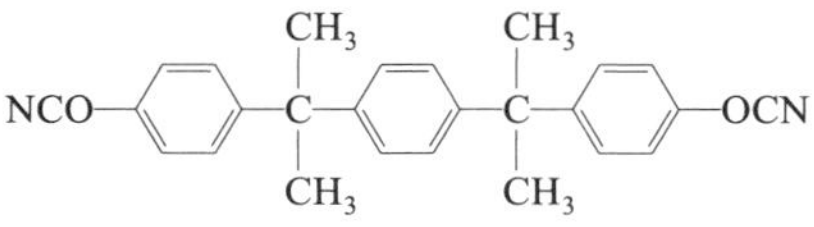 RTX-366	液体	68[②]	8（25℃）	198
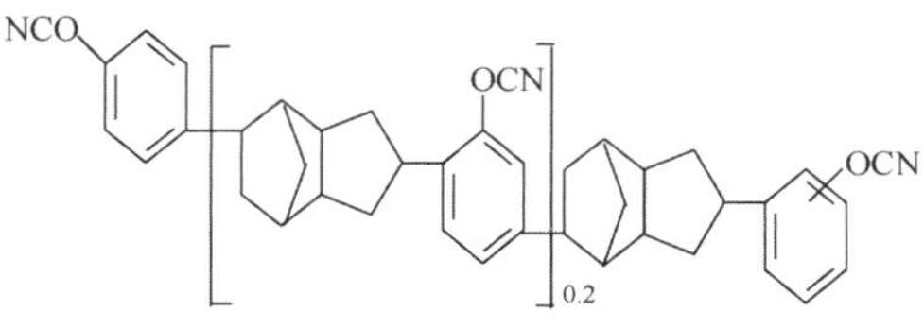 Xu-71787	半晶体	半固体	0.7（85℃）	—

注：① 含 1mol 氰酸酯官能团的树脂的质量。② RTX-366 在储存过程中会发生结晶。

6.4.2　氰酸酯树脂固化物的性能

6.4.2.1　力学性能

在氰酸酯树脂分子结构中，存在大量的连接在苯环和三嗪环之间的醚键，因为醚键更易自由旋转，所以与其他热固性树脂相比，氰酸酯树脂具有很好的抗冲击性能。表 6-5 中列出了几种氰酸酯树脂和环氧树脂、双马树脂的力学性能。

表 6-5　　　　　　　　　　　　　几种热固性树脂的力学性能

性能	Arocy 系列					Xu-71787	RTX-366	AG80/DDS	BMI-MDA
	B	M	T	F	L				
弯曲强度/MPa	173.6	160.5	133.7	122.6	161.9	125.4	121	96.5	75.1
弯曲模量/GPa	3.1	2.89	2.96	3.31	2.89	3.38	2.82	3.79	3.45
弯曲应变/%	7.7	6.6	5.4	4.6	8.0	4.1	5.1	2.5	2.2
悬臂梁式（Izod）冲击强度/(J/m^2)	37.3	43.7	43.7	37.3	48	—	—	21.3	16
G_{IC}/(J/m^2)	138.9	173.6	156.3	138.9	191.0	60.8	—	69.4	69.4
拉伸强度/MPa	88.2	73	78.5	74.4	86.8	68.2	—	—	—
拉伸模量/GPa	3.17	2.96	2.76	3.1	2.89	2.78	—	—	—
断裂伸长率/%	3.2	2.5	3.6	2.8	3.8	—	—	—	—

从表中各树脂的弯曲应变、冲击强度、拉伸断裂伸长率和 G_{IC} 等方面的数据来看，氰酸酯树脂都表现出极为优异的韧性，其中 Arocy 系列树脂的弯曲应变、冲击强度和 G_{IC} 是 AG80/DDS 和 BMI-MDA 树脂的 2～3 倍。Arocy 系列树脂由于分子结构不同，其力学性能也有一定的差异，表现尤其突出的是 Arocy L 树脂，其弯曲应变、拉伸断裂伸长率、冲击强度和 G_{IC} 值都高于其他 Arocy 树脂。此外，Xu-71787 树脂的抗冲击能力比 Arocy 系列树脂低得多，这可能是其分子结构中含有半梯形刚性脂环导致的。

6.4.2.2　热性能

氰酸酯树脂的热稳定性优于大多数的多官能度环氧树脂，其固化物在 162～180℃温度中的使用寿命长达 25000h。表 6-6 列出了几种氰酸酯树脂和环氧树脂、双马树脂的玻璃化转变温度和起始热分解温度。

表 6-6　　　　　　　　　　　几种热固性树脂的 T_g 和起始热分解温度

性能	Arocy 系列					Xu-71787	RTX-366	AG80/DDS	BMI-MDA
	B	M	T	F	L				
T_g/℃	289	252	273	270	258	244	192	246	—
起始 T_d/℃	411	403	400	431	408	405	—	306	369

从各种树脂的玻璃化转变温度来看，Arocy 系列的氰酸酯的 T_g 在 250～290℃，但 RTX-366 的 T_g 只有 192℃，这可归因于其分子结构中交联点之间的距离长，故耐热性在氰酸酯树脂中表现最差，而 Xu-71787 树脂交联点间的距离也很长，但其分子中间是刚性的脂环，因此它的耐热性仅略低于 Arocy 系列树脂，T_g 为 244℃。

从表 6-5 中还可看出，目前商品化的氰酸酯树脂的起始热分解温度基本都超过了 400℃，远高于环氧树脂，也高于双马来酰亚胺树脂，其中分子结构中含有氟原子的

Arocy F 的热分解温度高达 431℃。

6.4.2.3　介电性能

固化后的氰酸酯树脂具有极其优异的介电性能，在电磁场作用下，表现出极低的介电常数和介电损耗因子，并且在较宽频率和温度范围内波动很小。这是因为氰酸酯单体通过自聚反应形成的三嗪环网络结构使整个大分子形成一个共振体系，三嗪环的对称性使其具有很低的极化率，当频率增加或减少时，该网状结构对极化松弛不敏感，因此在频率变化的条件下，氰酸酯树脂的介电常数及介电损耗因子都不会发生大的变化。

氰酸酯树脂的介电常数大多为 2.5~3.2，小于环氧树脂（3.8~4.5）和双马树脂的介电常数（3.3~3.7）。和其他热固性树脂相比，在同等耐温等级条件下，氰酸酯树脂往往具有最优异的介电性能；在同样的介电性能要求下，氰酸酯树脂又经常具备最高的耐温等级。氰酸酯树脂优异的介电性能使其被广泛应用于航空航天和微波传送等领域。

石英纤维、无碱玻璃纤维和 Kevlar 纤维等增强的氰酸酯树脂基复合材料同样会保持树脂基体的良好介电性能，温度和频率范围都很宽。图 6-5 是 BPACy 型氰酸酯、环氧树脂和双马树脂三种石英纤维复合材料的介电常数和介电损耗因子随波段（即频率）的变化情况。从图中可知，环氧和双马复合材料的介电性能随着频率的改变均发生了明显变化，而氰酸酯复合材料的介电常数和介电损耗因子在三种复合材料中都是最小的，且频率变化时基本保持不变。

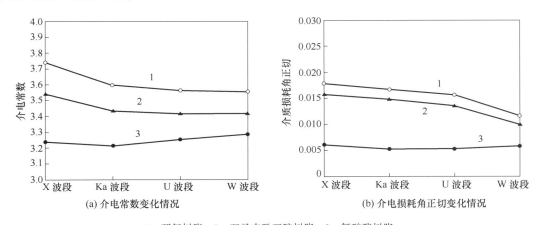

(a) 介电常数变化情况　　　　　　　　　(b) 介电损耗角正切变化情况

1—环氧树脂；2—双马来酰亚胺树脂；3—氰酸酯树脂。

图 6-5　几种石英纤维复合材料的介电常数和介电损耗正切随频率的变化情况

6.4.2.4　耐湿热性和化学稳定性

氰酸酯树脂中不含有易水解的酯键、酰胺键等，分子链上的醚键在室温下几乎不与水分子作用，即便在高温下，受影响程度也不大；加之氰酸酯本身的网络结构存在较大的空间位阻，水分子难以进行扩散。从图 6-6 中可以看出，氰酸酯树脂的吸湿率远低于环氧树脂和双马树脂，并且其力学性能、介电性能和热变性温度等在湿热条件下的保持率也很高。可见，氰酸酯树脂具有优异的耐湿热性能。

此外，氰酸酯树脂固化物还具有良好的耐化学性，在苯、二甲苯、乙醇、N,N'-二甲基甲酰胺、N,N'-二甲基乙酰胺、甲醛、稀硫酸等多种常见的溶剂中均保持稳定。对于印刷线路板生产中的去脂剂、脱漆剂、蚀刻剂及其他化学产品，以及作为结构复合材料使用

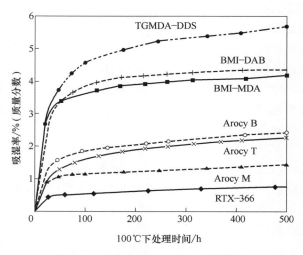

图 6-6　几种热固性树脂的吸湿曲线

时遇到的压力油、航空油及颜料脱除剂等，氰酸酯树脂都表现出很好的耐受性。但是，氰酸酯树脂易被 50% 的浓硝酸、25% 的氨水、4% 的 NaOH 溶液和浓硫酸侵蚀，水解过程中伴随着表面钝化和腐蚀。

6.5　氰酸酯树脂的改性

氰酸酯树脂以其优异的介电性能、较高的耐热性、良好的力学性能以及与环氧树脂相近的成型工艺性等备受人们的青睐，然而由于氰酸酯树脂在固化过程中生成大量的刚性三嗪环，交联密度大，其固化物相对较脆，因此，对于许多应用场合来说，氰酸酯的韧性仍不能满足要求。目前主要采用热固性树脂、热塑性树脂、橡胶弹性体以及含不饱和双键化合物等对氰酸酯树脂进行改性。

6.5.1　环氧树脂改性

环氧树脂具有良好的工艺性能、较低的价格以及与氰酸酯树脂的良好反应性，在氰酸酯树脂改性研究中，研究最早而且最多的也正是环氧树脂改性氰酸酯树脂体系。通过与环氧树脂共聚，改性的氰酸酯树脂体系可具有优良的韧性、耐湿热性以及较低的固化温度、更低的成本等。

前已述及，在无催化剂和固化剂条件下，无论是氰酸酯还是环氧树脂都很难进行固化反应，但是，当氰酸酯与环氧树脂混合时，两者能互相催化固化反应，少量的氰酸酯树脂能促进环氧树脂的固化反应，而更为少量的环氧树脂也能促进氰酸酯树脂的固化反应（图 6-7）。通过控制二者之间的比例可以达到增加 CE 固化度和降低成本的目的。

研究表明，改性树脂结构中包括五元噁唑烷酮环结构（CE/EP 共聚）、六元三嗪环结构以及环氧树脂均聚物结构。关于氰酸酯与环氧树脂的共聚反应，有报道认为分为三个阶段：第一阶段氰酸酯自聚成三嗪环网络结构；第二阶段—OCN 官能团与环氧官能团共聚生成噁唑烷酮环等结构；第三阶段环氧树脂发生聚醚化反应。

在 EP/CE 改性树脂体系中，由于氰酸酯单体固化形成大量的三嗪环，保留了 CE 固有的性能优点，同时 CE 树脂与环氧树脂发生共聚反应而形成噁唑烷酮交联网络结构，使得固化物具有良好的热稳定性和力学性能；加之改性树脂中包含大量的醚键，降低了 CE 树脂的交联密度，提高了改性树脂的韧性。

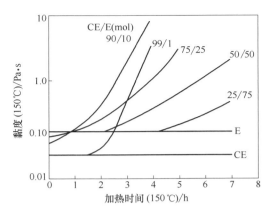

图 6-7 氰酸酯与环氧树脂不同配比混合物的黏度变化

表 6-7 中，A 为氰酸酯预聚体与环氧树脂组成的二元体系；B 为氰酸酯先与少量环氧树脂共聚后，再与环氧树脂共混形成的改性体系。从中可以发现，改性树脂体系的硬度和模量略有下降，但强度提高显著，韧性得到明显改善。另一方面，除了断裂伸长率略有不同外，两种改性工艺的力学性能基本相当，体现出良好的改性工艺。

表 6-7　　　　　　　　　　　　EP/CE 改性树脂体系的性能

性能	CE	A	B
巴氏硬度	48	38	40
拉伸强度/MPa	50	81.6	72.4
断裂伸长率/%	1.42	5.69	4.30
弯曲强度/MPa	80.9	147.7	149.5
弯曲模量/GPa	4.6	2.9	2.8

图 6-8 是 EP/CE 改性树脂和其他几种树脂的吸湿曲线。从中可以看出，EP/CE 树脂的吸湿率大大低于环氧树脂和双马树脂体系。这是因为，环氧树脂在固化过程中生成大量亲水的羟基，并且在分子结构中还含有叔胺基及少量未完全反应的伯胺和仲胺等极性官能团，而 EP/CE 树脂在固化过程中无羟基生成，也不含较多的极性官能团，因此树脂的吸湿率低，其主要吸湿模式为水溶解在树脂基体中。

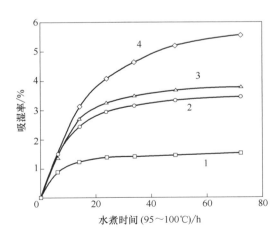

1—氰酸酯/环氧；2—5228 环氧；
3—BMI-MDA；4—AG-80/DDS。
图 6-8　几种树脂的吸湿曲线

6.5.2　环氧树脂、双马来酰亚胺树脂共同改性

利用环氧树脂对氰酸酯树脂进行改性，改性树脂的韧性虽然得到很大提高，但是其耐热性、介电性能等和氰酸酯树脂相比却有所下降。鉴于双马来酰亚胺树脂是一种具有优异力学性能和耐热性能的热

固性树脂，将双马树脂和氰酸酯树脂进行共聚改性得到了研究者们的普遍关注，通过将二者共混或共聚可得到力学性能良好、耐高温、介电性能优良的改性树脂（本书第五章中对 BMI/CE 的共聚改性已经进行了比较详尽的阐述），但是成本偏高。为此，通过将 EP、BMI、CE 三者共聚的方法进行改性，期望得到综合性能良好的改性树脂体系。

Dinakaran 等的研究表明，在 BMI/EP/CE 改性树脂体系中，三者形成了互穿网络结构，极大地提高了弯曲模量、耐冲击性和加工性能，整体性能更加优异。还有学者对 BMI/EP/CE 三元改性体系也进行了深入研究，改性树脂固化物的性能见表 6-8。

表 6-8   BMI/EP/CE 三元改性树脂体系浇注体的性能

性能	CE	A	B
拉伸强度/MPa	50	83	89.2
断裂伸长率/%	1.42	9.63	9.48
弯曲强度/MPa	80.9	136.2	155.0
弯曲模量/GPa	4.6	3.0	3.1
热变形温度/℃	254	192	183

其中 A 为 CE 先与 BMI 共聚，再与 EP 共混得到的三元树脂体系；B 为 CE 先与 EP 共聚，再与 BMI 共聚得到的三元体系。表 6-8 中的数据表明，三元改性树脂体系具有很好的增韧效果，且弯曲强度和拉伸强度均有提高，但热变形温度下降，综合性能明显优于二元改性树脂体系。另外，A、B 两种改性工艺得到的树脂性能基本相当，也说明了该三元改性体系具有良好的工艺特性。

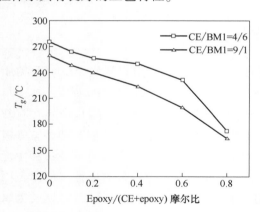

图 6-9   不同 BMI/CE/EP 比例树脂的玻璃化转变温度

图 6-9 是 BMI/BMI/EP/CE 共固化树脂玻璃化转变温度随树脂组成变化的情况。从图中可以看出，三元改性树脂的 T_g 随着 EP 的物质的量增加呈现出明显的下降趋势，而 BMI 用量的增加则有助于 T_g 的提高。可见，三元改性树脂耐热性下降主要是由 EP 造成的。

6.5.3　热塑性树脂改性

氰酸酯树脂不但可以与热固性树脂进行共聚改性，还可以用非晶态的热塑性树脂进行共混改性。通常选用玻璃化转变温度较高和力学性能优良的热塑性树脂，如聚砜、聚醚砜、聚碳酸酯、聚苯醚、聚醚酰亚胺等，这些树脂可溶于熔融态的氰酸酯树脂中，因此可以通过熔融混合的方式制备改性树脂。

热塑性树脂改性氰酸酯的增韧效果与树脂的种类、相对分子质量的大小、在改性体系中的含量以及活性端基等很多因素有关，其中热塑性树脂的含量对改性体系的性能影响很大，这主要是由于改性体系的相态会随着热塑性树脂含量的改变而产生很大的差异。热塑性树脂所占质量分数可为 10%～60%，具体视性能要求而定。

固化反应前，热塑性树脂和氰酸酯共混形成均相体系，随着反应的进行，氰酸酯的相对分子质量不断增大，体系逐渐分相，热塑性树脂被分离出来，在热塑性树脂含量很小时，体系呈现两相结构（热塑性树脂为分散相，CE 为连续相）。当材料受到外力时，这种两相结构的存在能够有效地阻止产生的微裂纹的扩展，提高了材料的抗冲击能力。随着热塑性树脂用量的增加，分散相越聚越多，逐渐形成热塑性树脂和 CE 两个连续相结构，即热塑性树脂与 CE 树脂形成半互穿网络结构（S-IPN），从而得到一种力学性能优良、耐高温且具有单一化学结构的材料体系。热塑性树脂的共混改性一方面提高了氰酸酯树脂的韧性，另一方面又改善了热塑性树脂的工艺性、耐热性及耐湿热性等。表 6-9 为几种热塑性树脂/CE 共混树脂体系的性能，从中可以看出，改性树脂的韧性得到了明显改善。但是，热塑性树脂的加入使氰酸酯的耐热性有一定程度的下降。另外，由于热塑性树脂的相对分子质量较大，会使得共混体系的黏度增加，工艺性变差。因此，改性时需要考虑热塑性树脂对氰酸酯韧性、耐热性和工艺性能的影响，以便获得综合性能相对较佳的体系。

表 6-9 热塑性树脂/双酚 A 型氰酸酯（1:1）S-IPN 结构树脂的性能

热塑性树脂	拉伸强度/MPa	拉伸模量/GPa	断裂伸长率/%	热失重温度/℃	T_g/℃
聚酯/碳酸酯共聚物	84.5	2.14	17.6	—	—
聚碳酸酯	84.7	2.06	17.3	400	195
聚砜	73.0	2.05	12.7	350	185
聚对苯二甲酸乙二醇酯	76.5	2.44	12.5	—	—
聚醚砜	71.7	2.34	9.6	—	—
聚醚酰亚胺	76.0	2.44	12.5	—	—

6.5.4　橡胶弹性体改性

用来增韧氰酸酯的橡胶弹性体大多采用带有活性端基的液态橡胶，如端羧基丁腈橡胶、端氨基聚四氢呋喃等，这些活性端基可以和氰酸酯中的—OCN 基团发生反应生成嵌段共聚物。在树脂固化过程中，橡胶弹性体嵌段从基体树脂中析出，形成两相结构。当材料受到外力作用时，橡胶分散相作为应力集中点，诱发产生大量的银纹和剪切带，从而消耗大量能量，提高树脂的韧性，但使用橡胶弹性体改性通常会降低氰酸酯树脂的耐热性。

P. C. Yang、D. M. Pickelman 和 E. P. Woo 等提出了一种核-壳结构的橡胶粒子增韧氰酸酯树脂的方法，其中橡胶为核，氰酸酯树脂固化物为壳。当材料受力变形时，核-壳结构发生移动，产生了空穴，吸收外来能量，起到增韧作用。橡胶的添加量对氰酸酯树脂的黏度影响不大，不像热塑性树脂那样会对树脂的黏度产生较大的影响，但由于橡胶的耐热性较低，易高温老化，改性体系后处理的温度不能过高，从而影响到氰酸酯树脂的固化程度，即固化条件对改性体系的性能影响较大。表 6-10 列出了核-壳橡胶增韧的 Xu-71787 氰酸酯树脂的性能。可见，核-壳橡胶粒子能显著提高氰酸酯树脂的韧性，并且不降低其耐热性，橡胶粒子的浓度在 5% 为宜。

表 6-10 核-壳橡胶/Xu-71787 共混体系的性能

橡胶质量分数/%	0	2.5	5.0	10.0
玻璃化转变温度/℃	250	253	254	254
吸湿率/%	0.7	0.76	0.95	0.93
弯曲强度/MPa	121	117	112	101
弯曲模量/GPa	3.3	3.1	2.7	2.4
弯曲应变/%	4.0	5.0	6.2	7.5
$K_{IC}/(MPa \cdot m^{1/2})$	0.522	0.837	1.107	1.118
$G_{IC}/(kJ/m^2)$	0.07	0.20	0.32	0.63

6.5.5 不饱和双键化合物改性

由于—OCN 官能团的活性极高，能够与苯乙烯、甲基丙烯酸甲酯、丙烯酸丁酯、N-苯基马来酰亚胺等许多含不饱和双键的化合物进行反应，所得到的改性树脂体系一般会形成互穿网络或者半互穿网络结构。互穿结构能够使两种结构和性能差异较大的聚合物稳定地结合在一起，产生协同作用，使其性能得到互补，并产生更为优异的性能。此外，与热塑性树脂不同的是，含不饱和双键的化合物相对分子质量较小，因此对改性体系的黏度影响不大。表 6-11 列出了一些改性树脂体系的浇注体性能。

表 6-11 CE/不饱和双键化合物改性树脂体系的性能

性能	CE	CE/苯乙烯 (2:1,质量比)	CE/MMA (1:1,质量比)	CE/丙烯酸丁酯 (1:1,质量比)
拉伸强度/MPa	50	50.3	85.1	63.1
断裂伸长率/%	1.42	0.5	3.1	1.8
弯曲强度/MPa	80.9	127.9	169.9	112
弯曲模量/GPa	4.5	11	3.9	3.4
冲击强度/(kJ/m²)	5.2	5.1	6.5	7.2
马丁耐热温度/℃	—	158	135	112

从表中可以看出，CE/MMA 改性树脂体系的综合性能较好，韧性得到明显的改善，力学性能较纯 CE 有了较大的提高，其中断裂伸长率和弯曲强度比纯树脂提高 100%以上，但由于共聚体系内含不饱和双键等热不稳定结构，对 CE 树脂的热稳定性影响较大。

除上述改性方法之外，还可以通过添加纳米粒子的方法对氰酸酯进行增韧，纳米粒子改性不会降低树脂的热性能，但是纳米颗粒在树脂体系中的分散性是需要解决的最大问题。此外，还可将不同结构的氰酸酯树脂进行共聚，这样得到的树脂体系在韧性得到改善的同时，热变形温度和力学强度都有提高，且具有更低的吸湿率。

6.6 氰酸酯树脂的应用

氰酸酯具有优异的介电性能、高耐热性、良好的综合力学性能、较好的尺寸稳定性以及极低的吸水率等，主要用作高性能印刷线路板基体、高性能透波材料基体以及航空航天用高韧性结构复合材料基体等。

6.6.1　在胶黏剂方面的应用

氰酸酯树脂胶黏剂的研究始于 20 世纪 80 年代。尽管氰酸酯固化物中没有强极性基团，但是仍然具有高黏合强度，尤其表现在对金属、玻璃和碳基材料的粘接方面，这主要是因为 CE 树脂可以与被粘物表面的羟基等基团形成化学键，或者与金属离子配位形成配位化合物，加之树脂本身具有相对较高的机械强度，所以粘接性能优异。

氰酸酯胶黏剂固化收缩率低，粘接操作时无需施加高压，且对物体表面湿润性好，利于操作。与环氧树脂胶黏剂相比，氰酸酯胶黏剂具有更好的耐湿热性能和介电性能，在电子工业线路板中粘接和封装时优势更加明显。据报道，使用氰酸酯树脂粘接结铝、钛和黑色金属时，在 235℃温度下，其剪切强度仍然达到 27~48MPa。

目前，CE 树脂在高附加值的商用粘接剂方面得到了越来越多的应用。Cytec（氰特）公司等相继开发出氰酸酯胶黏剂系列产品，这些产品已应用于雷达罩、天线及隐身结构等的粘接。CE 树脂对多种层压材料具有优异的黏着性，可作为飞机用结构胶黏剂，还可用于波导材料、非线型光学材料的固定等。由于氰酸酯树脂耐火焰、阻燃，也可用作飞机内装饰材料等的粘接。

6.6.2　在高性能印刷电路板方面的应用

随着电子工业的飞速发展，电子产品向轻薄便携、安全可靠、多功能方向发展，电子元件必须具有更高的信号传播速率和传输效率，这就对作为电子元件载体的印刷电路板（Printed Circuit Board，PCB）提出了更高的性能要求。

选用低介电常数、低介电损耗、耐高温的高性能树脂作为 PCB 的基体树脂是提高PCB 性能的有效手段，此外，PCB 还应具有优异的耐腐蚀性能、极低的吸湿率以及良好的尺寸稳定性等。传统的 PCB 通常使用环氧树脂、聚酰亚胺和聚四氟乙烯等作为树脂基体。与氰酸酯树脂相比，环氧树脂和聚酰亚胺的介电性能较差、吸湿率略高；聚四氟乙烯虽然在介电性能和耐热性方面更为优异，但其加工难度大，并且由于表面张力低，必须使用萘钠刻蚀液对其表面进行处理。另外，聚四氟乙烯的尺寸稳定性也没有氰酸酯树脂的好。

氰酸酯树脂的良好性能使其成为高性能 PCB 的理想基体，玻璃纤维（或石英纤维）增强氰酸酯树脂复合材料基本上能满足高频用 PCB 的要求。目前作为高性能 PCB 的典型氰酸酯树脂有 Dow（陶氏）化学公司生产的 Xu-71787，以 Xu-71787 为基体的印刷电路板在高速电子计算机、人造卫星地面站、自动电话交换机、卫星通信系统等先进电子设备中有着广泛应用。另外，BPACy 型的氰酸酯树脂也在大量使用，如日本三菱瓦斯化学公司生产的一种牌号为 CCL-HL950 的玻璃纤维/BPACy 氰酸酯 PCB 具有极低的介电损耗因数以及远优于 FR-4 环氧基板的耐热性、尺寸稳定性，已用于制造大型计算机使用的 20 层以上的厚 PCB。其他结构类型的氰酸酯如酚醛型、三联苯型等也可应用于高性能 PCB。

6.6.3　在高性能透波材料中的应用

透波材料是指能透过电磁波且几乎不改变电磁波性质和能量的材料，介电常数和介电损耗角正切是衡量透波材料透波能力的两个重要指标。为保证电磁波在材料中的传输性能，透波材料要有较低的介电常数和介电损耗角正切，通常高性能雷达天线罩等装置要求所用材料的介电损耗角正切不能大于 0.01。

雷达天线罩作为飞机及导弹的一个结构功能部件，可保护雷达天线在恶劣环境条件下正常工作。飞机或导弹飞行时，处于高速气动加热、加载以及雨滴冲击等恶劣环境中的天线罩必须保持结构完整，尽可能不失真地透过电磁辐射波。这除了依赖于精确和理想的外形、壁结构设计和精细的天线罩制造技术外，还取决于天线罩材料所具有的各种良好性能。近年来，现代作战技术及雷达天线罩制造工艺的发展对高速作战飞机及导弹的天线罩材料的性能提出了越来越高的要求。先进雷达天线罩应具有良好的电绝缘性和高频、宽频电磁波透过性能，同时又要具有优异的耐热性能、力学性能和耐环境性能以及可行的工艺性、可生产性和性能再现性。

普通雷达天线罩使用的树脂包括环氧、双马和酚醛等树脂，与这些树脂相比，氰酸酯树脂具有力学性能优良、耐热及耐湿热性能好、耐腐蚀性能优异、低的介电常数以及极低的介电损耗等诸多突出的优点，适用于多种成型工艺，并且其介电性能对温度及电磁波频率的变化都显示出特有的稳定性，可保证信号在不同环境条件下的高质量传输，因此成为军用相控阵雷达、气象雷达等先进雷达天线罩的首选树脂。

目前，氰酸酯树脂已用作飞机机翼处雷达罩、导弹前锥体的罩体、舰载的雷达天线罩罩体等高性能透波材料，并取得了令人满意的效果。例如 BASF（巴斯夫）公司 5575-2 牌号的氰酸酯树脂和石英纤维所制备的复合材料，在 8～100GHz 频率范围内的介电常数为 3.25，比典型的环氧或双马石英系统低 10%～15%，介电损耗角正切值为 0.005～0.006，比环氧或双马做成的雷达天线罩介电损耗角正切改善了 3 倍，并且氰酸酯不会因频率（8～100GHz）或温度（23～232℃）变化而显著影响电气性能；其吸湿率更小，湿态介电性能更佳。另外，ICI Fiberite 公司的 X54-2 氰酸酯/石英纤维雷达天线罩，可在 150℃的湿热环境下使用，CAI 值为 258MPa，性能优良；Hexcel（赫氏）公司的 HX1584-3 氰酸酯/石英纤维或玻璃纤维复合材料具有非常低的介电常数和介电损耗角正切，可用于高透波雷达天线罩；其他如 Dow 化学公司的 Xu-71787、Hexcel 公司的 HX1553 和 HX1562 等都是性能优良的雷达天线罩材料。

6.6.4　在航空航天结构复合材料中的应用

最早应用于宇航领域的商品化氰酸酯基复合材料为美国 Narmco 公司的 R-5254C，它是一种用碳纤维增强的氰酸酯与其他树脂的混合物。随后，一些供应氰酸酯预浸料的公司在 CE 中加入玻璃化温度高于 170℃的非晶态热塑性树脂（如 PC、PSU、PES 等），使 CE 在保持优良耐湿热性能和介电性能的同时，CAI 值达到 240～320MPa，有效地解决了复合材料的易开裂问题，其使用温度与改性后的 PI、BMI 相当，这些举措极大地促进了氰酸酯基复合材料在航空航天领域中的应用，已被应用为飞行器、导弹、多功能卫星车等的结构材料。

卫星在冷热交变的复杂太空环境中运行，如所用的材料中有挥发分残余，挥发物将覆盖在电子部件的表面，损害其功能。CE 树脂的固化反应属于加聚反应，反应过程中无小分子放出，避免了挥发分的产生，加上 CE 基复合材料具有高尺寸稳定性、抗原子氧、抗微裂纹能力、抗辐射能力等优异特性，使其成为卫星的优选材料，主要用作支撑结构、太阳电池基板、光具座、天线和先进通信卫星构架等。

复习思考题

1. 简述氰酸酯树脂单体的主要合成方法，并写出相应的反应方程式。

2. 氰酸酯单体聚合过程中，通常加入的催化剂是什么？并指出它们在催化过程中的具体作用。

3. 固化后的氰酸酯树脂为什么具有极其优异的介电性能？

4. 实际生产中经常利用环氧树脂对氰酸酯树脂进行改性，试从分子结构角度出发，说明改性树脂具有良好耐湿热性、力学性能和韧性等的原因。

5. 利用热塑性树脂改性氰酸酯树脂时，热塑性树脂的含量对改性体系的性能影响很大，其原因是什么？并简要描述改性树脂体系在不同热塑性树脂含量时的相态状况。

6. 了解氰酸酯树脂在不同领域中的应用现状。

第七章 其他热固性树脂

7.1 呋喃树脂

呋喃树脂（Furane Resin）是分子结构中含有呋喃环的一类热固性合成树脂的统称，通常是以糠醛或糠醇为主要原料，与其他原料进行缩聚反应制得。

由于呋喃树脂具有突出的耐腐蚀性能、耐热性能以及原料来源广泛、合成工艺简单等优点，很早就引起了人们的重视。然而呋喃树脂的脆性大、黏结性差以及固化速度慢所带来的施工工艺性差等缺点，加之树脂合成过程难于控制，在很大程度上限制了它的应用和发展。直到 20 世纪 70 年代中期以后，合成技术和催化剂应用技术的突破基本上克服了呋喃树脂的上述缺点，该类树脂在防腐领域中得到了较快的发展，并用于耐腐蚀复合材料的制造。目前，国外呋喃树脂在防腐领域中的应用量已超过了传统使用的酚醛树脂的量，特别是在一些温度高、腐蚀性强的环境条件下发挥了很大的作用。

7.1.1 呋喃树脂的种类

7.1.1.1 糠醛苯酚树脂

糠醛与苯酚反应可得到二阶的热塑性树脂，糠醛是一种无色透明的油状液体，可从玉米秆、棉籽壳、稻壳、甘蔗渣等农副产品中提取制得。由于糠醛在酸性介质中会因呋喃环的聚合而很快形成交联，所以不用酸性催化剂。常用的催化剂有氢氧化钠、氢氧化钾、碳酸钠或其他碱土金属的氢氧化物，但不用氢氧化铵，因为它易与糠醛发生化学反应。催化剂用量一般为 1%左右。

在碱性介质中，糠醛与苯酚按以下的反应进行聚合：

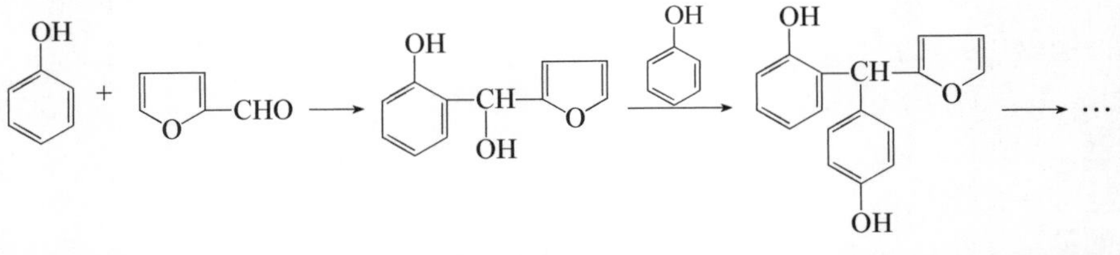

$$\tag{7-1}$$

在实际生产中，苯酚和糠醛的投料比（摩尔比）在 1 : （0.75～0.90）范围内时可制得高熔点的热塑性树脂。若糠醛用量较多，在碱性催化剂作用下，所得树脂在高温下会变成不熔状态，其中原因可能是苯酚上的官能团并未参加反应，而呋喃环上的共轭双键打开形成了交联结构。

糠醛苯酚树脂的固化方法与二阶酚醛树脂相似，也需加入六亚甲基四胺固化剂，但必须在较高的温度下才能充分固化。与苯酚甲醛树脂相比，糠醛苯酚树脂在 130～150℃下的凝胶时间相当长，具有较高的流动性；当加热到 180～200℃时，糠醛苯酚树脂由于糠醛的聚合反应而迅速固化，且固化速率较酚醛树脂更快。

苯酚糠醛树脂的 B 阶时间较长，固化时有较长的流动时间，因此被广泛地用作模压料，如果将其与二阶酚醛树脂混合，可大大改善树脂的流动性能。

糠醛苯酚树脂适合于制造构造复杂的模压制品，产品的光泽较好且均匀，耐热性比酚醛树脂好，使用温度可提高 10~20℃，其尺寸稳定性、在高温下的硬度以及介电性能等也比较好。此外，糠醛苯酚树脂还可用作砂轮、木材、金属的黏结剂等。

7.1.1.2　糠醛丙酮树脂

糠醛丙酮树脂是由糠醛与丙酮在碱性介质中首先反应生成糠酮单体，再在硫酸存在的条件下，由糠酮单体与甲醛反应制得。

在碱性条件下，糠醛与丙酮按下列方式缩合：

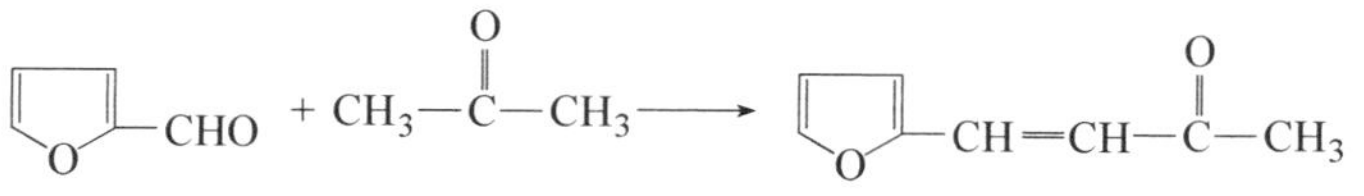

$$\text{（7-2）}$$

若反应体系中糠醛过量，则上述产物进一步缩合：

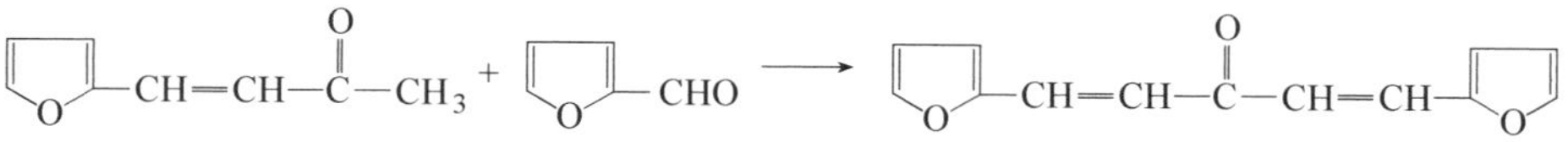

$$\text{（7-3）}$$

两种糠酮单体的熔点分别为 39℃ 和 59℃，它们可与甲醛在酸性条件下进行缩聚反应，将糠酮单体分子通过亚甲基键连接起来，形成线型树脂，所发生的反应比较复杂，简略的反应表示如下：

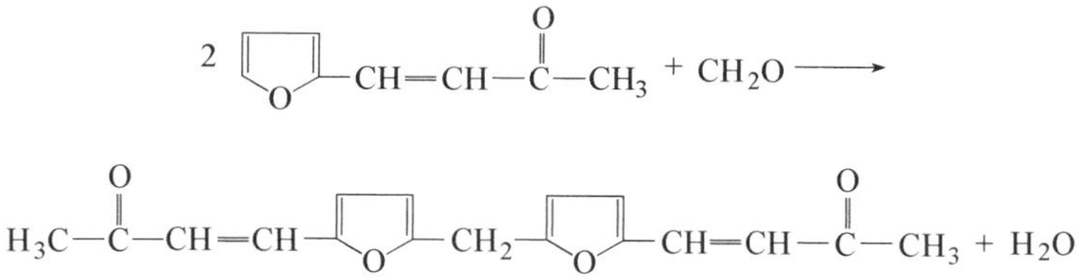

$$\text{（7-4）}$$

糠酮树脂固化时一般使用酸类作为固化剂。树脂分子链中含有不饱和双键及呋喃环，在酸性催化剂作用下，这些双键发生加成聚合反应，从而形成体型结构的聚合物。糠酮树脂的固化速度取决于温度以及酸的浓度和用量。硫酸或对甲苯磺酸可使树脂室温固化，弱酸如苯酐、顺酐以及磷酸在室温时不会引起固化，甚至也不会使树脂黏度增加，但在 95~200℃ 时加热几个小时可以固化。糠酮树脂的固化速度较慢，但固化时无小分子物质释出，可低压成型。

7.1.1.3　糠醇树脂

糠醇通常为淡黄色液体，由糠醛氢化制得。糠醇在酸性催化剂存在下很容易缩聚成树脂，在缩聚反应中，糠醇分子中的羟甲基与另一糠醇分子的 α 氢原子缩合，形成亚甲基键：

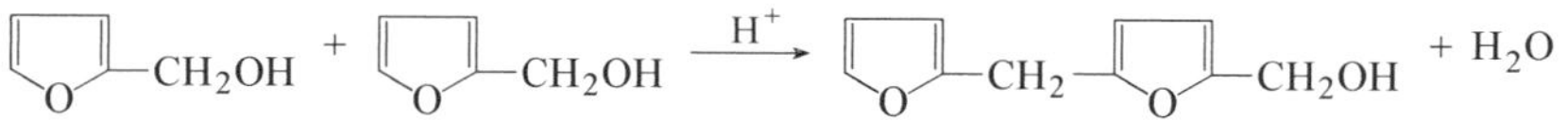

$$\text{（7-5）}$$

呋喃环上的羟甲基相互之间也可以相互缩合，形成甲醚键：

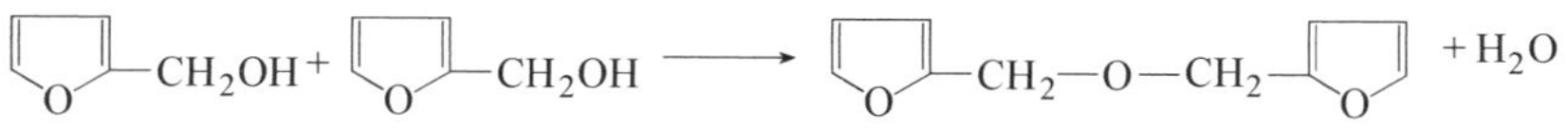

$$\text{（7-6）}$$

甲醚键在受热条件下分解形成亚甲基键，并放出甲醛：

$$\text{（结构式）} \longrightarrow \text{（结构式）} + CH_2O \tag{7-7}$$

以上含有羟甲基的产物可进一步进行缩聚反应，最终形成线型的糠醇树脂，其结构通式如下：

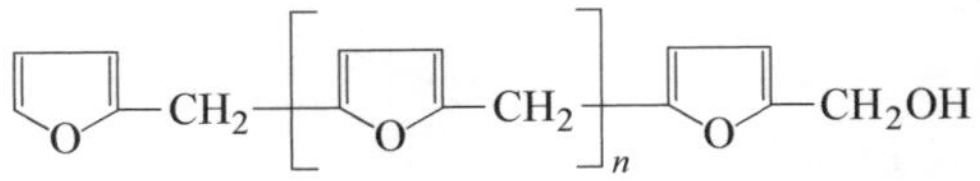

$$\text{（结构式）}$$

此外，糠醇也可以与糠醛或甲醛等进行共缩聚反应，以改进树脂的反应性和其他性能。在糠醇树脂的合成过程中，工业上常用硫酸作为催化剂，其他如盐酸、磷酸、强酸弱碱盐（包括三氯化铁、三氯化铝、氯化锌等）以及活性氧化铝、五氧化二磷、铬酸等也可用作催化剂。酸催化的缩聚反应是强烈的放热反应，需仔细控制反应温度。

糠醇树脂和糠酮树脂一样采用酸类固化剂，且二者的固化过程也非常相似。糠醇树脂固化物的阻燃性能好，在常温下能耐稀碱、耐稀酸、耐水、耐热，不受一般溶剂的腐蚀，但不耐浓碱和氧化物，其化学稳定性比酚醛树脂要好。

7.1.2　呋喃树脂的性能和应用

呋喃树脂包括糠醛苯酚树脂、糠酮树脂和糠醇树脂等，其中糠醛苯酚树脂是由糠醛代替甲醛和苯酚反应制得，该树脂的性能类似于酚醛树脂，故此处不再赘述。这里主要讨论的是糠酮树脂和糠醇树脂。

呋喃树脂与一般有机溶剂普遍有很好的相溶性，可溶于丙酮、二氧六环、醇类和芳烃等溶剂。

呋喃树脂固化物的最大特点是耐强酸（不包括强氧化性的浓硝酸和浓硫酸）、强碱和有机溶剂的侵蚀，在200℃下仍很稳定。因此，呋喃树脂主要用作各种耐化学腐蚀和耐高温的防腐材料。呋喃树脂的耐化学腐蚀性能仅次于聚四氟乙烯树脂，主要用于制备防腐蚀的胶泥，用作化工设备的衬里、防腐复合材料管道的内衬，以及制备防腐蚀的清漆、黏合剂等。呋喃树脂基复合材料一般可在180~200℃下长期使用，其耐热性比酚醛树脂基复合材料高。

需要注意的是，呋喃树脂固化物的交联密度高、脆性大，因而影响了其性能的发挥。由于呋喃树脂与许多热塑性和热固性树脂、天然和合成橡胶有很好的混溶性能，可选用某些树脂对其进行增韧改性。通常使用环氧树脂和酚醛树脂对其进行改性，不但可以改善呋喃树脂的脆性，而且能大幅度提高其弯曲强度。环氧或酚醛树脂改性的呋喃树脂复合材料可用来制备化工反应釜、贮槽、管道等化工防腐设备。

7.2　三聚氰胺甲醛树脂

三聚氰胺甲醛树脂（Melamine-formaldehyde Resin，MF）在1938年由瑞士CIBA公司最早研制成功，它是由三聚氰胺和甲醛缩聚而成的热固性树脂，又称为密胺甲醛树脂、密胺树脂。三聚氰胺甲醛树脂具有优良的耐热性、耐候性、耐水性、介电性能、阻燃性能及力学性能，因此，该树脂被广泛用作黏合剂及复合材料的基体树脂。习惯上人们常将脲醛树脂以及三聚氰胺甲醛树脂等这一类树脂称作氨基树脂。

7.2.1　三聚氰胺甲醛树脂的合成与固化

7.2.1.1　三聚氰胺甲醛树脂的合成原理

在弱碱性的条件下，三聚氰胺与甲醛水溶液反应可生成不同羟甲基化程度的羟甲基三聚氰胺，羟甲基化的程度取决于甲醛与三聚氰胺的摩尔比。若 1mol 三聚氰胺和 3mol 温热的甲醛水溶液反应，直至形成溶液，并快速冷却，得到的是结晶的三羟甲基三聚氰胺：

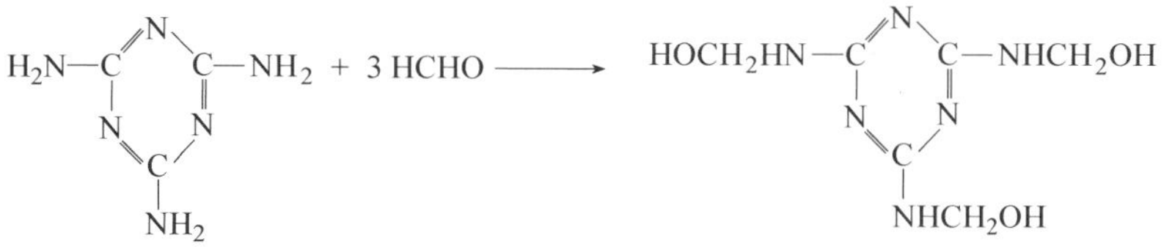

$$\tag{7-8}$$

由于三聚氰胺分子中存在 3 个活泼的氨基，1mol 三聚氰胺可与多至 6mol 的甲醛反应，生成六羟甲基三聚氰胺：

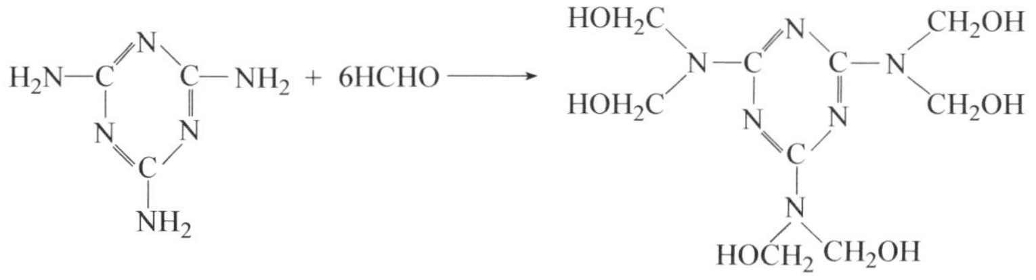

$$\tag{7-9}$$

三聚氰胺甲醛树脂的生成大致可以分为两步：第一步是三聚氰胺和甲醛在一定反应条件下进行羟甲基化反应。羟甲基化反应是一种加成反应，其反应速率与反应体系的 pH、温度、反应物的比例等因素直接相关。通过该加成反应最后得到的产物往往并不是单一的加成产物，而是多种类型加成产物的混合物；第二步是由加成产物发生进一步的缩聚反应，生成树脂。

在三聚氰胺甲醛树脂合成时，甲醛与三聚氰胺的摩尔比常为（2~3）：1，因此主要形成的产物是二羟甲基或三羟甲基三聚氰胺。在碱性条件下，二羟甲基或三羟甲基三聚氰胺很容易进一步缩聚成树脂，在缩聚初期树脂仍然具有水溶性；但如果是在酸性条件下进行缩聚，树脂会很快失去水溶性，因此树脂的合成通常在碱性条件下进行。

很多人对三聚氰胺（M）与甲醛（F）在稀水溶液中的加成反应动力学进行过研究，在溶液的 pH=7.7 时，体系存在下列可逆反应：

$$M + F \rightleftharpoons MF \tag{7-10}$$

$$MF + F \rightleftharpoons MF_2 \tag{7-11}$$

$$MF_2 + F \rightleftharpoons MF_3 \tag{7-12}$$

表 7-1 列出了上述三个反应的正逆反应速度常数。数据表明，三聚氰胺经羟甲基化反应生成一羟甲基或二羟甲基三聚氰胺时的速度差别并不大。另外，通过计算得到三聚氰胺

一羟甲基化正反应的放热量为 41.8kJ/mol。

表 7-1 三聚氰胺与甲醛加成反应的速度常数

反应式	温度/℃	正反应的二级反应速度常数(k_1)	逆反应的二级反应速度常数(k_2)
M + F	50	1.4×10^{-3}	0.3×10^{-4}
	70	6.1×10^{-3}	3.5×10^{-4}
MF + F	50	1.0×10^{-3}	1.4×10^{-4}
	70	5.4×10^{-3}	6.6×10^{-4}
MF_2 + F	50	1.8×10^{-3}	—
	70	7.4×10^{-3}	—

7.2.1.2 三聚氰胺甲醛树脂的形成和固化过程

（1）树脂的形成和固化过程的特征

在树脂合成过程中，三聚氰胺与中性的甲醛水溶液在超过 80℃ 的加热搅拌条件下进行回流。首先，在三聚氰胺完全溶解后的短时间内，生成的是可与水混合的浆状溶液，冷却后可以沉淀出羟甲基三聚氰胺；继续加热，该溶液在冷却时也能保持稳定，在一定的时间范围内无固体沉淀出来，并且溶液与水能以任何比例混合。在这一阶段，溶液与乙醇和异丙醇等醇类有一定的相容性，这种相容性随缩聚反应的进行而减小。

随着反应进行，反应程度进一步增加，树脂开始出现疏水性，此时把一滴树脂浆液放入大量的冰水中可产生轻度的乳白光。继续反应，树脂的疏水性渐增，体系冷却时出现分层现象，形成水相与树脂相。

如果反应继续进行，树脂相就会形成不可逆的凝胶。将凝胶或疏水性树脂加热，则最终得到坚硬的、无色不熔的产物。

上述一系列反应过程的速度随着温度的增加而增加，且反应体系的 pH 对反应速度也有很大的影响。只要体系的酸性稍微增加，则上述各步反应的速度都明显加快。事实上，只要反应体系的 pH 不降至 8 以下，反应很容易控制；若体系的 pH 大于 10，则反应进行得极慢。树脂的生成速度同样受反应单体的摩尔比所影响，甲醛比例增加，反应速度加快。

需要指出的是，在树脂的合成过程中，只要对上述反应体系采取快速冷却的措施，就可将缩聚反应控制在反应的任何阶段，一般都是控制在树脂达到疏水阶段中的某一点，反应终点可凭借测定树脂冷却时与水的相容性来加以确定。

（2）树脂形成和固化过程的历程

关于羟甲基三聚氰胺的缩聚反应历程，一般认为是，羟甲基三聚氰胺的三氮杂苯环在缩聚时仍然保留，缩聚反应主要在不同三聚氰胺上的羟甲基之间或羟甲基与另一个三聚氰胺分子中氨基上的活泼氢之间进行，分别生成甲醚键或亚甲基键：

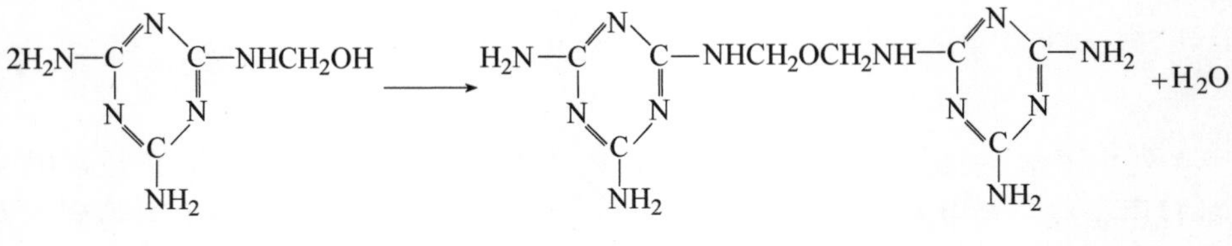

$$\tag{7-13}$$

$$\text{H}_2\text{N}-\overset{\text{N}}{\underset{\text{NH}_2}{\overset{\text{C}}{\underset{\text{N}}{\bigcirc}}}}\text{C}-\text{NHCH}_2\text{OH} + \text{H}_2\text{N}-\overset{\text{N}}{\underset{\text{NH}_2}{\overset{\text{C}}{\bigcirc}}}\text{C}-\text{NH}_2 \longrightarrow \text{H}_2\text{N}-\text{C}-\text{NHCH}_2\text{NH}-\text{C}-\text{NH}_2 + \text{H}_2\text{O}$$

(7-14)

$$2\text{H}_2\text{N}-\text{C}-\text{NHCH}_2\text{OH} \longrightarrow \text{H}_2\text{N}-\text{C}-\text{NHCH}_2\text{NH}-\text{C}-\text{NHCH}_2\text{OH} + \text{H}_2\text{O}$$

(7-15)

在树脂形成过程中，三聚氰胺树脂会逐渐失去水溶性，这与缩聚反应过程中羟甲基基团含量的逐渐减少有关。羟甲基三聚氰胺在缩聚过程中可以同时形成亚甲基键和甲醚键，研究结果表明，当 F 和 M 摩尔比为 6∶1 时，固化树脂中几乎全为甲醚键；当 F 和 M 摩尔比为 2∶1 时，则以亚甲基键为主。而当三羟甲基三聚氰胺进行热固化时，固化树脂中甲醚键与亚甲基键的比例约为 3∶1。

7.2.2 三聚氰胺甲醛树脂的应用

纯的三聚氰胺甲醛树脂易碎且没有弹性。因为在湿度变化的大气中，凝固的树脂从空气中吸收和解析水分从而造成体积变化、产生应力，最终使得树脂出现龟裂现象。为此，通常往三聚氰胺反应混合物中加入改进组分，使树脂具有一定的柔韧性、克服固有缺陷，以满足各种制品的性能要求。

三聚氰胺甲醛树脂具有优良的力学性能、化学性能、热性能及电性能等，可在 100℃以上长期使用，阻燃级别为 UL94 V-0，树脂本身可自由着色、色彩鲜艳、无臭、无味、无毒，且在长期使用过程中不放出氨气，被广泛用于工业和民用模塑料制品中。以三聚氰胺甲醛树脂为基料的塑料制品 70% 以上被用作餐具，如航空用的茶杯等，由于质轻、不易碎、易去污等特点，已广泛地代替陶瓷制品；其次用作电器零件和日用杂品。三聚氰胺甲醛树脂经改性后可开发出大量模塑料新品种，特别是用玻璃纤维增强的树脂模塑料，其冲击强度和耐热性明显提高，具有优异的耐电弧性，用热压成型或注塑成型可加工成各种形状的制品。

三聚氰胺甲醛树脂胶黏剂是由三聚氰胺甲醛经甲基化反应后进行缩聚制得的，其黏结力、耐热性、耐水性均优于酚醛树脂和脲醛树脂，主要用于木材工业。三聚氰胺甲醛人造复合板是解决木材缺少问题、强化人造板表面装饰性的建材，自 20 世纪 50 年代中期在国外出现以来，已在建筑工程中被大量用作室内墙面材料、地面材料、门扇等，目前更是被应用到结构材料上。但一般的三聚氰胺甲醛树脂胶黏剂中游离醛含量较高，用其进行粘接的制品在日常使用中会不断释放出甲醛，对环境和人体健康造成危害。国家通用工程塑料工程技术研究中心开发出了一种新型的三聚氰胺甲醛树脂，其游离甲醛含量低于 1%，储存期可达 3 个月以上，并具有生产容易控制、成本较低等特点。

此外，三聚氰胺甲醛树脂在涂料行业、造纸行业、纺织业、皮革业、阻燃剂等领域也有广泛的应用。

7.3 聚芳基乙炔树脂

聚芳基乙炔树脂（Polyarylacetylene prepolymer，PAA）属于含炔基树脂，是一类由乙炔基芳烃为单体聚合而成的高性能热固性聚合物。目前，研究人员主要针对二炔基芳烃（尤其是二乙炔基苯）进行了较为全面的研究。

二乙炔基苯的合成和环化反应的研究始于 1960 年，研究人员发现其聚合物具有极高的残碳率，但聚合反应难以控制，产物不具备加工成材料的性能。1960 年以后，美国Hercules 公司首先采用催化剂将二乙炔基苯的单体进行初步聚合，解决了芳基乙炔聚合过程中热效应的控制问题，提供了稳定的可加工的芳基乙炔共聚物（称 HA-43，HA-1 树脂）。在 20 世纪 80 年代，NASA 材料科学实验室对芳基乙炔的合成和聚合过程进行了深入的基础研究，解决了很多技术问题，且有人研究将预聚物 PAA 应用于碳/碳复合材料的情况，结果表明，采用 PAA 复合材料的耐高温及耐烧蚀性能都得到了较大的提高；1990年以后，PAA 开始被制备成纤维复合材料，PAA 树脂也得到越来越多的关注。

国内在 PAA 方面的研究始于 20 世纪 90 年代初，华东理工大学等单位做了大量的研究工作。目前，华东理工大学已经研制了多种芳基乙炔树脂，并在各应用单位进行了应用试验。对碳纤维增强 PAA 复合材料的研究表明，PAA 树脂对碳纤维具备较好的黏结性，可用缠绕、模压工艺制备固体火箭发动机的热防护构件，展现出 PAA 树脂在我国先进复合材料中的良好应用前景。

PAA 树脂的主要特点是：①预聚物呈液态或易溶、易熔的固态，便于复合材料成型加工；②聚合过程是一种加聚反应，固化时无挥发物和低相对分子质量副产物逸出；③树脂固化后通常呈高度交联结构，耐高温性能优异；④分子结构仅含 C 和 H 两种元素，理论残碳率高达 90% 以上，热解残碳率极高，且炭化后收缩率较低，是一种最有可能取代酚醛树脂作为烧蚀防热材料基体的树脂；⑤树脂吸水率极低，仅为 0.1% ~ 0.2%，远远低于酚醛树脂的 5% ~ 10%。

7.3.1 聚芳基乙炔树脂的合成和聚合反应

7.3.1.1 芳基乙炔单体的类型

（1）单炔基芳烃

单炔基芳烃单体上只含有一个乙炔基，主要包括苯乙炔、萘乙炔、菲乙炔和芘乙炔等，这类单体在聚合时只能生成线型聚合物，因此常用作封端剂与二炔基或多炔基芳烃共聚，用来控制交联密度，并通过调整单炔基芳烃的配比来控制聚合过程，改善预聚树脂的工艺性能。

（2）二乙炔基芳烃

二乙炔基芳烃的单体上含有两个乙炔基，在聚合时主要形成体型聚合物，这类单体制备容易，可直接预聚或与单炔共聚，固化后树脂性能较好，是目前开发的重点。二乙炔基芳烃单体主要包括对二乙炔基苯、间二乙炔基苯和二乙炔基联苯等，其分子结构如下：

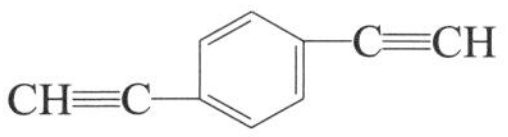

对二乙炔基苯（*p*-DEB） 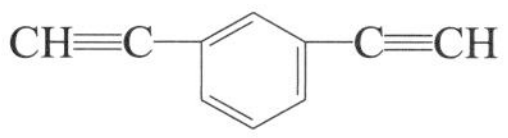　　间二乙炔基苯（*m*-DEB） 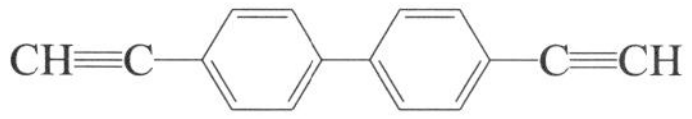　　　　二乙炔基联苯

（3）多乙炔基芳烃

多炔基芳烃单体上含有三个或者三个以上的乙炔基，固化后交联密度高，热稳定性好，残碳率也较高，但固化树脂很脆，且单体合成困难。这类芳烃主要有1,3,5-三乙炔基苯、三乙炔基三苯基甲烷和三乙炔基三苯基苯，其分子结构如下所示：

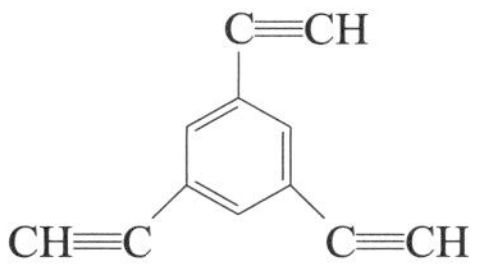

1，3，5-三乙炔基苯 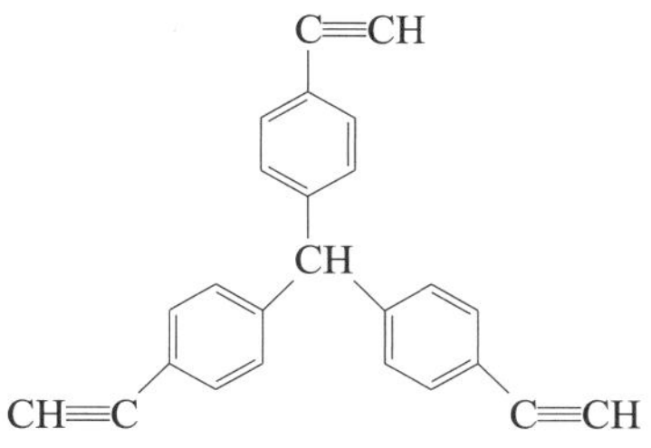　　　三乙炔基三苯基甲烷 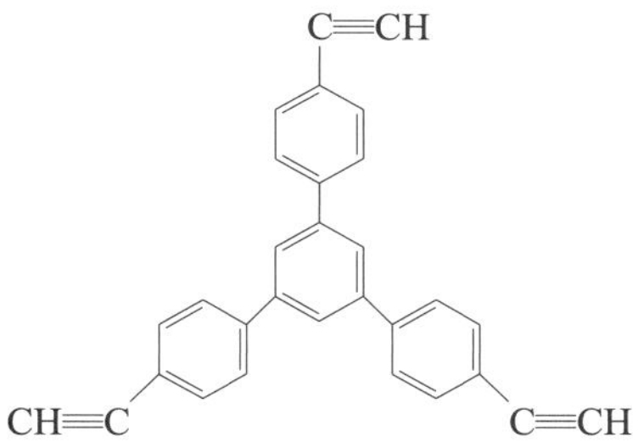　　　　　三乙炔基三苯基苯

（4）内炔基芳烃

内乙炔基芳烃指乙炔基位于单体内部，而不在单体的端部的芳烃。内炔基芳烃是无炔氢的炔化合物，其活性较低，聚合比较缓和，不易暴聚，易于控制。主要单体有对苯乙炔基苯、1,2,4-三苯乙炔基苯和1，2，4，5-四苯乙炔基苯，其分子结构如下所示：

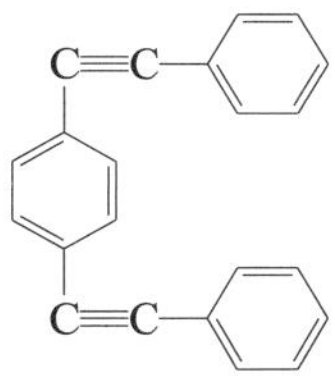

对苯乙炔基苯 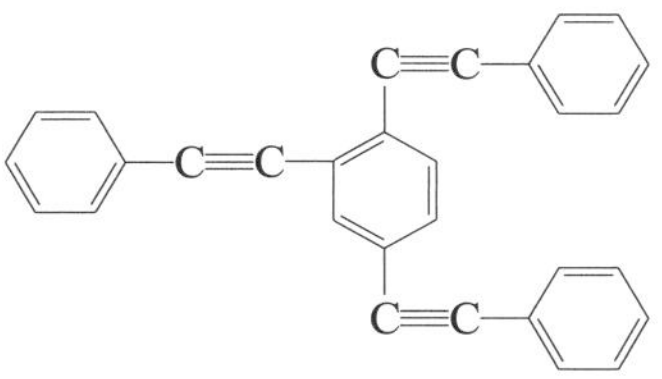　　　1,2,4-三苯乙炔基苯 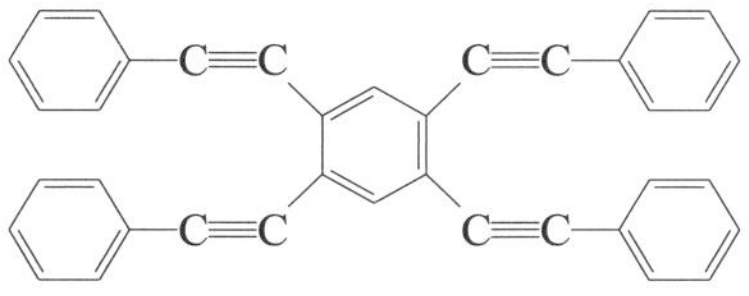　　　　1,2,4,5-四苯乙炔基苯

7.3.1.2 芳基乙炔单体的合成

单体合成是 PAA 树脂开发的关键技术之一，由于在芳基乙炔单体合成过程中还存在着诸多问题，阻碍了 PAA 树脂作为高性能材料的应用进展。如何在满足性能要求的前提下开发低成本的单体合成技术也就成了研究的重点。目前，二炔基芳烃常用的合成方法主要有芳烃酰化法、三甲基硅乙炔法和二乙烯基苯溴代法，前两种方法由于所用试剂昂贵、操作复杂，仅限于实验室合成，难以工业推广。

二乙烯基苯溴代法是以二乙烯基苯为原料进行溴化和脱溴化氢反应，从而制得二乙炔基苯。在二乙烯基苯的溴化加成过程中，由于常温下溴与苯环上的氢能够发生取代反应，同时溴的加成反应所放出的大量热量也使得溴与苯环上氢的取代反应可能性增大，因此溴化反应须保持在低温下进行，以防止与苯环上的氢发生取代反应，然后再用强碱脱去HBr。该法成本较低，工艺相对简单，工业化生产易于实现，具体反应式如下：

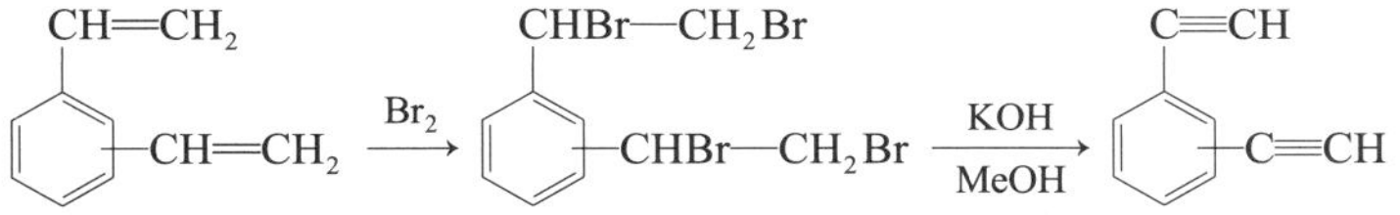

(7-16)

7.3.1.3 芳基乙炔单体的聚合反应

芳基乙炔单体在聚合过程中放热非常剧烈，由单体直接进行固化时很难控制，极易引

起暴聚。为了控制固化过程并提高制品的性能，通常采用单体预聚的方法来解决该问题，经过预聚反应可释放一部分反应热，并伴随着聚合物一定的体积收缩，可使后续的固化反应易于控制。

芳基乙炔单体的预聚方法包括催化聚合、电聚合、光聚合和热聚合等，它们的预聚机理都是由单体小分子通过聚合反应生成具有一定聚合度且相对分子质量较低的聚合物。其中，热聚合和催化聚合是采用较多的两种预聚方法。热预聚是指在较低温度下对芳基乙炔单体进行长时间的加热使之缓慢聚合到一定程度，从而消耗掉部分反应热，以达到降低体系热熔的目的；催化预聚是指在预聚过程中加入适量的催化剂，通过对聚合机理的改变达到降低单体聚合过程中放热速度的目的，从而使固化过程可控。

采用不同的聚合方法可得到不同的聚合产物，目前公认的单体聚合方式主要有以下三种：

（1）环三聚反应

三个乙炔基基团反应形成苯环，固化后形成聚亚苯基结构。为了进行环三聚反应，反应单体中至少有一种含有两个乙炔基的单体。环三聚反应通常在催化剂作用下完成。环三聚反应既能赋予固化产物良好的耐热性能又能提高其分解残碳率，但释放大量的聚合热。

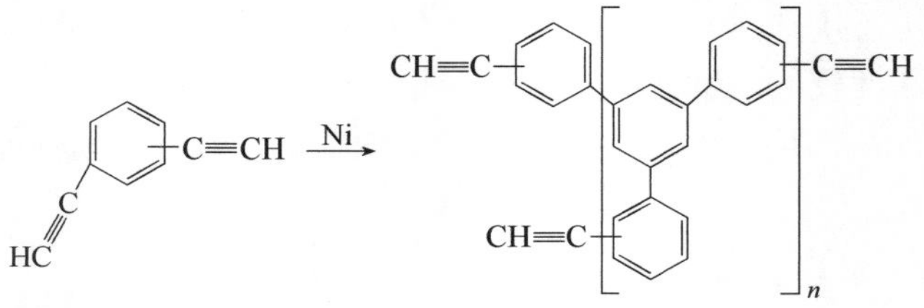

$$\tag{7-17}$$

（2）形成共轭多烯结构

炔键打开后形成共轭多烯结构，乙炔基单体的热聚合主要形成这类结构。通常认为该反应的热聚合产物热稳定性较差。

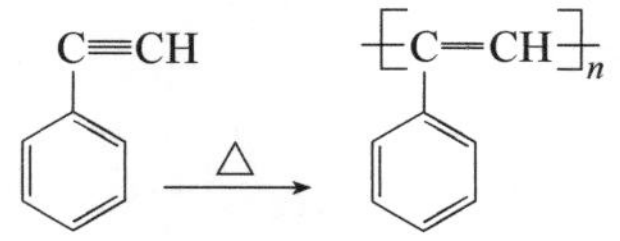

$$\tag{7-18}$$

（3）氧化偶合反应

乙炔基单体在催化剂作用下脱去一分子氢形成共轭炔基，共轭炔可以进一步交联反应形成网络结构。

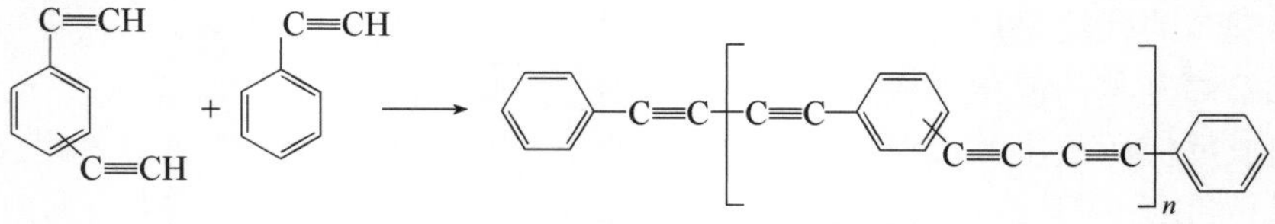

$$\tag{7-19}$$

7.3.2 聚芳基乙炔树脂的性能

由于 PAA 分子结构式中只含有 C、H 两种元素，其理论含碳量极高；同时 PAA 树脂固化后主要形成由苯环组成的空间网状结构，这决定了 PAA 具有很高的耐热性。表 7-2 列出了 PAA 树脂固化物的热分解温度与残碳率。由表 7-2 可知，PAA 树脂固化物的起始分解温度达到 500℃以上，最大热解速率温度在 600℃以上，残碳率高达 80%以上，明显优于616酚醛树脂的耐热性能。

表7-2　　　　　　　　　　PAA 树脂固化物的热分解温度与残碳率

固化物	$T_{起始}$/℃	$T_{5\%}$/℃	T_{max}/℃	残碳率/%
间二乙炔基苯	506	550	602	84（730℃）
对二乙炔基苯	504	560	605	86（730℃）
二乙炔基苯	543	602	648	84（730℃）
616 酚醛	327	319	589	63（900℃）

采用3200℃的氧乙炔焰对碳纤维/PAA复合材料进行烧蚀试验，结果列于表7-3中。结果表明，碳纤维/PAA复合材料的线烧蚀率、质量烧蚀率以及失重和烧蚀深度等均远低于碳纤维/616酚醛复合材料。通过对PAA和酚醛树脂热解气体的组分进行分析，发现PAA比酚醛具有更高的残碳率和更低的产气量，放出的主要产物是H_2。同时，由于其吸湿性仅为酚醛树脂的1/50，固化时无小分子释出，可制备无孔洞构件，力学性能也已超过酚醛，且具有良好的工艺性能，因此碳纤维/PAA复合材料是优异的耐烧蚀材料。

表7-3　　　　　　　　　碳纤维/PAA 复合材料的烧蚀性能

试样	烧蚀时间/s	线烧蚀率/（mm/s）	质量烧蚀率/（g/s）
PAN/PAA	40	0.0045	0.019
T300/PAA	40	0.0040	0.017
PAN/616 酚醛	40	0.0115	0.040

表7-4列出了玻璃纤维/PAA复合材料在不同温度下的力学性能和介电性能（100kHz）。表中数据显示，玻璃纤维/PAA复合材料具有优异的高温力学性能，在室温至300℃的温度范围内，弯曲强度和弯曲模量均基本保持不变；在400℃温度下，弯曲强度和弯曲模量虽稍有下降，但相对保留率均达到87%以上。

表7-4　　　　玻璃纤维/PAA 复合材料在不同温度下的力学性能和介电性能

测试温度/℃	弯曲强度/MPa	弯曲模量/GPa	介电常数	介电损耗角正切值/×10⁻³
25	266	20.4	3.59~4.02	3.27~5.98
250	268	20.7	3.73~4.10（200℃）	2.41~6.13（200℃）
300	270	20.2	—	—
350	239	19.1	—	—
400	232	18.1	—	—

可见，PAA树脂是制备耐高温复合材料的优良热固性树脂基体。同时也可以看到，玻璃纤维/PAA复合材料的介电常数在4.0左右，介电损耗角正切值在10^{-3}数量级，在10GHz下，其介电损耗角正切值仅为0.009，这也表明它同时具有优良的介电性能。

7.3.3　聚芳基乙炔树脂的应用

聚芳基乙炔树脂具有良好的工艺性能和优异的耐热性能，是烧蚀防热材料的优良树脂基体，主要目标是代替常规的酚醛树脂，用于固体发动机喷管出口锥及弹道导弹头锥等防热部件。碳/碳复合材料是一种以高性能碳纤维及其织物为增强材料、以沉积碳或浸渍碳为基体的高性能复合材料，20 世纪 60 年代由美国空军材料实验室最先研制成功。PAA 在残碳率和收缩率方面有突出优点，致密效率很高，比酚醛法高 50%~60%，可大大降低工艺成本；PAA 的低收缩率有助于防止表面缺陷扩展至纤维内部，是低压工艺制造碳/碳复合材料的新原料。美国宇航公司用 T-50 碳纤维或碳布和 PAA 制作的碳/碳复合材料呈现出优良的力学性能和尺寸完整性。

PAA 结构复合材料主要用作高温结构材料和航天器结构材料。作为高温结构材料，PAA 可在 400℃ 以上温度下使用。美国刘易斯航天中心曾对二炔和三炔的共聚型 PAA 与碳纤维复合材料的性能进行研究，验证了材料的优良耐高温能力，可在 460℃ 空气中保持稳定。PAA 具有低吸湿性，逸出挥发性气体极少，材料不会受环境湿度变化影响而导致尺寸变化，也不会由于空间真空环境而逸出气体出现污染传感器及太阳能镜面的现象，是较好的空间结构材料。美国航空航天局曾对碳纤维/PAA 复合材料进行了长达 6 年的空间环境暴露试验，试验结果表明，试样未出现重大损坏，显示了 PAA 树脂优良的环境适应能力。

单体合成成本过高是当前亟待解决的主要问题，它制约了 PAA 树脂的进一步发展与应用，开发低成本的单体合成途径、对树脂性能进行全面表征以及扩大 PAA 树脂复合材料的应用范围是目前研究工作的重点方向。

7.4 有机硅树脂

有机硅树脂是以—Si—O—为主链，侧基为有机基团与硅原子相连的热固性聚合物，简称硅树脂。大多数聚合物的分子主链由 C—C、C—O 或 C—N 等键构成，这些键的键能不大，耐高温的能力受到限制。而 Si—O 键的键能较高，所以聚有机硅氧烷有很高的耐热性；同时其分子主链还连着有机基团侧基，因而有机硅树脂也具有一般聚合物的普遍特征。

有机硅树脂可作为复合材料的基体树脂，其他有机硅产品在复合材料中也得到了广泛应用，如硅烷偶联剂可用于聚合物基体与无机增强材料的界面黏结，低相对分子质量的硅油可作为脱模剂，高相对分子质量的硅橡胶可用来制作复合材料用模具等。

7.4.1 有机硅树脂的合成

7.4.1.1 有机硅单体的水解缩合

有机硅树脂常用有机硅单体为原料，经水解缩合反应制得。这类有机硅单体可由通式 R_nSiX_{4-n} 来表示，其中 R 为烷基或芳基，X 为 Cl 或 OR′，X 的数目即为该单体的官能团数目。有机硅单体的水解缩合反应如下：

$$—Si—X + H_2O \longrightarrow —Si—OH + HX \qquad (7-20)$$

$$—Si—OH + HO—Si— \longrightarrow —Si—O—Si— + H_2O \qquad (7-21)$$

工业上常用的有机硅单体主要为甲基、苯基氯硅烷（如 $RSiCl_3$、R_2SiCl_2、R_3SiCl）或取代正硅酸酯［如 $RSi(OR')_3$、$R_2Si(OR')_2$、R_3SiOR'］等。单官能团的单体水解缩合只能得到二聚体，常用来作为封端基控制分子链的长短；双官能团单体进行水解缩合，可得到线型的聚硅氧烷；而用三官能团单体进行水解缩合，或与双官能团单体进行共水解缩合反应，最终可得到体型结构的聚合物。

影响有机硅单体水解缩合反应的因素主要有以下几种：

（1）单体结构

水解缩合反应的速度与直接连在硅原子上的有机基团的数量和大小有关，有机基团的存在会降低水解缩合速度。有机基团越大，对水解的阻碍越明显；有机基团数目越多，水解速率越低。如氯甲基硅烷的水解缩合速度随硅原子上甲基取代基团数目的增加而降低：

$$CH_3SiCl_3 > (CH_3)_2SiCl_2 > (CH_3)_3SiCl$$

另外，各种不同官能基的有机硅单体的水解反应能力的次序如下：

$$Si—Cl > Si—OCOR > Si—OR$$

前两种官能基在室温下很容易产生水解，而后一种在水解时则需要用催化剂及在加热条件下进行。

（2）水的用量

有机硅单体的水解程度取决于水量的多少，水量不足时水解不完全，所得产物基本上是线型高聚物；水量足够时，则水解完全，所得产物与单体结构及反应条件有关，或为环状体，或为线型高聚物，或为体型高聚物。

（3）介质的 pH

在酸性介质中，水解反应速度与酸的浓度有关，在足量水时，双官能团单体的水解产物会形成环状化合物，其原因是酸能促使中间产物分子两端的羟基进行脱水。

在中性介质中，水解反应即使长时间也不能进行完全，但烷基氯硅烷由于水解时要放出氯化氢，对反应有加速作用。

在碱性介质中水解反应的速度也很慢，在碱用量较多时双官能团单体主要形成线型结构的缩聚物，环状化合物的产率大大下降，这可能是因为在碱性介质中形成了下列平衡反应：

$$HO—\overset{\overset{\displaystyle R}{|}}{\underset{\underset{\displaystyle R}{|}}{Si}}—O—\overset{\overset{\displaystyle R}{|}}{\underset{\underset{\displaystyle R}{|}}{Si}}—OH + NaOH \Longleftrightarrow NaO—\overset{\overset{\displaystyle R}{|}}{\underset{\underset{\displaystyle R}{|}}{Si}}—O—\overset{\overset{\displaystyle R}{|}}{\underset{\underset{\displaystyle R}{|}}{Si}}—OH + H_2O \qquad (7-22)$$

由于聚合物一端的羟基被钠离子封闭，分子链只能沿一个方向增长。

（4）溶剂的性质

双官能团单体水解缩合时，如果在反应体系中添加了乙醚等含氧的活性有机溶剂，由于此类溶剂既能溶解中间物硅醇又能与水和单体互溶，也就是起到了稀释作用，减少了不同分子间的碰撞概率，相应提高了低相对分子质量的硅醇分子内部脱水的可能性，因此会形成较多的低相对分子质量环状化合物。如果反应体系中仅存在能溶解单体与聚合物、但不能与水互溶的有机溶剂，如苯、甲苯等，则该类溶剂不能有效地起到稀释作用，只能将缩合物从水的乳液中萃取出来，因此可抑制环状化合物的形成。

另外，如果是在醇类等含有活性官能团的有机溶剂存在下反应，则有利于线型聚合物的形成。此处醇类的作用与碱的作用类似，部分酯化反应封闭了缩聚链端的羟基，从而抑制了环状化合物的形成。

（5）温度的影响

提高温度能加速水解反应，但对产物的结构影响不大，能够使水解产物进一步缩合，对增大相对分子质量有较大作用。

7.4.1.2 有机硅树脂的合成与固化

有机硅树脂是由双官能团和三官能团有机硅单体共水解缩聚而得。因此，在制备有机硅树脂时，有机基团与硅原子的摩尔比（R/Si）在 1~2，R/Si 的比值增大，则固化树脂的硬度降低而韧性提高。

工业上常用的有机硅树脂通常包括甲基硅树脂、苯基硅树脂和甲基苯基硅树脂。使用碳链比甲基长的乙基或丙基取代的有机硅单体会降低树脂的耐热性和刚性，但增加了树脂在溶剂中的可溶性。苯基硅树脂则有良好的耐热性，但固化后脆性较大，而用甲基氯硅烷和苯基氯硅烷混合单体制得的甲基苯基硅树脂，其耐热性和力学性能都很优异。

如果在混合单体中再加入少量单官能团的单体作链终止剂，则会有助于形成支化结构，降低树脂固化时的收缩率。另外，单体中的有机基团 R 含有双键官能团时，所合成的树脂可在过氧化物引发剂作用下，使双键打开进行固化。

各种有机硅单体经水解缩合后，所得到的树脂的相对分子质量都比较低，不能直接使用，通常需要在催化剂作用下进行重排，以达到所需的相对分子质量。用于催化重排的催化剂种类很多，包括 H_2SO_4、$NaOH$、$FeCl_3$、$Fe_2(SO_4)_3$、$Al_2(SO_4)_3$ 等。

如果把上述低相对分子质量的树脂与不饱和聚酯树脂、酚醛树脂或环氧树脂等共聚改性，使树脂中的硅醇基团与其他树脂中的羟基、羟甲基或酚羟基等起反应，可提高这些树脂的耐热性和耐水性。

有机硅树脂固化时，一般是在 200~250℃ 的较高温度下进行，最常用的固化剂为三乙醇胺或三乙醇胺和过氧化二苯甲酰的混合物，且固化时间较长。

7.4.2 有机硅树脂的性能和应用

7.4.2.1 有机硅树脂的性能

有机硅树脂的耐热性能优异，具有优良的电绝缘性、介电性能、耐水性、耐候性和耐霉菌性等，但其力学性能比不上通用树脂。

（1）热稳定性

有机硅树脂的大分子主链由 Si—O 键构成，由于 Si—O 键的键能较高，具有很高的强度，且 Si—O 键的偶极结构使其与 C 原子键合的 Si—C 键发生极化作用并产生偶极矩，Si—C 键的强度也很高，因此，具有这种分子结构的有机硅树脂比较稳定，耐热性和耐高温老化性能很好，一般耐热温度范围为 200~250℃。但有机取代基种类不同，其耐热温度也不同，且有机基数目越多，树脂的热稳定性越低。

苯基硅树脂的耐热性高于甲基硅树脂，对于碳链比甲基长的有机取代基，随着链长增加，热稳定性及硬度降低，但树脂的韧性增大。

（2）电性能

聚有机硅氧烷分子主链的外面具有一层非极性的有机基团，且具有较好的分子对称性，因此有机硅树脂具有优良的电绝缘性能，且介电常数及介质损耗角正切值在较宽的温度范围及频率范围内变化很小。

有机硅树脂的可碳化成分较少，其耐电弧及耐电晕性能十分突出，并具有很高的击穿强度。一般有机聚合物在电弧或电火花作用下常发生碳化，致使电绝缘性能下降，甚至完全丧失；而有机硅树脂在受电弧、电火花作用时，即使裂解除去有机基团，但表面剩下的二氧化硅同样具有良好的介电性能。

（3）憎水性

在聚有机硅氧烷的分子结构中，非极性的有机基团排列向外，形成了一层碳氢基团的表面层，从而使得有机硅树脂具有优良的憎水性，水珠在其表面不能浸润。当有机硅树脂涂在金属、玻璃、陶瓷、织物等材料表面时，均可提高它们的防水性能，在潮湿温暖环境下仍具有良好的电绝缘性能。但是，硅氧烷分子间作用力较弱，间隔也较大，因而对湿气的透过率大于一般的有机树脂漆膜，这虽然是不利的一面，但反过来赶出吸入水分也比较容易，从而使电性能等容易恢复；而一般的有机树脂浸水后电气性能大大降低，吸收的水分也难以除掉，电气特性恢复较慢。

基于上述理由，硅树脂漆膜的憎水性应视具体条件而定。一般来说，硅树脂漆膜对冷水的抵抗力较强，例如，固化后的硅树脂漆膜浸入蒸馏水中，可以几年不变。硅树脂漆膜对沸水的抵抗力较冷水弱，并且其对沸水的抵抗力与其组成及结构有关，如硬的、低热塑性和填加颜料的硅树脂漆膜对沸水的抵抗力较强；反之，软的、热塑性及未加颜料的漆膜在沸水中浸泡 10~20h 后，即有气泡形成。对水蒸气特别是高压蒸汽的抵抗力很差，高压蒸汽不仅可以大大降低漆膜对基材的粘接力，还可以导致硅树脂主链裂解。

（4）机械强度

因为有机硅分子间作用力小，有效交联密度低，所以有机硅树脂固化后的机械强度不高，弯曲、拉伸、冲击以及耐擦伤性等性能指标均较低。若以氯代苯基取代分子链中的苯基，可提高分子链的极性，从而提高机械强度；也可采用与酚醛树脂或环氧树脂改性的方法提高其强度与刚性。

（5）耐候性

由于有机硅树脂在日光照射下难以产生由紫外线引起的游离基反应，也不易产生氧化反应，因此耐候性极佳。硅树脂突出的耐候性是任何一种有机树脂望尘莫及的，即使在紫外线强烈照射下，硅树脂也耐泛黄。

其他有机树脂经硅树脂改性后，改性树脂的耐候性明显优于改性前，并随硅氧烷含量的增加而提高。

（6）耐化学腐蚀性能

完全固化的有机硅树脂对化学药品具有一定的抵抗能力。硅树脂不含极性取代基，且为立体网状结构，和硅油及硅橡胶相比 Si—C 键含量更少（即 Si—O 键含量更多），因而硅树脂的耐化学药品性能优于硅油及硅橡胶，但并不比其他有机树脂好。有机硅树脂的玻璃纤维层压板可耐质量分数为 10%~30% 的硫酸、10% 的盐酸、10%~15% 的氢氧化钠、2% 的碳酸钠以及 3% 的双氧水，耐浓酸以及耐四氯化碳、丙酮和甲苯等溶剂的性能较差，但醇类、脂肪烃和润滑油对它的影响较小。

7.4.2.2　有机硅树脂的应用

有机硅树脂在复合材料行业应用广泛，采用热固性硅树脂为基体树脂，与云母、石棉、玻璃纤维或玻璃布等填料经模压或层压工艺而制成的有机硅层压塑料、模压塑料在军工及民用领域中已经得到广泛应用。

有机硅层压塑料具有突出的耐热性和电绝缘性能,可以在250℃下长期使用,并且吸水率低、耐电弧性和耐火焰性好、介电损耗小,但制造成本高。有时为了降低成本,采用石棉布或石棉纸代替玻璃布制取层压塑料,但会使制品的力学强度变差,应用范围受到限制。有机硅玻璃布层压塑料可用作 H 级电机的槽楔绝缘、高温继电器外壳、高速飞机的雷达罩、接线艇、线圈架、各种开关装置、变电器套管等,还可用作飞机的耐火墙以及各种耐热输送管等。

有机硅模压塑料是由有机硅树脂、填料、催化剂、染色剂、脱模剂以及固化剂经过混炼而成的一种热固性塑料。根据用途不同,有机硅模压塑料被分为结构材料用有机硅模压塑料和半导体封装用有机硅模压塑料两种类型。结构材料用有机硅模压塑料通常简称为有机硅模压塑料,其特点是耐热性好,有一定的力学强度,电绝缘性受温度影响小,这类模压塑料被广泛应用于航空、电子、电器等高技术行业和特殊环境下的绝缘材料。半导体等精密电子元器件的封装条件要求苛刻,所用的有机硅模压塑料不仅要做到防潮、防腐和绝缘,而且还要提高封装的可靠性,为此,需进一步研制低膨胀、高导热、强粘接的有机硅模压塑料。

除上述应用外,硅树脂还被广泛用作耐高低温绝缘漆,包括清漆、色漆、磁漆等;作为特种涂料的基料,用于制取耐热涂料、耐候涂料、耐磨增硬涂料、脱模防粘涂料、耐烧蚀涂料及建筑防水涂料等;作为基料或主要原料用于制备耐湿胶黏剂及压敏胶黏剂等。

复习思考题

1. 呋喃树脂主要包括哪几种类型的树脂?其主要用途是什么?
2. 糠酮树脂固化时采用的催化剂是什么?其固化过程中发生的主要反应是什么?
3. 在三聚氰胺树脂的合成过程中,如何控制反应条件?
4. 芳基乙炔单体不能直接进行固化的原因是什么?如何解决?
5. PAA 树脂适宜用作烧蚀材料和空间结构材料的原因分别是什么?
6. 双官能团有机硅单体在酸性条件或碱性条件下进行水解缩合时,所得到的主要产物结构是否相同?解释其中原因。
7. 分析有机硅树脂的分子结构,阐明其具有优良耐热性和憎水性的原因。
8. 查阅文献,说明还有哪些热固性树脂,并全面了解其中任意一种热固性树脂的合成、固化、性能和应用等方面的知识。

第八章　热塑性树脂

8.1　概　　述

自树脂基复合材料问世以来，热固性复合材料作为一种高强轻质、功能和结构可设计的新型材料早已获得工程界的普遍承认，并以相当高的速率保持快速增长。然而，热固性复合材料仍然存在着某些不足，如耐热性差、断裂伸长率和断裂韧性不足、抗冲击和抗损伤能力低等。在结构复合材料的设计中，通常要求基体材料的断裂伸长率为增强材料的 2 倍，即要求基体材料的断裂伸长率达到 3%～6%，这样才能充分地发挥纤维的增强作用；而作为热固性树脂典型代表的环氧树脂，其断裂伸长率一般仅为 1% 左右，这就在一定程度上影响了高性能纤维优异力学性能的充分发挥。

为提高树脂基体的韧性和耐热性，以及提高复合材料的抗损伤和抗冲击能力，一般是从两个途径出发尝试解决上述问题：一种途径是对现有的热固性树脂基体进行增韧改性；另一种途径就是寻求新的韧性聚合物作为树脂基体。到目前为止，复合材料界普遍认为热塑性聚合物是一种可供选择的基体材料，具有很大的发展潜力。尤其是进入 20 世纪 80 年代以来，以聚醚醚酮、聚苯硫醚等为代表的一批新型工程塑料相继问世，聚酰胺、热塑性聚酯等工程塑料得到快速发展。这些工程塑料具有良好的耐热性和韧性，可以作为复合材料理想的基体树脂。表 8-1 列出了部分高性能聚合物基体的性能指标。

表 8-1　　　　　　　　　部分高性能聚合物基体的性能指标

聚合物	T_g/ ℃	熔点/ ℃	黏度/ Pa·s	拉伸强度/ MPa	拉伸模量/ GPa	断裂伸长率/ %	断裂韧性/ (kJ/m²)
环氧 3501	193	—	2～3	69	4.43	1.7	0.1
PEKK	156	338	2500	102	4.48	4	1.0
PEEK	143	334	3500	93.8	3.6	4.7	2.0
PEI	217	—	—	104	2.96	60	2.5
PES	260	—	—	76	2.41	7	—
PAI	288	—	—	136	3.30	25	3.4

由表 8-1 可知，上述高性能聚合物均具有较高的玻璃化转变温度和较高的熔融温度，耐热性能良好；但聚合物熔体普遍具有较高的熔体黏度，这也给热塑性复合材料的纤维浸渍和加工成型带来了一定的困难。然而值得特别注意的是，热塑性聚合物的断裂韧性和断裂伸长率均大于传统的环氧树脂。表中显示，具有代表性的高性能聚合物聚醚醚酮（PEEK）的断裂韧性为 2.0kJ/m²，是环氧树脂的 20 倍，可成为航空和航天结构复合材料的理想基体材料，能赋予热塑性复合材料良好韧性、耐热性和其他优异的综合性能。

目前，热塑性树脂基复合材料越来越受到航空航天工业，特别是汽车制造工业的高度重视，其主要原因是与热固性基体复合材料相比，热塑性复合材料具有以下特点：

① 密度小，比刚度和比强度大。普通钢材的密度为 $7.8g/cm^3$，热固性复合材料的密度一般为 $1.7\sim2.0g/cm^3$，而热塑性复合材料的密度一般为 $1.4\sim1.6g/cm^3$，小于热固性复合材料，因而比刚度和比强度较高，力学性能较好。

② 韧性优于热固性树脂，具有良好的抗冲击性能。热固性树脂复合材料在成型过程中，树脂基体交联固化为三维网络结构。因此，热固性复合材料的刚度较高、脆性较大、抗冲击和抗损伤的能力较差。而热塑性复合材料是以线型高分子聚合物为基体材料，韧性良好的线型高分子聚合物能够赋予复合材料优异的抗冲击性能和抗损伤能力，是结构减重的理想材料。

③ 物理性能良好。一般热塑性塑料的长期使用温度为 $50\sim100℃$，经纤维增强后，热塑性复合材料的使用温度可提高至 $100℃$，而纤维增强工程塑料的长期使用温度可以达到 $120\sim150℃$，高性能热塑性复合材料的长期使用温度甚至达到 $250℃$ 以上，耐热性能优异。热塑性复合材料的耐水性一般优于热固性复合材料，玻璃纤维增强聚丙烯的吸水率仅为 $0.01\%\sim0.05\%$，而玻璃纤维增强不饱和聚酯复合材料的吸水率为 $0.05\%\sim5\%$，即使是耐水性较好的玻璃纤维增强环氧复合材料的吸水率也在 $0.04\%\sim2\%$，耐水性普遍低于热塑性复合材料。

④ 加工过程中不发生化学反应，成型周期短。热固性树脂基复合材料的加工过程实质上是树脂基体在固化剂的作用下，由线型的分子结构通过交联反应成为体型分子结构的过程，这需要一定的反应时间。不同的热固性树脂的反应时间不同，对于反应速度较快的不饱和聚酯树脂复合材料来说，模压一个薄壁汽车部件所需要的成型时间通常超过 1min；而热塑性树脂的聚合反应通常在复合材料成型前就已经完成，复合材料的加工过程仅仅是一个加热熔融变形、冷却固结定型的物理变化过程。由于在热塑性复合材料的加工过程中不发生化学反应，因此，它的加工速度快，成型周期短（一般为 $20\sim60s$），生产效率高，制造成本较低。

⑤ 成型压力较低，成型模具费用低。适合于模压成型的长纤维增强热塑性复合材料，不但可以在较低的温度下热成型，而且成型压力较低，一般为 $0.05\sim1.0MPa$，成型时间大多在 1min 以内，纤维含量可根据不同部件确定。由于热塑性复合材料的成型压力较低，对于成型模具的承压能力要求也较低。与热固性复合材料相比，热塑性复合材料的模具制造费用可节省 25%左右，非常适合于制造小批量的复合材料部件。

⑥ 预浸料无存放条件限制，使用方便。在制备热固性复合材料的 SMC、BMC 和预浸料等半成品过程中，需要向基体树脂中加入可以引发树脂固化交联所需的固化剂，并产生一定的预交联反应，是一个化学变化过程。因此，半成品的热固性预浸料通常需要在较低的温度条件下保存，预浸料的使用期也有严格的限定。与热固性预浸料不同，在制备热塑性复合材料的增强粒料、GMT 片材、纤维混合材料和预浸带等半成品材料时，热塑性树脂基体处于一个加热熔融浸渍、冷却固结的物理变化过程，而且热塑性树脂在通常条件下一般不会发生化学反应，因此没有存放条件的限制，使用方便，大大节省了储存费用。

⑦ 废料可以回收重新利用。热固性复合材料制品有一个比较大的缺点，就是难以回收再利用。热塑性复合材料作为可回收再利用的材料已经引起了人们的普遍关注，这也是热塑性复合材料的一个显著优势。最近，有关资料多次报道了热塑性复合材料的回收和再利用的消息。例如，TOYOTA 发动机公司和杜邦工程聚合物公司声称，经过气密、爆破和

破坏强度等一系列的试验结果，采用100%再回收利用的尼龙6混合料所制备的空气进气道部件符合使用要求，证实了杜邦公司尼龙6的再利用技术方法的可行性。

综上所述，热塑性复合材料以其轻质高强、抗冲击性能优于热固性复合材料、成型时间短、制造成本低、废料可以回收再利用等独特优点引起了业界的高度重视，欧美等工业发达国家和地区的相关企业纷纷扩大热塑性复合材料的生产规模，加强热塑性复合材料成型技术和产品的开发。最近的工业发展研究表明，热塑性复合材料的发展速度非常迅猛，有望在不远的将来超过热固性复合材料。常用的热塑性树脂基体有聚乙烯、聚丙烯、热塑性聚酯、聚酰胺、聚碳酸酯、聚甲醛、聚砜、聚醚酮等。

8.2 聚 乙 烯

聚乙烯（Polyethylene，PE）是以乙烯为单体，经多种工艺方法生产的一类具有多种结构和性能的通用热塑性树脂，是目前世界塑料工业中产量最大、应用最广、品种繁多的聚烯烃类高分子化合物。由于聚乙烯的分子链中不含极性基团，其介电性能和化学稳定性好，吸水率低，且耐寒性好，价格低廉，得到了广泛的应用。

按照生产工艺方法，聚乙烯可分为高压聚乙烯、中压聚乙烯和低压聚乙烯；按照密度不同，聚乙烯一般又分为低密度聚乙烯（LDPE）、高密度聚乙烯（HDPE）、线型低密度聚乙烯（LLDPE）和超高分子量聚乙烯（UHMWPE）等。

8.2.1 低密度聚乙烯

LDPE是乙烯单体按照自由基聚合机理，以氧气或有机过氧化物为引发剂，在高温高压条件下进行生产所得的产物，即高压聚乙烯，有时会加入少量α-烯烃，如丙烯、丁烯、己烯等作为共聚单体。由于采用自由基聚合机理，反应温度高，自由基活性高，容易发生向大分子的链转移而形成长支链和短支链产物。因此，高压法生产的LDPE不但支链数目多，不规则，而且存在数量较多的长支链，其分子结构通常被描述成树枝状，是高度支化的聚合物，其分子形态如图8-1所示。

图8-1 LDPE的分子形态

聚乙烯的化学结构非常简单、规整和对称，分子链上只有氢原子，分子间作用力也小，因而分子链非常柔软，极易结晶。具体到LDPE，支链结构的存在降低了分子链的规整性，其结晶度只有40%~60%，在聚乙烯中属于较低水平。也正是由于结晶度较低，LDPE的透明性要优于HDPE。当乙烯与其他单体共聚时，分子链的结构规整性进一步降低，结晶能力和结晶度也随之降低。

LDPE是无味、无臭、无毒的白色粉末或颗粒，外观呈乳白色，其熔点为105~115℃，典型密度为0.910~0.925g/cm³。LDPE具有优良的电绝缘性能、力学性能、耐低温性和抗化学药品性能等，而且柔软性、延伸性、透明性和加工性都很好，但耐热性能不如HDPE。LDPE的介电常数非常低，介电损耗常数在非常宽的频率范围内数值都很小。表8-2列出了包括LDPE在内的几种聚乙烯的基本性能。

表 8-2　　　　　　　　LDPE、HDPE、LLDPE 和 UHMWPE 的基本性能

性能	LDPE	HDPE	LLDPE	UHMWPE
密度/(g/cm³)	0.910~0.925	0.940~0.965	0.910~0.940	0.935
拉伸强度/MPa	7~16	22~45	16.5~29	32.5~50
拉伸模量/MPa	102~240	420~1060	102~240	140~800
断裂伸长率/%	100~800	200~900	>800	300~500
缺口冲击强度/(kJ/m²)	80~90	10~40	>70	81.6~160
弯曲强度/MPa	12~17	25~40	—	—
弯曲模量/MPa	150~250	1100~1400	—	580~600
压缩强度/MPa	12.5	22.5	—	—
熔点/℃	105~115	126~138	122~128	125~137
热变形温度(0.45MPa)/℃	40~50	60~82	—	79~85
脆化温度/℃	−100~−50	−100~−70	−140~−100	−137~−70
成型收缩率/%	1.5~5.0	0.2~8	1.5~5.0	2~3
介电常数	2.28~2.32	2.3~2.4	2.16~2.21	2.3
介电损耗角正切	0.0002~0.0005	0.0002~0.0004	0.00016~0.0004	0.0002~0.0003

8.2.2　高密度聚乙烯

HDPE 是采用 Ziegler-Natta 催化剂，在低压或中压及一定的温度条件下合成的聚合物，又称为低压聚乙烯。聚合单体为乙烯，有时加入少量 α-烯烃作为共聚单体，按照配位聚合机理进行制备。

由于聚合机理不同，HDPE 的结构与 LDPE 存在较大差别。HDPE 是没有长支链的线型结构，但其分子中存在少量短支链，一般是与 α-烯烃共聚产生的，支链的结构由共聚单体的类型决定，其分子形态如图 8-2 所示。

图 8-2　HDPE 的分子形态

HDPE 分子链的对称性和规整性均很高，堆砌紧密，结晶度为 70%~90%，是 PE 家族中结晶度最高的品种，其熔点为 126~138℃。聚乙烯的力学性能与其密度和结晶度密切相关，结晶度高，密度也高。HDPE 的典型密度为 0.940~0.965g/cm³，其化学性质稳定，具有良好的耐寒性、介电性能和加工性，脆化温度为 −100~−70℃，最低可达 −140℃。

由于 HDPE 的结晶度和密度高，相比 LDPE 具有更优良的力学性能和耐热性能，最高使用温度可达 100℃，其拉伸、弯曲、压缩等强度以及拉伸和弯曲模量、硬度均比 LDPE 高，且耐磨性能优良，冲击强度优于许多塑料，包括许多工程塑料。HDPE 合成中难免有微量金属杂质，因此较 LDPE 的介电性能略差。HDPE 的基本性能见表 8-2。

8.2.3　线型低密度聚乙烯

LLDPE 也是采用 Ziegler-Natta 催化剂，在低压条件下，由乙烯单体与少量 α-烯烃共聚合得到，是一种乙烯共聚产品。工业上使用的共聚单体主要有 1-丁烯、1-己烯、4-甲基-1-戊烯和 1-辛烯，普遍常用的是 1-丁烯，但由于在相同密度和结晶度的条件下，与 1-丁烯共

聚得到的 LLDPE 的力学性能明显不如与高级 α-烯烃的共聚物，因此工业上采用高碳 α-烯烃生产 LLDPE 已成为发展趋势。

　　LLDPE 为大分子主链上带有支链的线型结构，支链是由共聚单体形成的规则短支链，共聚单体不同，支链长度也就不同，如用 1-丁烯作为共聚单体时的支链为—C_2H_5，用 1-己烯作为共聚单体时的支链为 n—C_4H_9，这与带有长支链、不规则支链的 LDPE 结构存在明显差异，其分子形态如图 8-3 所示。

图 8-3　LLDPE 的分子形态

　　LLDPE 的支链长度一般大于 HDPE 的支链长度，而小于 LDPE 的支链长度，结构上更接近于 HDPE。表 8-3 对 LLDPE 和 LDPE、HDPE 的分子结构特征进行了比较。

表 8-3　　　　　　　　LDPE、HDPE 和 LLDPE 的分子结构对比

项目	LDPE	HDPE	LLDPE
相对分子质量分布	宽	宽	宽
长支链（1000 个碳中）	约 30	0	0
短支链（1000 个碳中）	10~30	3~5	5~18
短支链长度	长短不一	C_2~C_4	C_2、C_4、C_6

　　由于分子结构特点的不同，LLDPE 的密度、结晶度、熔点均比 HDPE 低，其典型密度为 0.910~0.940g/cm³，结晶度为 65%~75%，熔点为 122~128℃。LLDPE 的耐环境应力开裂性能优异，具有较高的耐热性，优良的抗冲击、拉伸强度和弯曲强度等，聚合物特性随使用的 α-烯烃类型不同而各异。LLDPE 的基本性能如表 8-2 所示。

8.2.4　超高分子量聚乙烯

　　UHMWPE 的制备也是按照配位聚合机理进行，其分子结构与 HDPE 结构完全相同，为线型结构，区别只是相对分子质量不同。由于 UHMWPE 的相对分子质量在 150 万以上，甚至高达 300 万~600 万，比普通 PE 高得多（普通 PE 的相对分子质量为 5 万~30万），因此，UHMWPE 具有普通 PE 无法比拟的一些独特性能，是一种性能优异的热塑性工程塑料。它几乎综合了各种塑料的性能，尤其在耐冲击、耐磨损、耐低温、耐化学腐蚀、自身润滑这五个方面表现出众，还具有卫生无毒、不易黏附、不易吸水、密度较小等特性，目前还没有一种单一高分子材料兼有如此众多的优异性能，因此，UHMWPE 也被描述为"惊异的塑料"。

　　UHMWPE 的冲击性能极为突出，是现有塑料中最高的，比耐冲击 PC 高约 2 倍，比 ABS 高 5 倍，比尼龙、PP、POM 高 10 倍。UHMWPE 的耐磨性居塑料之首，比尼龙、PT-FE 耐磨 4~5 倍，比碳钢、黄铜耐磨数倍到数十倍。UHMWPE 具有极低的摩擦因数（0.05~0.11），其自润滑性仅次于最好的 PTFE，即使在无润滑剂存在的情况下，在钢和黄铜表面滑动也不会引起发热黏着现象，是非常理想的自润滑材料。UHMWPE 的耐低温性能优异，在所有塑料中是最好的，脆化温度在−70℃以下，即使在液氮（−269℃）中仍具有一定的冲击强度和耐磨性，可在低温和极低温度下使用。UHMWPE 的耐化学品性能优良，在一定温度和浓度范围内在许多腐蚀性介质（酸、碱和盐）及有机溶剂（萘除外）

中保持稳定，但在浓硫酸、浓盐酸、浓硝酸、卤化烃和芳香烃等介质中不稳定，并随温度升高氧化速度加剧，这与其他 PE 相似。表 8-2 列出了 UHMWPE 的基本性能。

尽管 UHMWPE 具有许多优异的物理力学性能，但与其他工程塑料相比，它具有硬度和热变形温度低、抗弯强度和抗蠕变性能较差等缺点，并且由于它们的相对分子质量极高，熔体特性与一般热塑性塑料明显不同，即使在熔点温度以上，也不呈黏流状态，而是呈橡胶态的高黏弹体；在很低的剪切速率下就会发生熔体破裂，流动性能极差；并且其摩擦因数极低，进料时会出现打滑现象，抱着螺杆一起转动；加之成型温度范围窄，容易氧化降解，这些都给成型加工带来了极大困难，故长期以来一直采用与 PTFE 类似的粉末压制烧结和柱塞挤出的方法进行加工。

UHMWPE 的主要制品有板材类、管材类及棒材类等。需要提到的是，通过凝胶纺丝法制造的 UHMWPE 纤维拉伸强度高达 3~3.5GPa，弹性模量高达 100~125GPa，纤维的比强度比钢丝大 10 倍，甚至比碳纤维高 4 倍。由于 UHMWPE 纤维的耐冲击性能好，能量吸收高，在军事上广泛用来制作防弹衣、防弹头盔、装甲防护板等。

8.3　聚　丙　烯

聚丙烯（Polypropylene，PP）是以丙烯为单体，采用 Ziegler-Natta 催化剂，经多种工艺方法生产的一类通用型热塑性树脂，其聚合机理为配位阴离子聚合机理。PP 是通用塑料中最年轻的一种，1957 年首先在意大利实现工业化生产，为聚烯烃家族中的第二个重要成员，产量居世界第二位，其化学结构通式为：

$$\text{--(CH}_2\text{--CH)}_{\overline{n}}$$
$$|$$
$$\text{CH}_3$$

由于手性碳原子的存在，结构单元存在两种旋光异构体，可形成三种构型的 PP，分别称为等规、间规和无规立构 PP，如图 8-4 所示。通常所称的 PP 指的是等规立构 PP。在目前生产的聚丙烯中，95% 为等规 PP，其余是间规或无规 PP。PP 有均聚物和共聚物

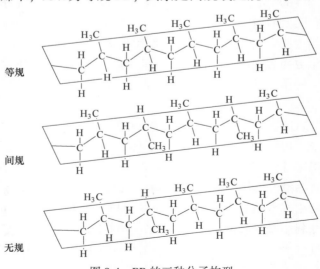

图 8-4　PP 的三种分子构型

之分，均聚 PP 实际生产和应用以等规 PP 为主；共聚物又分无规共聚物和嵌段共聚物，工业上主要是乙烯与丙烯共聚。

和 PE 一样，PP 也是无味、无臭、无毒的白色粉末或颗粒。PP 密度为 0.900 ~ 0.905g/cm³，是商品树脂中最轻的品种。等规 PP 分子链结构简单、规整，结晶能力很强，结晶极快，一般条件下无法得到完全无定形形态的 PP。PP 结晶度为 50% ~ 70%，经拉伸取向和热定型处理可提高到 75% ~ 85%。根据结晶过程条件不同，可形成尺寸大小和形态不同的球晶，球晶尺寸较小时，屈服应力、冲击强度高，透明性好，为此在成型过程中通常采用加入成核剂的方法来控制球晶的生长，使晶核增多，结晶更均匀。

PP 容易燃烧，离火后可继续燃烧，燃烧后滴落的熔体有石油气味。等规 PP 的熔点为 160 ~ 170℃，具有良好的耐热性。PP 制品可耐沸水温度，长期使用温度可达 100 ~ 120℃；在没有外部压力作用的情况下，在 150℃时也不变形。

PP 为非极性树脂，具备优良的力学性能、化学稳定性和电绝缘性，强度和刚度均优于聚乙烯，抗弯曲疲劳、抗蠕变性良好，并具有良好的耐应力开裂性，且相对分子质量越大，耐应力开裂性越好。PP 与大多数化学药品不发生作用。PP 的介电系数和介电损耗小，具有优良的高频特性，由于不吸水，其电绝缘性能不会受环境湿度的影响。

PP 的缺点是耐光、热老化性差，这主要是和其主链上存在叔碳原子有关。在 PP 中存在二价或二价以上的金属离子能加速氧化过程，这主要是金属离子能与大分子过氧化物反应生成自由基造成的，特别是有铜离子存在的情况下，其氧化速度更快，此时需要加入铜抑制剂，否则即使加入大量的抗氧剂也无作用。另外，PP 还有低温冲击强度很低、对缺口敏感、不耐磨、成型收缩率大等特点。聚丙烯的基本性能列于表 8-4 中。

表 8-4　　　　　　　　　　　　　聚丙烯的基本性能

性能	数值	性能	数值
密度/(g/cm³)	0.900 ~ 0.905	热变形温度(1.82MPa)/℃	57 ~ 65
拉伸强度/MPa	30 ~ 41	脆化温度/℃	-8 ~ 8
拉伸屈服强度/MPa	29 ~ 39	吸水率(24h 浸泡)/%	0.03 ~ 0.04
拉伸模量/GPa	1.1 ~ 1.6	成型收缩率/%	1.0 ~ 2.0
断裂伸长率/%	200 ~ 700	热导率/[W/(m·K)]	0.12 ~ 0.24
缺口冲击强度/(kJ/m²)	2.0 ~ 6.4	线膨胀系数/(×10⁻⁶/℃)	10.8 ~ 11.2
弯曲强度/MPa	42 ~ 56	体积电阻率/Ω·cm	≥10¹⁶
弯曲模量/GPa	1.1 ~ 1.3	介电常数(10⁶Hz)	2.2 ~ 2.6
压缩强度/MPa	39 ~ 56	介电损耗角正切(10⁶Hz)	0.0005 ~ 0.0018
熔点/℃	160 ~ 170	介电强度/(kV/mm)	20 ~ 26

PP 经玻璃纤维增强后，其拉伸强度和模量、弯曲强度和模量均得到大幅提高，热变形温度提高近一倍，如表 8-5 所示。玻纤增强的 PP 大量用于制作汽车配件，包括前端模块、门板模块、空气门、集成罩缓冲板、尾门、换挡器底座等。玻璃纤维和 PP 树脂的界面黏结较差，通常采用硅烷类偶联剂对玻纤表面进行处理，从而进行改善。不同的偶联剂对于复合材料各方面性能的提高各不相同，适宜的偶联剂可有效提高复合材料的力学性能、耐湿性、抗老化性能等。这里需要提到的是，高定向性的 PP 纤维和各向同性的 PP

基材经特定的热压实工艺加工而得到的自增强 PP 复合材料，由于生成的热压实片材由同一种聚合物材料组成，纤维和基材间有着优异的黏合性，不存在普通复合材料中通常需要的界面改性问题。研究表明，自增强 PP 片材的弹性模量为 5GPa 左右，拉伸强度为 180MPa，缺口冲击强度为 4750J/m²，并具有较高的耐磨性。

表 8-5   **玻璃纤维对聚丙烯性能的影响**

性能	PP 均聚物		PP 共聚物	
	未增强	40%GF 增强	未增强	40%GF 增强
拉伸强度/MPa	30~40	57~103	28~38	41~69
弯曲模量/GPa	1.2~1.7	6.6~6.9	0.9~1.4	4.1~6.6
缺口冲击强度/(J/m)	21~75	75~105	59~74	48~160
热变形温度/℃	49~60	149~166	57~60	137

8.4 聚 酰 胺

聚酰胺（Polyamide，PA）通常称为尼龙（Nylon），它是在大分子链中含有重复结构单元酰胺（—CONH—）基团的聚合物总称，是开发最早、使用量最大的热塑性工程塑料。PA 种类较多，包括脂肪族 PA、芳香族 PA、脂肪-芳香族 PA 和脂环族 PA 等，其中脂肪族 PA 的品种多、产量大，用途广泛。

8.4.1 合 成 原 理

聚酰胺可以由二元胺与二元酸缩聚而成，也可由氨基酸或内酰胺自聚而得，其结构式分别表示为：

$$\left[NH-R-NHC(\!=\!\!O)-R'-C(\!=\!\!O) \right]_n \qquad \left[NH-R-C(\!=\!\!O) \right]_n$$

聚酰胺的命名是由二元胺和二元酸的碳原子数或者是氨基酸和内酰胺的碳原子数决定的，例如己二胺和己二酸反应得到的聚合物称为 PA66，第一个 6 表示的是二元胺的碳原子数，第二个 6 表示的是二元酸的原子数；己内酰胺开环聚合得到的产物称为 PA6。热塑性复合材料基体常用的聚酰胺有 PA66、PA6、PA610、PA11 和 PA12 等，用量最多的品种是 PA66 和 PA6。

8.4.1.1 PA66 的合成

首先，己二胺和己二酸在较低的温度下反应成盐：

$$HOOC(CH_2)_4COOH + H_2N(CH_2)_6NH_2 \xrightarrow{60℃} {}^-OOC(CH_2)_4COO^- \, {}^+NH_3(CH_2)_6NH_3^+ \qquad (8\text{-}1)$$

然后，PA66 盐在 200~250℃下，进行缩聚反应：

$$n\,{}^-OOC(CH_2)_4COO^- \, {}^+NH_3(CH_2)_6NH_3^+ \xrightleftharpoons{200\sim250℃} HO\left[C(\!=\!\!O)(CH_2)_4C(\!=\!\!O)-NH(CH_2)_6NH \right]_n H + (2n-1)H_2O$$

$$(8\text{-}2)$$

8.4.1.2 PA6 的合成

PA6 的聚合方法包括水解聚合和阴离子聚合。

（1）水解聚合

水解聚合包括开环反应、加聚反应和缩聚反应。在开环反应中，以水为引发剂，水解反应生成氨基己酸：

$$(CH_2)_5 \underset{NH}{\overset{C=O}{|}} + H_2O \longrightarrow H_2N(CH_2)_5COOH \tag{8-3}$$

该反应比较缓慢，可通过增加水量和温度来加快反应。己内酰胺和生成的氨基己酸发生亲核加聚反应，使分子链增长：

$$NH(CH_2)_5CO + NH_2(CH_2)_5COOH \longrightarrow H_2N(CH_2)_5CONH(CH_2)_5COOH \tag{8-4}$$

$$NH(CH_2)_5CO + HOOC—R—NH_2 \rightleftharpoons HOOC—R—NHCO(CH_2)_5NH_2 \tag{8-5}$$

加聚反应为放热反应，反应速度较缩聚反应快，缩聚反应如下：

$$H_2N(CH_2)_5[CONH(CH_2)_5]_{m-1}COOH + H_2N(CH_2)_5[CONH(CH_2)_5]_{n-1}COOH \longrightarrow$$

$$H_2N(CH_2)_5[CONH(CH_2)_5]_{m+n-1}COOH + H_2O \tag{8-6}$$

此外，聚合过程中还存在链交换反应。由于聚合过程是一个可逆平衡过程，最后根据反应条件达到一定的动态平衡，使聚合物相对分子质量达到一定值，最终产物中大约含有90%的聚合物和10%的低聚物。

（2）阴离子聚合

己内酰胺在阴离子引发剂作用下快速聚合生成 PA6。阴离子聚合引发剂主要包括强碱、碱土金属和有机碱盐、碱金属、络合碱、重金属盐以及格氏试剂等；除了催化剂外，还要加入辅助催化剂，如含有酰胺键基团或易生成酰胺键基团的化合物、有机酯等。以碱为催化剂的聚合反应如下：

$$OC(CH_2)_5NH + NaOH \longrightarrow OC(CH_2)_5\overset{-}{N}—Na + H_2O \tag{8-7}$$

$$OC(CH_2)_5\overset{-}{N}—\overset{+}{Na} + nOC(CH_2)_5NH \xrightarrow{\text{助催化剂}} OC(CH_2)_5N[\overset{O}{\overset{\|}{C}}(CH_2)_5NH]_nH \tag{8-8}$$

在聚合后期相对分子质量增长，同时伴随聚合物结晶。阴离子聚合法能使己内酰胺很快聚合，单体己内酰胺在模具中聚合成型，即单体浇注尼龙（尼龙 MC），该方法可以节省能源，提高效率，因此越来越受到重视。

8.4.2 结构与性能

PA 分子主链上重复出现的酰胺基是一个极性基团，该基团上的氢能够与另一个聚酰胺大分子中酰胺基上的氧结合形成氢键，如下所示：

$$-CH_2-\overset{\overset{\displaystyle O}{\|}}{C}-\overset{\overset{\displaystyle}{}}{N}-CH_2-$$

$$-CH_2-\overset{}{N}-\overset{\overset{\displaystyle O}{\|}}{C}-CH_2-$$

氢键形成的多少由大分子的立体化学结构决定。由于酰胺基极性基团的存在，PA 大分子链一般呈伸展平面锯齿形结构，这样就使得含有偶数亚甲基的 PA 在没有分子变形的情况下，每个酰胺官能团都能形成氢键，如 PA66、PA610；而含有奇数亚甲基的 PA 只有一半的官能团能够形成氢键，如 PA6、PA12。

PA6 和 PA66 等聚酰胺都是线型大分子，化学结构规整性比较高，分子主链上没有支链，因此可以结晶，且氢键的形成使结晶更加稳定，加之分子间的作用力较大，使得 PA 具有较高的力学强度和熔点；同时，亚甲基的存在使得分子链比较柔顺，PA 又具有较高的韧性。

通常而言，PA 的熔点随着重复单元长度的增加而降低，并且有明显的锯齿形变化特征，如图 8-5 所示。这种现象可归因于分子链上所形成氢键密度的大小，由于随着重复单元长度的增加，主链上的酰胺基团的含量逐渐减少，加之酰胺基团形成氢键的概率与结构单元中的碳原子数的奇偶数有关，含有偶数亚甲基的 PA 分子间形成的氢键密度大，因此 PA 的熔点会出现图中所示的呈锯齿形下降的变化情况。

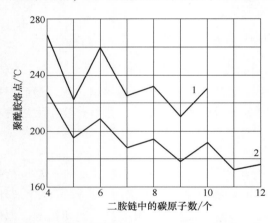

1—用己二酸合成的聚酰胺；2—用癸二酸合成的聚酰胺。
图 8-5　脂肪族聚酰胺的熔点变化

酰胺基是一个亲水性基团，因此 PA 的吸水性比其他热塑性塑料大得多，其吸湿性取决于 PA 中酰胺基团的含量、结晶度和环境相对湿度等。酰胺基团密度高，吸湿性高。由于水会起到增塑作用，PA 的 T_g 会显著地受到水分的影响，例如 PA66，当其含水率从 0 增加到 6.4% 时，其 T_g 从 97℃ 下降到 7℃。

PA 具有优良的力学性能，具有较高的比强度。在使用温度范围内，它的拉伸强度、弯曲强度和压缩强度均与温度和吸水率有关。使用温度升高，它的拉伸强度、弯曲强度和压缩强度随之降低，降低程度因 PA 品种而异。吸水率高的 PA，其强度变化也较大；随着吸水量的增加，各种 PA 的屈服强度均降低，屈服伸长率均增加。PA 的抗冲击性能优异，其冲击强度随着温度和含水量的增加而上升。

经纤维增强的 PA，其机械强度和尺寸稳定性均有明显提高，如表 8-6 所示。此外，PA 的熔点虽然较高，但这类聚合物的热变形温度都较低，长期使用温度低于 100℃。用玻璃纤维增强以后，PA 的热变形温度会有显著提高。

表 8-6	30%长玻璃纤维增强 PA 的性能					
性能	PA66		PA6		PA610	
	未增强	增强	未增强	增强	未增强	增强
密度/(g/cm³)	1.14	1.37	1.14	1.37	1.09	1.32
拉伸强度/MPa	80	151	74	158	60	143
断裂伸长率/%	60	1.5	200	2	200	1.9
弯曲强度/MPa	130	167	120	161	95	161
弯曲模量/GPa	3.0	6.8	2.6	6.04	2.2	5.95
缺口冲击强度/(J/m)	40	135	56	155	56	180
热变形温度/℃	70	259	63	216	57	216

　　PA 的耐磨耗性和润滑性好，其种类不同，摩擦因数也不同，结晶度增大，则摩擦因数变小。为了提高结晶度，可以采用热处理办法来进行，还可采用添加二硫化钼和石墨等固体润滑剂的办法。这些固体不仅起润滑剂作用，还起结晶核心的作用，这样可以得到细密结晶的良好制品。PA 还是一种自润滑材料，可做成轴承、齿轮等摩擦零件，小负荷下还可在无润滑剂情况下使用。

　　PA 具有良好的电性能，即使在高温条件下也能保持较好的电绝缘性。PA 耐一般的化学药品，在普通的使用条件下，醇、碱、脂、烃、酮、油等对它不起作用。然而，酚类和甲酸在常温下，卤化醇、多元醇在加热情况下可溶解 PA。

8.5　聚　碳　酸　酯

　　聚碳酸酯（Polycarbonate，PC）是分子主链中含有碳酸酯链节的热塑性树脂，其结构式为：

$$\left[OR-O-\overset{\overset{\displaystyle O}{\|}}{C} \right]_n$$

　　根据酯基结构，PC 可分为脂肪族、芳香族、脂肪族-芳香族等多种类型。脂肪族 PC 熔点低，溶解度高，亲水、热稳定性差、力学强度低，不能作工程塑料使用；脂肪族-芳香族 PC 结晶性较强，性脆、力学强度差，实用价值也不大；真正有实用价值的是芳香族 PC，其中双酚 A 型 PC 是目前产量最大、用途最广的一种 PC，也是发展最快的工程塑料之一，在工程塑料中的用量仅次于 PA，居第 2 位。其结构式为：

$$\left[O-\underset{}{\bigcirc}-\overset{\overset{\displaystyle CH_3}{|}}{\underset{\underset{\displaystyle CH_3}{|}}{C}}-\bigcirc-O-\overset{\overset{\displaystyle O}{\|}}{C} \right]_n$$

8.5.1　合　成　原　理

　　PC 目前的生产方法主要有光气法和酯交换法两种。光气法是在常温常压下，以双酚 A 钠盐与光气在水相和溶剂相的两相界面进行缩聚反应制得 PC：

$$\text{HO}\overset{CH_3}{\underset{CH_3}{-C-}}\text{OH} + 2\text{NaOH} \longrightarrow \text{NaO}\overset{CH_3}{\underset{CH_3}{-C-}}\text{ONa} + 2\text{H}_2\text{O} \tag{8-9}$$

$$n\text{NaO}\overset{CH_3}{\underset{CH_3}{-C-}}\text{ONa} + n\text{Cl}\overset{O}{-C-}\text{Cl} \longrightarrow \left[\text{O}\overset{CH_3}{\underset{CH_3}{-C-}}\text{O}\overset{O}{-C-}\right]_n + 2n\text{NaCl}$$

$$\tag{8-10}$$

酯交换法是在催化剂的存在下，双酚 A 与碳酸二苯酯于熔融状态下进行酯交换反应：

$$n\ \bigcirc\text{-O}\overset{O}{-C-}\text{O-}\bigcirc + n\ \text{HO}\overset{CH_3}{\underset{CH_3}{-C-}}\text{OH} \longrightarrow$$

$$\left[\text{O}\overset{CH_3}{\underset{CH_3}{-C-}}\text{O}\overset{O}{-C-}\right]_n + 2n\ \bigcirc\text{-OH} \tag{8-11}$$

光气法生产的 PC，相对分子质量从低到高有很大的范围，反应条件缓慢，不需要特别的装置；但由于需要溶剂，增加了溶剂回收工序，把混在树脂中的无机盐完全除去需要特殊的装置。酯交换法与光气法相比，不使用溶剂，造成的环境污染较少，生成的树脂是熔融状态的，进行颗粒化处理也比较简单；缺点是高温、高真空、反应器要求密闭，设备费用高，产物的相对分子质量不太高。然而，传统的熔融酯交换方法是一种间接光气法，所使用的原料碳酸二苯酯是由苯酚和光气经界面光气法反应生成：

$$\text{COCl}_2 + 2\ \bigcirc\text{-OH} \xrightarrow{\text{NaOH}} \bigcirc\text{-O}\overset{O}{-C-}\text{O-}\bigcirc + 2\text{NaCl} + \text{H}_2\text{O} \tag{8-12}$$

由于光气毒性大、对环境不利，世界各国都在积极研发 PC 的非光气法生产法。1993 年，美国的 GE 公司建成了世界上第一套非光气酯交换法生产 PC 的工业装置。该方法与传统熔融酯交换法的不同之处就在于制备原料碳酸二苯酯的工艺不同。该方法的碳酸二苯酯由碳酸二甲酯和苯酚进行酯交换制得，不再使用剧毒的光气生产碳酸二苯酯，反应式如下：

$$\text{CH}_3\text{-O}\overset{O}{-C-}\text{O-CH}_3 + 2\ \bigcirc\text{-OH} \longrightarrow \bigcirc\text{-O}\overset{O}{-C-}\text{O-}\bigcirc + 2\text{CH}_3\text{OH} \tag{8-13}$$

显然，非光气酯交换法的关键是碳酸二甲酯的制备，其制备方法主要有二氧化碳-甲醇法、液相甲醇羰基氧化法及气相甲醇羰基氧化法等。另外，近年来新开发的双酚 A 氧化羰基化法也引起广泛关注，该法采用双酚 A、CO 和 O_2 为原料，在特殊催化剂和有机稀释剂的条件下进行羰基化反应直接合成 PC。与其他方法相比，此方法具有毒性小、无污染、产品质量高、工艺流程短等优点。

8.5.2　结构与性能

PC 是一种综合性能优良的非晶型热塑性工程塑料。无味、无臭、无毒，可见光的透过率可达 90%，被誉为透明金属。PC 具有优良的力学性能，抗冲击性和耐蠕变性优异，具有较高的强度和刚度、良好的耐热性和耐寒性，吸水率低，电性能优良。缺点是耐疲劳强度较低，容易产生应力开裂，缺口敏感性高，耐磨性较差。其基本性能列于表 8-7 中。

表 8-7　　　　　　　　　　　　　通用 PC 的基本性能

性能	数值	性能	数值
密度/(g/cm³)	1. 2	T_g/℃	140~150
拉伸强度/MPa	60~70	热变形温度(1. 82MPa)/℃	125~132
拉伸模量/MPa	2130	最高使用温度/℃	135
断裂伸长率/%	80~130	热分解温度/℃	>300
冲击强度/(J/cm)		脆化温度/℃	−100
缺口	7. 46~9. 6	透光性/%	87~91
无缺口	不断裂	雾度/%	0. 7~1. 5
弯曲强度/MPa	100~110	比热容/[J/(kg·K)]	1172
弯曲模量/MPa	2100~2440	热导率/[W/(m·K)]	0. 19
压缩强度/MPa	75~85	氧指数	26
布氏硬度	150~160	吸水性/%	0. 1

　　PC 的机械强度与其相对分子质量有关。当相对分子质量低于 10000 时，PC 甚至不能成膜；相对分子质量为 10000~18000 时，机械强度中等；相对分子质量达到 18000~25000 时，力学性能良好；相对分子质量超过 25000 时，相对分子质量继续增加，力学性能无明显增加。

　　PC 的力学性能优良，尤其是冲击性能优异，在低温下仍能保持较高的机械强度，是一种强韧性材料。PC 的冲击强度是目前使用的热塑性通用和工程塑料中最高的，其冲击强度比 PA、POM 高 3 倍以上，与 GF 增强酚醛和聚酯玻璃钢相当。PC 的拉伸应力-应变曲线属于硬而韧的类型，在拉伸过程中产生明显的屈服点，强度很高，断裂伸长率较大，如图 8-6 所示。

　　PC 的抗蠕变性优于 PA、POM，尺寸稳定性高。PC 的硬度和耐磨性不高，且不耐应力开裂，这主要是由于 PC 熔体黏度大，成型时易产生内应力，内应力使分子间力和链的缠结数减少，在外力作用下，承受点减少，导致容易断裂；增加相对分子质量有利于改善应力开裂性能，加入 30% 的玻璃纤维可使其抗开裂能力提高

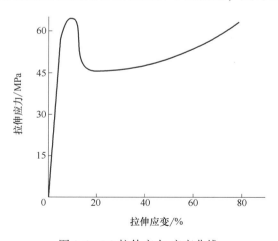

图 8-6　PC 拉伸应力-应变曲线

几倍。表 8-8 列出了玻璃纤维增强 PC 的性能。

　　PC 具有很高的耐热性能和耐寒性。PC 的长期使用温度可在 −100~130℃。PC 的玻璃化转变温度为 150℃ 左右，没有明显的熔点，在 220~230℃ 呈熔融状态，比通用塑料的熔点高得多。由于 PC 的分子链刚性很大，其熔体黏度比其他的热塑性塑料高一些。PC 在

320℃以下很少降解，330~340℃出现热氧降解。

表 8-8   30%玻璃纤维增强 PC 的性能

性能	数值	性能	数值
密度/（g/cm³）	1.45	压缩强度/MPa	39~56
拉伸强度/MPa	85~90	缺口冲击强度/（kJ/m²）	7~9
拉伸模量/GPa	6.5~7.5	热变形温度（1.82MPa）/℃	140
弯曲强度/MPa	140~150		

PC 呈极性，酯基的存在使 PC 的电绝缘性比非极性的聚合物差，但在较宽的温度范围和潮湿条件下，仍可保持较优异的电性能。如介电常数和介电损耗角正切在室温至 125℃ 范围内几乎不变；在 120℃ 加热后，电性能也基本保持不变；在 −120~−40℃ 的低温下，体积电阻率仅比常温下稍有降低；在电场电压为 2kV/mm 内，体积电阻率与电压无关，受湿度影响很小。

PC 耐候性较好，对热、空气、臭氧稳定性很好。制品在室外暴露 1 年，力学性能基本不变。但在较长时间暴露在紫外光下时，由于光氧化反应，PC 会发黄，降解，变脆，因此 PC 在室外使用时要加入光稳定剂。

PC 具有一定的耐化学品性，在室温下对稀酸、氧化剂、还原剂、盐类、油及各种脂肪烃都比较稳定，但不耐稀碱、浓酸、王水、氯烃、胺、酮、酯、芳烃及糠醛等。酯基的存在使 PC 较容易溶于极性有机溶剂，常用的溶剂是二氯乙烷、三氯甲烷和四氯乙烷。

PC 的加工性能良好，但在高温成型过程中对水非常敏感，易发生水解反应，加工前须进行干燥处理。PC 的熔体黏度比通用树脂高得多，且在很宽的剪切范围内，熔体黏度基本不变，但熔体黏度对温度的敏感性较大，因此一般通过调节温度来改善其流动性。

8.6 热塑性聚酯

热塑性聚酯是主链上含有酯基（—COO—）的线型热塑性树脂，其主链上不含与固化交联有关的不饱和键，是与不饱和聚酯不同的一类高分子化合物。其中最有代表性的是聚对苯二甲酸乙二醇酯 ［poly（ethylene terephthalate），PET］ 和聚对苯二甲酸丁二醇酯 ［poly（butylene terephthalate），PBT］。

8.6.1 合成原理

热塑性聚酯的生产工艺主要有两种，即酯交换法和直接酯化法。以 PET 为例，酯交换法是采用对苯二甲酸二甲酯（DMT）和乙二醇（EG）进行酯交换反应，然后缩聚制成 PET，又称为 DMT 法；直接酯化法采用对苯二甲酸（PTA）与 EG 直接酯化，连续缩聚制成 PET，也称为 PTA 法。PBT 的合成与 PET 类似，只是用丁二醇替换了上述原料中的乙二醇。

8.6.1.1 直接酯化法

单体 PTA 与 EG 首先发生酯化反应，生成对苯二甲酸双羟乙酯（BHET）：

$$HOOC\!-\!\!\bigcirc\!\!-\!COOH + 2HOCH_2CH_2OH \underset{k_2}{\overset{k_1}{\rightleftharpoons}} HOCH_2CH_2OOC\!-\!\!\bigcirc\!\!-\!COOCH_2CH_2OH + 2H_2O$$
$$\text{(BHET)}$$

$(8\text{-}14)$

然后再由 BHET 进一步缩聚反应生成 PET：

$$\text{HOOC—}\!\!\bigcirc\!\!\text{—COOH} + \text{HOCH}_2\text{CH}_2\text{OOC—}\!\!\bigcirc\!\!\text{—COOCH}_2\text{CH}_2\text{OH} \underset{k_4}{\overset{k_3}{\rightleftharpoons}}$$

$$\text{HOOC—}\!\!\bigcirc\!\!\text{—COOCH}_2\text{CH}_2\text{OOC—}\!\!\bigcirc\!\!\text{—COOCH}_2\text{CH}_2\text{OH} + \text{H}_2\text{O} \qquad (8\text{-}15)$$

$$n\text{HOCH}_2\text{CH}_2\text{OOC—}\!\!\bigcirc\!\!\text{—COOCH}_2\text{CH}_2\text{OH} \underset{k_6}{\overset{k_5}{\rightleftharpoons}}$$

$$\text{HOCH}_2\text{CH}_2\text{O}\!\!\left[\text{OC—}\!\!\bigcirc\!\!\text{—COOCH}_2\text{CH}_2\text{O}\right]_n\!\!\text{H} + (n-1)\text{HO}(\text{CH}_2)_2\text{OH} \qquad (8\text{-}16)$$

8.6.1.2 酯交换法

单体 DMT 与 EG 先进行酯交换反应生成 BHET，然后 BHET 发生缩聚反应生成 PET：

$$\text{H}_3\text{COOC—}\!\!\bigcirc\!\!\text{—COOCH}_3 + 2\text{HOCH}_2\text{CH}_2\text{OH} \underset{k_2}{\overset{k_1}{\rightleftharpoons}}$$

$$\text{HOCH}_2\text{CH}_2\text{OOC—}\!\!\bigcirc\!\!\text{—COOCH}_2\text{CH}_2\text{OH} + 2\text{CH}_3\text{OH} \qquad (8\text{-}17)$$

$$n\text{HOCH}_2\text{CH}_2\text{OOC—}\!\!\bigcirc\!\!\text{—COOCH}_2\text{CH}_2\text{OH} \underset{k_4}{\overset{k_3}{\rightleftharpoons}}$$

$$\text{HOCH}_2\text{CH}_2\text{O}\!\!\left[\text{OC—}\!\!\bigcirc\!\!\text{—COOCH}_2\text{CH}_2\text{O}\right]_n\!\!\text{H} + (n-1)\text{HO}(\text{CH}_2)_2\text{OH} \qquad (8\text{-}18)$$

在 PET 工业化生产初期，由于 PTA 精制难度大，纯化技术未能达到生产聚酯纯度的要求，因此开发了先把 PTA 酯化为 DMT，精制后再经酯交换反应合成聚酯的酯交换法。20 世纪 70 年代以来，生产高纯度 PTA 的工艺日益成熟，PTA 法由于与 DMT 法相比存在许多优点，如原料消耗低、反应时间短等，已成为 PET 的主要生产工艺。

8.6.2 结构与性能

8.6.2.1 PET 的结构与性能

PET 为线型大分子，化学结构规整性比较高，对称性也比较好，主链上没有支链，因此可以取向和结晶；但由于 PET 分子中存在刚性的极性基团，与 PE、PP 相比，结晶速率慢得多，只有在 80℃ 以上才能结晶，一般条件下形成球晶。PET 的结晶度适中，一般在 40%~60%，与 LDPE 相当。由于 PET 的结晶速率慢，需要较高的成型温度，成型周期长，为了改进其成型加工性能，通常在 PET 中加入结晶成核剂或促进剂，或采用共聚、共混的方法来提高 PET 的结晶速率。

PET 分子结构中含有刚性的苯环和极性酯基，且酯基和苯环之间形成了共轭体系，加上极性酯基的存在使其分子间作用力增强，因此，PET 具有良好的机械强度和韧性，特别是韧性突出，它在热塑性塑料中是最强韧的之一。经玻纤增强后，PET 的力学性能和热变形温度得到明显提高。其基本性能列于表 8-9 中。

从表 8-9 可知，PET 树脂的熔点为 225~265℃（与结晶度有关），一般为 249℃，高度结晶的 PET 的熔点可达 271℃；长期使用温度达 120℃，PET 的脆化温度为 -70℃，在 -40℃ 时仍具有韧性。其热变形温度和长期使用温度在热塑性通用工程塑料中也是突出的。

表 8-9 PET 及玻璃纤维增强 PET 的基本性能

性能	PET	30%GF 增强	性能	PET	30%GF 增强
密度/(g/cm^3)	1.30~1.41	1.50~1.60	缺口冲击强度/(kJ/m^2)	4	5
拉伸强度/MPa	55~75	166	Izod 缺口冲击强度/(J/m)	<53	80.1
断裂伸长率/%	50	3	吸水性	0.4	0.04
弯曲强度/MPa	85~100	245	T_g/℃	70~81	—
弯曲模量/GPa	2.5~3.0	9.66	热变形温度(1.85MPa)/℃	85	224
熔点/℃	225~265	—			

PET 的热稳定性比较好，但在水存在的情况下，在高温时极易降解。PET 中含有极性的酯基和羰基，使得 PET 树脂有一定的亲水性，能够吸收空气中的水分，但与其他酯类树脂相比，吸水性较低；在 25℃，相对湿度 65% 的大气中放置 1 周，吸水率为 0.4%。PET 耐化学品性能较好，主要表现为耐油性、耐有机溶剂和耐弱酸性，有一定的耐碱性；与浓酸和碱会发生作用。

PET 虽然是极性的聚合物，但在干燥的条件下具有良好的电绝缘性能，因而常用作绝缘材料。PET 光学性能优良，只需要用水冷却其熔体，即可得到完全无定形的 PET，其透光率达 90%。PET 熔融温度较高，熔体黏度也比较高，熔体黏度对温度的敏感性较小，而对剪切速率的敏感性较大。

8.6.2.2 PBT 的结构与性能

与 PET 结构类似，PBT 的分子中也含有刚性的苯环和极性酯基，分子主链为线型结构。不过和 PET 相比，其酯基重复单元亚甲基的数量增加为 4 个，柔性链长度的增加使得 PBT 的分子链柔顺性也随之增加。因此，PBT 的刚性、硬度、T_g 和熔点都比 PET 低，结晶速率比 PET 快。PBT 结晶度一般为 35%，通过长时间退火可提高到 40%~45%。

PBT 具有与 PET 相似的优异综合性能，力学性能较高、耐热性优良，由于 PBT 的结晶速率快、流动性好、加工温度低，成型加工比 PET 和许多工程塑料容易得多，可以在模具温度为 80℃ 时注塑，不需要加入成核剂，甚至在 30~40℃ 的模具温度范围内都可得到结晶性能良好的制品。其基本性能列于表 8-10。

表 8-10 PBT 及玻璃纤维增强 PBT 的基本性能

性能	PBT	30%玻纤增强	性能	PBT	30%玻纤增强
密度/(g/cm^3)	1.31~1.55	1.52	无缺口冲击强度/(kJ/m^2)	130	60
拉伸强度/MPa	50~60	135~145	缺口冲击强度/(kJ/m^2)	2.5~5	10
弹性模量/MPa	2700	9500(平行流动方向)	熔点/℃	225	225
断裂伸长率/%	50~200	3	T_g/℃	52	—
洛氏硬度(R)	100	116	热变形温度(1.85MPa)/℃	55	210
吸水率/%	0.08	0.1			

从表中可知，PBT 的机械强度较高，刚性（弹性模量 2700MPa）与 PP、PC 相当，在玻璃纤维增强后，PBT 的拉伸强度和弹性模量明显提高。

PBT 的热稳定性比较好，但高温和高湿度的条件对 PBT 树脂的性能会造成很严重的影响。水会攻击 PBT 树脂的酯键，引起水解，使力学性能劣化。水解的速度受温度影响很大，低于 40℃ 时，PBT 几乎不受水的影响，但在高温时，PBT 树脂水解速率明显加快。如将 PBT 树脂的冲击强度降低到初始值的 50%，在 60℃ 时可能需要几年，但 120℃ 时只需要几天。用玻纤增强 PBT 树脂后，可以在 140℃ 条件下长期使用。

PBT 耐化学品性优良，可耐绝大多数溶剂，但在强酸、强碱和强的氧化剂环境中耐受能力下降。PBT 树脂特别能耐汽油、机油、刹车液、焊接油等。PBT 不适宜反复地承受水蒸气的作用。PBT 易吸收紫外线，特别是波长 30nm 以下的紫外线，长时间暴露在紫外线下会导致 PBT 发黄和表面缺陷，会降低其耐化学品性，但总体来讲，PBT 和 PET 树脂的抗紫外线能力高于聚烯烃。PBT 电性能优良，并对湿度变化不敏感，在 150℃ 高温下电性能仍然保持不变。

PBT 性能优良，但也存在一些缺点，如缺口十分敏感、缺口冲击强度低、阻燃性不高、热变形温度较低、高温下尺寸稳定性差、具有各向异性，GF 增强的 PBT 在熔体流动方向与垂直方向上的成型收缩率相差 3 倍以上，使得制品易产生翘曲。

8.7　聚　甲　醛

聚甲醛是分子主链中含有—CH_2—O—的线型高分子化合物，学名聚氧亚甲基或聚氧甲撑（Polyoxymethylene，POM），是一种没有侧链的高密度、高结晶性热塑性高聚物，主要有均聚甲醛和共聚甲醛两种。

聚甲醛是一种较早开发的通用工程塑料，是继尼龙之后发展起来的又一优良品种。1959 年，杜邦公司首先实现了均聚甲醛的工业化，商品名称为 Delrin；1961 年，美国塞兰尼斯公司制成了共聚甲醛，商品名称为 Celeon。此后，日本、德国和苏联等也相继开始生产聚甲醛。聚甲醛的力学性能和刚性好，接近金属材料，俗称"超钢"或"赛钢"，可以用来替代铜、钢、铝、铸锌等金属材料。

8.7.1　合　成　原　理

8.7.1.1　均聚甲醛的合成

聚甲醛根据分子链化学结构的不同，分为均聚甲醛和共聚甲醛两种。在催化剂作用下，以甲醛为原料进行聚合，即可得到高相对分子质量的均聚甲醛。由于三聚甲醛稳定，容易提纯，聚合反应容易控制，工业上一般采用三聚甲醛为原料，三氟化硼乙醚络合物为催化剂，在石油醚中进行聚合来制备均聚甲醛。由于其分子链端为不稳定的羟基，会自动降解，采用酯化或醚化等方法进行封端。其分子结构式如下：

$$CH_3—C—O\underset{\underset{O}{\|}}{\overset{\|}{}}\left[CH_2O\right]_{\overline{n}}C—CH_3$$

其中 n 为 1000～1500。

8.7.1.2　共聚甲醛的合成

共聚甲醛是以三氟化硼-乙醚络合物为催化剂，三聚甲醛与少量二氧五环进行共聚，再经后处理除去大分子链两端不稳定部分而成。其分子结构式如下：

$$\left[\left(CH_2—O\right)_x\left(CH_2—O—CH_2—O—CH_2\right)_y\right]_n$$

其中 $x:y=95:5$ 或 $97:3$。

主链中的乙氧基单元能阻止脱甲醛的链式反应，所以解聚反应只能进行到最邻近的乙氧基单元，因而主链不会被破坏。

8.7.2　结构与性能

从二者的分子结构式可知，均聚甲醛的大分子是由—C—O—键连续构成的，而共聚甲醛在分子主链上还分布有—C—C—键。因为—C—C—键比—C—O—键的稳定性好，所以共聚甲醛相较均聚甲醛，化学稳定性和热稳定性都好，易于加工成型，只是力学性能略低于均聚甲醛。因此，共聚甲醛始终居于优势地位。二者之间的主要差异列于表 8-11 中。

表 8-11　　　　　均聚甲醛和共聚甲醛的差异

性能	均聚甲醛	共聚甲醛
密度/（g/cm^3）	1.43	1.41
结晶度/%	75~85	70~75
熔点/℃	175	165
机械强度	较高	较低
热稳定性	较差,易分解	较好,不易分解
成型加工温度范围	较窄,约10℃	较宽,约50℃
化学稳定性	对酸碱稳定性略差	对酸碱稳定性较好

共聚甲醛和均聚甲醛虽然有一定差别，但对于共聚甲醛来说，分子链中—C—C—键所占的比很小（3%~5%），因此，共聚甲醛和均聚甲醛的性能还是比较相近的。聚甲醛的主要性能列于表 8-12。

表 8-12　　　　　聚甲醛的主要性能

性能	均聚甲醛	共聚甲醛	性能	均聚甲醛	共聚甲醛
拉伸强度/MPa	70	62	热变形温度（1.86MPa）/℃	124	110
拉伸模量/GPa	3.16	2.88	长期使用温度/℃	105	—
断裂伸长率/%	40	60	热导率/[W/（m·℃）]	0.23	0.23
弯曲强度/MPa	90	98	线膨胀系数/（1/℃）	9×10^{-5}	—
弯曲模量/GPa	2.88	2.64	比热容[J/（kg·℃）]	1465	1465
压缩强度/MPa	127	110	体积电阻率/（Ω·cm）	10^{15}	10^{14}
冲击强度			介电常数（10^6Hz）	3.8	3.7
缺口/（J/m）	76	65	介电损耗（10^6Hz）	0.005	0.007
无缺口/（J/m）	1310	1140	击穿电压/（kV/mm）	20	20
洛氏硬度	M94	M80	耐电弧性/s	220	240

聚甲醛的力学性能优良，其中最突出的是具有较高的弹性模量，表现出很高的硬度和刚性，与同类工程塑料的 PC 相比，抗拉强度和弯曲强度相同，抗压强度高于 PC，而冲击强度不如 PC。聚甲醛的韧性好，抗冲击性好，特别是耐反复冲击性好，温度和湿度对其冲击强度的影响不大。但聚甲醛的抗冲击性对缺口的敏感性非常大，在有缺口存在的情况下，均聚甲醛和共聚甲醛冲击强度都比无缺口的冲击强度下降90%以上。

聚甲醛的耐疲劳性优异，在热塑性树脂中是最优秀的。在交变应力的作用下，即使疲劳次数达到 10^7，均聚甲醛的疲劳强度仍能达到 35MPa；而在 10^4 的疲劳次数下，PA 和

PC 的疲劳强度只有几兆帕。聚甲醛的抗蠕变性比尼龙好，但不及 PC。聚甲醛具有接近铝合金的表面硬度，耐摩擦和耐磨耗性优异，且具有自润滑性能。除此之外，聚甲醛还有耐扭转力的作用，且回变迅速，在载荷除去后即能完全复原。

聚甲醛的热变形温度较高，均聚甲醛的热变形温度高于共聚甲醛，为 124℃，与 PC、PA、PTFE 相近，远远高于 PVC、PS、丙烯酸树脂等。在一般情况下，聚甲醛的工作温度在 100℃ 左右，在 -40~100℃ 能保持良好的刚性和力学性能。均聚甲醛在 80℃ 可连续使用 1 年以上，而在 121℃ 可连续使用 3 个月；共聚甲醛可在 114℃ 连续使用 2000h 或在 138℃ 连续使用 1000h，其性能均无明显变化，而短时间的使用温度可高达 160℃。

聚甲醛具有良好的电绝缘性能、介电性能和耐电弧性，温度和湿度对介电常数、介质损耗角正切值与体积电阻率几乎没有显著的影响。

聚甲醛有良好的耐化学药品性，在常温下几乎能耐所有的有机溶剂，在高温下只溶解于氯代酚类。聚甲醛能耐醛、酯、醚、烃、弱酸、弱碱等的浸蚀，但如果遇强酸和强氧化剂，如硝酸、硫酸等，特别是在高温下时，会受到浸蚀的影响。

聚甲醛可采用一般热塑性树脂的成型方法。若用 20%~25% 的玻璃纤维增强，其强度和模量可分别提高 2~3 倍，在 1.86MPa 载荷下，热变形温度可提高至 160℃ 左右；用碳纤维增强的聚甲醛还具有良好的导电性和自润滑性。表 8-13 列出了玻璃纤维增强共聚甲醛的性能。

表 8-13　　　　　　　　　25% 玻璃纤维增强共聚甲醛的性能

性能	数值	性能	数值
密度/(g/cm^3)	1.61	冲击强度	
拉伸强度/MPa	130	缺口/(J/m)	86
拉伸模量/GPa	9	无缺口/(J/m)	440
弯曲强度/MPa	197	热变形温度(1.86MPa)/℃	163
弯曲模量/GPa	8.8		

聚甲醛在汽车、机床、化工、电气、仪表、农机等行业都有广泛的应用，可代替铝压铸件、黄铜和铜锡合金等。由于聚甲醛的耐摩擦磨损性好，尤其是具有优越的干摩擦性能，特别适合作为轴承使用，在某些不允许有润滑油的情况下，其优势更为突出。

8.8　聚苯硫醚

聚苯硫醚（Polyphenylene sulfide，PPS）全称聚亚苯基硫醚，是分子主链上苯环和硫原子交替连接而成的结晶性聚合物，属于特种工程塑料，其结构式为：

$$\left[\!\!\left\langle\bigcirc\right\rangle\!\!-S\right]_n$$

PPS 的发展最早可以追溯到 19 世纪末，1888 年，PPS 作为反应的副产物第一次为人们所发现，但直到 20 世纪 60 年代，PPS 才实现了工业化生产。PPS 耐热性优良，可在 180℃ 下长期使用，表面硬度高，阻燃性能好，耐蠕变和耐疲劳性能突出，具有近似 PTFE 的优异化学性能，是目前耐高温聚合物中价格最低并能以一般热塑性塑料加工方法成型的品种。由于 PPS 具有一系列独特的优异性能，已成为发展最快的工程塑料品种之一。

8.8.1　合成原理

PPS 的合成主要有溶液聚合法和自缩聚法。溶液聚合法是以对二氯苯和硫化钠为原料，使用极性有机溶剂如六甲基磷酸三胺（HPT）或 N-甲基吡咯烷酮（NMP），在温度为 $175\sim350℃$、常压下进行溶液聚合制备：

$$n\text{Cl}\!-\!\!\!\!\bigcirc\!\!\!\!-\!\text{Cl} + n\text{Na}_2\text{S} \xrightarrow[175\sim350℃]{\text{HPT 或 NMP}} \left[\!\!-\!\!\!\!\bigcirc\!\!\!\!-\!\text{S}\!\right]_n + 2n\text{NaCl} \qquad (8\text{-}19)$$

自缩聚法是以卤代苯硫酚金属盐为原料，在氮气保护下于 $200\sim250℃$ 下进行自缩聚制备，副产物为卤化金属盐，反应式为：

$$n\text{X}\!-\!\!\!\!\bigcirc\!\!\!\!-\!\text{SM} \xrightarrow[\text{N}_2]{200\sim250℃} \left[\!\!-\!\!\!\!\bigcirc\!\!\!\!-\!\text{S}\!\right]_n + (n-1)\text{MX} \qquad (8\text{-}20)$$

式中，X 为 Br 或 Cl；M 为 Na、Cu、Li、K 等。

8.8.2　结构与性能

PPS 的分子结构比较简单，分子主链由苯环和硫原子交替排列，分子结构对称，易于结晶，大量的苯环赋予其刚性，而硫醚键在提供柔顺性的同时又赋予了其优异的阻燃性能。PPS 的主要性能列于表 8-14。

表 8-14　　　　　　　　　　　　　　聚苯硫醚的主要性能

性能	指标	性能	指标
密度/（g/cm³）	1.3	缺口冲击强度/（J/m）	27
结晶度/%	75	无缺口冲击强度/（J/m）	110
T_g/℃	90	成型温度/℃	$170\sim280$
熔点/℃	285	长期使用温度/℃	180
吸水率/%	<0.02	体积电阻率/（Ω·cm）	4.5×10^{16}
拉伸强度/MPa	67	击穿电压/（kV/cm）	15
断裂伸长率/%	1.6	介电常数（10^6Hz）	3.1
弯曲强度/MPa	98	介电损耗（10^6Hz）	0.00038
弯曲模量/GPa	3.87	耐电弧性/s	34
压缩强度/MPa	112	热变形温度（1.86MPa）/℃	$57\sim65$

从表 8-14 中可以看出，PPS 的拉伸强度、弯曲强度均属中等水平，断裂伸长率和冲击强度也较低。因此，经常采用无机填料或纤维对其进行增强改性，使其在保持耐热性、阻燃性和耐介质性的同时，进一步提高力学性能。PPS 具有极好的刚性，通过纤维增强，其刚性还能进一步提高。表 8-15 列出了玻璃纤维增强 PPS 的性能。

表 8-15　　　　　　　　　　　　　玻璃纤维增强聚苯硫醚的性能

性能	40%玻纤增强 PPS	性能	40%玻纤增强 PPS
密度/（g/cm³）	1.6	压缩强度/MPa	148
拉伸强度/MPa	137	缺口冲击强度/（J/m）	76
弯曲强度/MPa	204	无缺口冲击强度/（J/m）	435
弯曲模量/GPa	11.95	热变形温度（1.86MPa）/℃	>260

对比表 8-14 和表 8-15 中的数据发现，在添加 40% 的玻璃纤维增强后，PPS 的拉伸强度、弯曲强度均增加一倍以上，冲击强度提高三倍，弯曲模量由 3.87GPa 增加至 11.95GPa，如果用碳纤维对其进行增强，其弯曲模量可达 22GPa。

PPS 的耐蠕变性好，无论是在长期负荷条件下还是在热负荷条件下，其蠕变都很小。PPS 的耐磨损性优良，如果将其与 PTFE、MoS_2 和碳纤维等混合，还可进一步降低摩擦因数和磨耗量，并显示出极其优异的无油润滑特性。

PPS 的耐热性优异，长期使用温度为 180℃，经玻纤和碳纤增强后的 PPS 热变形温度均大于 260℃，其耐热性在所有工程塑料中表现突出，即使在热固性塑料中也不多见。PPS 热稳定性好，其机械强度随温度变化较小，经玻纤增强后具有良好的长期耐热老化性能，如表 8-16 所示。

表 8-16　　　　　　　　40% 玻璃纤维增强聚苯硫醚的长期热老化性能

加热时间/h	拉伸强度保持率/%		加热时间/h	拉伸强度保持率/%	
	175℃	230℃		175℃	230℃
0	100	100	2500	84	73
250	97	78	5000	79	65
500	88	75	7500	57	55
1000	88	73	10000	55	47

与其他工程塑料相比，PPS 的介电常数较小，介电损耗相当低，并且在较宽频率范围内变化不大，电绝缘性能良好。PPS 的电性能随温度和湿度的变化都很小，具有很好的稳定性。PPS 的耐电弧性也很优异。

PPS 具有近似于 PTFE 的化学稳定性，除了浓硫酸、硝酸、王水等氧化性酸能够侵蚀它以外，其他的大多数酸、碱、盐均不能侵蚀它，在 200℃ 以下不溶于有机溶剂。

PPS 用途广泛，可制成各种功能性的薄膜、涂层和复合材料，在电子电器、航空航天、汽车运输等领域获得成功应用。目前，我国对 PPS 改性与复合粒料的市场总需求量增长很快，年需求增长率高达 15%~20%，虽然国内从事 PPS 复合材料生产开发的单位较多，但普遍存在产量小、品种单一的问题，积极开发新型 PPS 复合材料改性品种、尽快建立更大的规模化生产装置是今后发展的方向。

8.9　聚　醚　砜

聚醚砜（Polyethersulphone，PES）是分子主链上含有砜基的热塑性聚合物，属于聚砜聚合物家族，由英国帝化学公司（ICI）于 1972 年开发生产。聚砜（Polysulphone，PSU 或 PSF）主要有三种类型，即双酚 A 型聚砜（通常简称为聚砜）、聚芳砜（Polyphenylene sulfone，PPSU）和 PES，它们的分子结构如下：

PPSU

$$\left[S \diagdown \bigcirc \diagup O \diagup \bigcirc \diagup S \diagdown \bigcirc \diagup \bigcirc \right]_n$$

PES

$$\left[\bigcirc \diagup S \diagup \bigcirc \diagup O \right]_n$$

对比三种聚砜的分子结构式，可以看出，PES 的大分子主链上不含对耐热性和热氧稳定性不利的亚异丙基，也不含使分子链过分刚硬的联苯基，但保留了使树脂具有高耐热性和热氧稳定性的二苯砜基，以及能赋予树脂良好韧性和加工性的醚键。因此，PES 的耐热性优于 PSU，加工性比 PPSU 好，适用一般热塑性塑料的加工成型方法，是一种具有高耐热性、高冲击强度和优良成型工艺性的工程塑料，综合性能优于 PSU 和 PPSU。在此我们只对 PES 进行重点介绍。

8.9.1　合成原理

PES 可由双芳磺酰氯和联苯醚在少量的 FeCl$_3$ 等路易斯酸催化下共聚制得：

$$n\text{Cl}—S—\bigcirc—O—\bigcirc—S—\text{Cl} + n\bigcirc—O—\bigcirc \longrightarrow \left[\bigcirc—S—\bigcirc—O\right]_n + n\text{HCl}$$

$$(8\text{-}21)$$

也可由 4-二苯基磺酰氯在 FeCl$_3$ 存在下于硝基苯溶液中聚合制得：

$$n\bigcirc—O—\bigcirc—S—\text{Cl} \xrightarrow{-\text{HCl}} \left[\bigcirc—S—\bigcirc—O\right]_n$$

$$(8\text{-}22)$$

此外，PES 还可用 4-氯-4′-羟基二苯基砜的单钠盐直接缩聚制备：

$$n\text{Cl}—\bigcirc—S—\bigcirc—O\text{Na} \longrightarrow \left[\bigcirc—S—\bigcirc—O\right]_n + n\text{HCl}$$

$$(8\text{-}23)$$

8.9.2　结构与性能

PES 外观呈灰褐色，无毒，具有优异的耐热性，力学性能和电性能优良、尺寸稳定性和阻燃性好，是一种性能优异的特种工程塑料，其主要性能列于表 8-17 中。

从表中数据可知，由于分子主链中含有苯环和砜基，PES 的拉伸强度和模量、弯曲强度和模量都很高，且具有高的玻璃化转变温度，耐热性优良，可在 180℃ 下连续使用。PES 的弹性模量在 -100~200℃ 几乎不变。PES 的抗冲击和耐蠕变性优异，尤其是高温下的抗蠕变性能和低温下的抗冲击性能突出，但对尖细的缺口比较敏感，其在 180℃ 下的抗蠕变性能是热塑性树脂中最好的。PES 的尺寸稳定性好，线膨胀系数对温度的依赖性小，纤维增强后，PES 复合材料的力学性能和尺寸稳定性都得到很大提高。

性能	指标	性能	指标
密度/(g/cm³)	1.37	T_g/℃	225
折射率	1.65	热变形温度/℃	203
成型收缩率/%	0.6	连续使用温度/℃	180
24h 吸水率/%	0.43	线膨胀系数/(1/℃)	$5.5×10^{-10}$
拉伸强度/MPa	86	体积电阻率/(Ω·cm)	10^{17}~10^{18}
拉伸模量/GPa	2.46	介电常数(60Hz)	3.5
弯曲强度/MPa	132	介电损耗(60Hz)	0.001
弯曲模量/GPa	2.65	击穿电压/(kV/mm)	16
断裂伸长率/%	40~80	阻燃性(1.6mm)	V-0
洛氏硬度	R120	临界氧指数(1.6mm)	38

表 8-17　　　　　　　　　　聚醚砜的主要性能

PES 的电性能优良，即使在微米波范围内，其介电常数和介电损耗仍很小，体积电阻率较大。

PES 的耐水性较好，可以抵御 150~160℃的热水或水蒸气的侵蚀。PES 能耐汽油、机油、润滑油等油类和氟里昂等清洗剂，对酸、碱以及大多数溶剂均有优良的耐受性，其耐溶剂开裂的能力在无定形聚合物中是最好的，但不耐酮类、酯类、卤代烃类、二甲基亚砜等强极性有机溶剂。

PES 的加工性能较好，加工温度范围为 300~360℃，可采用挤出、注射、吹塑等成型工艺。利用 PES 可溶于部分有机溶剂的性质，可采用湿法制备预浸料。PES 综合性能优异，在电子电器、机械、汽车、医疗器具、航空航天等诸多领域有着广泛应用，产品包括发动机齿轮、汽车空调零部件、散热器阀门、飞机热风通风管道、外科用容器、食品器皿以及超滤膜等。

8.10　聚醚醚酮

聚醚醚酮（Polyetheretherketone，PEEK）是分子主链上含有如下链节的热塑性聚合物：

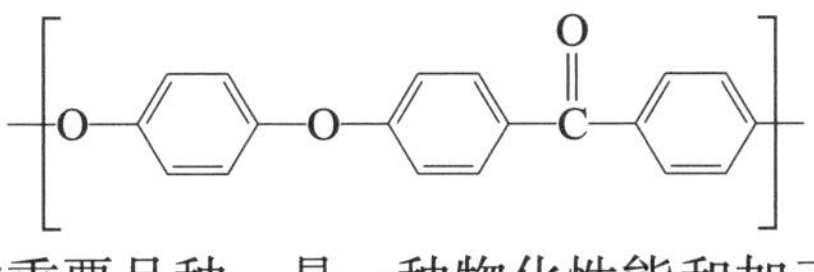

PEEK 是聚芳醚酮家族的重要品种，是一种物化性能和加工性能均优异的特种工程塑料。PEEK 由英国 ICI 公司在 1977 年首先开始研制并于 1980 年实现了工业化，1982 年其年产量已达 1000t，商品名 Victrex PEEK。随后 3M 等公司也进行类似的工作，不久美国 DuPont 公司、德国 BASF 公司等也先后研究开发出具有自己知识产权的类似产品。目前，Victrex PIC 公司是 PEEK 的最大制造商。我国最早由吉林大学于 20 世纪 80 年代末期开始研制 PEEK，20 世纪 90 年代末期开始生产销售。PEEK 的耐热性能优异，可用作高性能复合材料的基体树脂。

8.10.1　合成原理

PEEK 是用 4,4′-二氟苯酮、对苯二酚、碳酸钠或碳酸钾为原料，以二苯砜为溶剂在无水条件下合成制得的，其反应式如下：

$$nHO-\text{〈苯环〉}-OH + nF-\text{〈苯环〉}-\overset{\overset{O}{\|}}{C}-\text{〈苯环〉}-F + nNa_2CO_3 \longrightarrow$$

$$\left[O-\text{〈苯环〉}-O-\text{〈苯环〉}-\overset{\overset{O}{\|}}{C}-\text{〈苯环〉}\right]_n + 2nNaF + nCO_2 + nH_2O \tag{8-24}$$

反应物的纯度对聚合物的合成非常重要，反应物的纯度高可以减少副反应的发生。副反应产物不仅会降低 PEEK 的力学性能（尤其是冲击性能），还会降低其结晶度，从而影响 PEEK 的耐化学性、耐疲劳和模量等性能。聚合物的相对分子质量取决于反应物二氟二苯甲酮和对苯二酚的摩尔比，通常情况下两者摩尔比为 1∶1，若二氟二苯甲酮稍过量，则产物含有氟端基，氟端基比酚端基的热稳定性更好。

8.10.2　结构与性能

PEEK 是一类半结晶高分子材料，其主链结构中含有由一个酮键和两个醚键组成的重复单元。PEEK 具有机械强度高、韧性好、耐高温、耐辐射、耐疲劳、耐磨损、耐化学药品、电性能优异等性能，其主要性能如表 8-18 所示。

表 8-18　　　　　　　　　　　　　　聚醚醚酮的主要性能

性能	指标	性能	指标
密度/(g/cm^3)	1.32	压缩强度/MPa	130
最高结晶度/%	48	洛氏硬度	M90
T_g/℃	143	热变形温度（1.86MPa）/℃	160
熔点/℃	334	24h 吸水率/%	0.14
成型收缩率/%	0.14	体积电阻率（室温）/$(\Omega \cdot cm)$	10^{16}
拉伸强度/MPa	94	介电常数（50Hz）	3.2~3.3
拉伸模量/GPa	2.9	介电损耗（2mm 试样,60Hz）	0.001
断裂伸长率/%	80	击穿电压/（kV/mm）	17
弯曲强度/MPa	145	耐电弧性（CTI）/s	175
弯曲模量/GPa	3.8	临界氧指数（3.2mm）	35

PEEK 的玻璃化转变温度为 143℃，热变形温度为 160℃，具有良好的热稳定性，其在空气中 420℃、2h 的失重只有 2%。PEEK 的长期使用温度约为 200℃，在 200℃下的使用寿命可达 50000h。PEEK 的力学性能随温度的升高而下降，但在 200℃下，仍可保持较高的强度和模量。PEEK 是一种韧性极好的树脂，抗损伤能力优异，并具有优良的耐蠕变性能和耐疲劳性能（图 8-7），在高交变外力作用下经几万次循环仍保持良好。

用纤维增强后，PEEK 复合材料表现出更高的强度和模量，更好的耐热性，表 8-19 列出了 30% 短纤维增强 PEEK 的性能。

PEEK 的电绝缘性能非常优异，体积电阻率为 $10^{15} \sim 10^{16} \Omega \cdot cm$。PEEK 在高频范围内仍具有较小的介电常数和介电损耗。

PEEK 具有优异的化学稳定性，除浓硫酸外，它几乎对任何化学试剂都非常稳定，即使在较高的温度下，仍能保持良好的化学稳定性。另外，PEEK 还具有极佳的耐热水性和

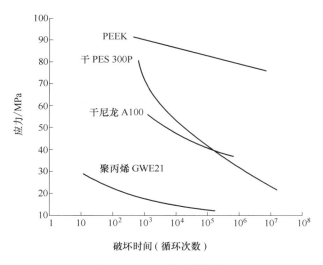

图 8-7 PEEK 的疲劳特性

耐蒸汽性，可以在 200℃的蒸汽中长期使用，或在 300℃的高压蒸汽中短期使用。

表 8-19 纤维增强 PEEK 的基本性能

性能	30%玻璃纤维增强	30%碳纤维增强
密度/（g/cm³）	1.49	1.44
拉伸强度/MPa	160	210
拉伸模量/GPa	5.9	11.6
弯曲强度/MPa	235	335
弯曲模量/GPa	10.1	13.3
缺口冲击强度/（J/m²）	78	65
热变形温度（1.86MPa）/℃	315	315

　　PEEK 具有很好的阻燃性，在通常的环境下很难燃烧，即使在燃烧时，发烟量及有害气体的释放量也很低。PEEK 还具有优良的耐辐射性，它对 X、β、γ 射线的抵御能力是目前高分子材料中最好的。

　　PEEK 的加工性能优异，在熔点以上有良好的熔融流动性和热稳定性，可采用注塑、挤出、吹塑、层压等多种成型方法。

　　PEEK 的综合性能优良，现已在核工业、化学工业、电子电器、汽车制造和航空航天等诸多领域中得到了广泛的应用。例如，在飞机制造中，PEEK 树脂可以替代铝和其他金属材料制造各种飞机零部件。由于 PEEK 树脂密度小，加工性能好，可直接加工成型要求精细的大型部件；利用其良好的耐雨水侵蚀性能，用来制造飞机外部零件；利用其优异的阻燃性能，用来制造飞机内部部件。

复习思考题

1. 与热固性复合材料相比，热塑性复合材料具有哪些特点？
2. 简要描述 LDPE、HDPE 和 LLDPE 分子结构形态的特征。

3. PA6 和 PA66 具有相同的分子式（$C_6H_{11}ON$）$_n$，但 PA66 的熔点却高于 PA6，试解释其中原因。

4. 比较 PA46、PA66 和 PA610 熔点的高低，并说明原因。

5. 解释说明为什么 PBT 的加工性好于 PET。

6. 为什么均聚甲醛在合成时需要封端，而共聚甲醛则不需要？并指出共聚甲醛的热稳定性和化学稳定性好于均聚甲醛的原因。

7. 写出 PPS 的分子结构式，并说明硫醚键所起的作用。

8. 写出 PSU、PPSU 及 PES 的分子结构式并加以分析，进而对三种聚砜的性能进行简要比较。

9. 了解 PEK、PEKK、PEEKK 及 PEK-C 的分子结构及性能。

参 考 文 献

[1] 沃丁柱. 复合材料大全 [M]. 北京：化学工业出版社，2000：1.

[2] 王汝敏，郑水蓉，郑亚萍. 聚合物基复合材料 [M]. 2 版. 北京：科学出版社，2011：4.

[3] 何平笙. 新编高聚物的结构与性能 [M]. 北京：科学出版社，2009：9.

[4] 沈开猷. 不饱和聚酯树脂及其应用 [M]. 3 版. 北京：化学工业出版社，2005：5.

[5] 赵玉庭，姚希曾. 复合材料聚合物基体 [M]. 武汉：武汉理工大学出版社，1992：7.

[6] 陈平，廖明义. 高分子合成材料学 [M]. 3 版. 北京：化学工业出版社，2017：2.

[7] 姜振华. 先进聚合物基复合材料技术 [M]. 北京：科学出版社，2007：9.

[8] 陈宇飞，郭艳宏，戴亚杰. 聚合物基复合材料 [M]. 北京：化学工业出版社，2010：5.

[9] 葛曷一，王继辉，柳华实，等. 活性端基聚氨酯橡胶改性不饱和聚酯树脂的研究（Ⅱ）[J]. 玻璃钢/复合材料，2004，1：21-24.

[10] 鲁博，张林文，潘则林，等. 聚氨酯改性不饱和聚酯的微观结构与性能 [J]. 化工学报，2006，57（12）：3005-3009.

[11] 郭军红，魏小赘，崔锦峰，等. 不饱和聚酯树脂改性研究新进展 [J]. 中国塑料，2013，27（5）：19-23.

[12] Siyao He, Nicholas D. Petkovich, Kunwei Liu, et al. Unsaturated polyester resin toughening with very low loadings of GO derivatives [J]. Polymer, 2017, 110：149-157.

[13] Jens Reuter, Lara Greiner, Philipp Kukla, et al. Efficient flame retardant interplay of unsaturated polyester resin formulations based on ammonium polyphosphate [J]. Polymer Degradation and Stability, 2020, 178：109134.

[14] Kang Dai, Lei Song, Saihua Jiang, et al. Unsaturated polyester resins modified with phosphorus-containing groups：effects on thermal properties and flammability [J]. Polymer Degradation and Stability, 2013, 98（10）：2033-2040.

[15] 刘小峯，王秀玲，邹林，等. 2017—2018 年国内外不饱和聚酯树脂工业进展 [J]. 热固性树脂，2019，34（3）：61-70.

[16] 倪礼忠，陈麒. 聚合物基复合材料 [M]. 上海：华东理工大学出版社，2007：2.

[17] 俞翔霄，俞赞琪，陆惠英. 环氧树脂电绝缘材料 [M]. 北京：化学工业出版社，2007：2.

[18] 李桂林. 环氧树脂与环氧涂料 [M]. 北京：化学工业出版社，2004：1.

[19] 陈平，刘胜平，王德中. 环氧树脂及其应用 [M]. 北京：化学工业出版社，2011：6.

[20] 全国塑料标准化技术委员会. 塑料 环氧树脂 第一部分 命名：GB/T 1630. 1—2008 [S]. 北京：中国标准出版社，2008：8.

[21] 黄发荣，万里强. 酚醛树脂及其应用 [M]. 北京：化学工业出版社，2011：10.

[22] 尹洪峰，贺格平，孙可为，等. 功能复合材料 [M]. 北京：冶金工业出版社，2013：8.

[23] 梁国正，顾媛娟. 双马来酰亚胺树脂 [M]. 北京：化学工业出版社，1997：3.

[24] Wei Li, Ming Yu Wang, Yuan Zhi Yue, et al. Enhanced mechanical and thermal properties of bismaleimide composites with covalent functionalized graphene oxide [J]. RSC Advances, 2016, 59（6）：54410-54417.

[25] 李闻，李伟，王明宇，等. 功能化氧化石墨烯改性双马树脂及其复合材料 [J]. 材料工程. 2018，46（12）：48-53.

[26] Wei Li, Bao Quan Zhou, Ming Yu Wang, et al. Silane functionalization of graphene oxide and its use as

a reinforcement in bismaleimide composites［J］. Journal of Materials Science. 2015, 50（16）: 5402-5410.

［27］ 黄志雄, 彭永利, 秦岩, 等. 热固性树脂复合材料及其应用［M］. 北京: 化学工业出版社, 2007: 1.

［28］ S. J. Shaw, A. J. Kinloch. Toughened bismaleimide adhesives［J］. International journal of adhesion & adhesives, 1985, 5（3）: 123-127.

［29］ 雷勇, 荆晓东, 江璐霞. 橡胶增韧双马来酰亚胺树脂的研究［J］. 化工新型材料, 2001, 29（2）: 26-29.

［30］ 陈祥宝. 高性能树脂基体［M］. 北京: 化学工业出版社, 1999: 1.

［31］ 熊需海, 侯雨婷, 任荣, 等. 新型芳杂环双马来酰亚胺树脂的研究进展［J］. 热固性树脂, 2017, 32（2）: 52-57.

［32］ 丁孟贤, 何天白. 聚酰亚胺新型材料［M］. 北京: 科学出版社, 1998: 1.

［33］ 杨士勇, 高生强, 胡爱军, 等. 耐高温聚酰亚胺树脂及其复合材料的研究进展［J］. 宇航材料工艺, 2000, 31（1）: 1-6.

［34］ 阎敬灵, 孟祥胜, 王震, 等. 热固性聚酰亚胺树脂研究进展［J］. 应用化学, 2015, 32（5）: 489-497.

［35］ 薛书宇, 雷星锋, 连如贺, 等. 高性能热固性聚酰亚胺树脂研究进展［J］. 高分子材料科学与工程, 2021, 37（5）: 149-162.

［36］ 王倩倩, 周燕萍, 郑会保, 等. 耐高温聚酰亚胺树脂及其复合材料的研究及应用［J］. 2019, 47（8）: 144-147.

［37］ K. Dinakaran, R. Suresh Kumar, M. Alagar. Bismaleimide（N, N′-bismaleimide-4, 4′-diphenyl-methane and N, N′-bismaleimideo-4, 4′-diphenylsulphone）modified bisphenoldicyanate-epoxy matrices for engineering applications［J］. Materials and Manufacturing Processes, 2005, 20（2）: 299-315.

［38］ P. C. Yang, D. M. Pickelman, E. P. Woo. New cyanate matrix resin with improved toughness-toughening mechanism and composite properties［C］. 35th International SAMPE Symposium, 1990: 1131-1142.

［39］ 刘敬峰. 高性能氰酸酯树脂合成及改性研究［D］. 长春: 长春工业大学, 2020: 6.

［40］ 李洪峰. 结构-功能一体化耐高温氰酸酯树脂改性及胶膜的研究［D］. 哈尔滨: 东北林业大学, 2017: 12.

［41］ 闫福胜, 梁国正. 氰酸酯树脂的增韧研究进展［J］. 材料导报, 1997, 11（6）: 60-63.

［42］ 钱立军, 王澜. 高分子材料［M］. 北京: 中国轻工业出版社, 2020: 8.

［43］ 张晓明, 刘雄亚. 纤维增强热塑性复合材料及其应用［M］. 北京: 化学工业出版社, 2007: 1.

［44］ 黄丽. 高分子材料［M］. 2 版. 北京: 化学工业出版社, 2010: 2.

［45］ 陈乐怡, 张丛容, 雷燕湘, 等. 常用合成树脂的性能和应用手册［M］. 北京: 化学工业出版社, 2002: 4.